网络空间安全专业规划教材

U0161740

总主编 王东滨 杨义先

软件工程与安全

芦效峰 编著

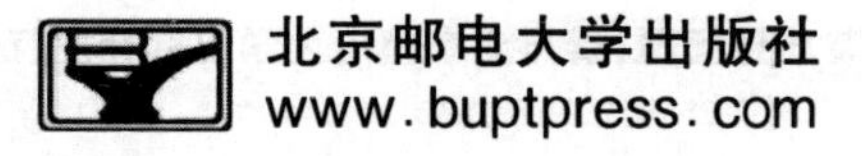

内 容 简 介

现有的软件工程教材基本不考虑安全因素，而专业的信息安全教材又因为过于偏安全而很少被非安全专业的学生学习。在当前网络安全问题日益严重的情况下，软件开发如果不考虑安全因素，则开发的软件最终注定会出问题。将软件工程与信息安全技术有机地融合，才能开发出安全的软件，这已经成为行业共识。本书从宏观和微观两个角度讲授如何将软件工程与安全技术相结合，目标是让非安全专业的学生也能充分掌握其中涉及的安全技术。本书提供了丰富的案例，力求保证内容的科学性和时代性，并突出软件工程的实践性。

全书共13章，内容包括软件工程概述、软件开发过程模型、可行性研究、软件需求工程、面向对象分析、软件总体设计、软件详细设计、面向对象设计、软件安全设计、软件界面设计、软件实现、软件测试、软件维护。

本书可作为高等院校计算机、网络安全相关专业“软件工程”课程的教材或教学参考书，也可供广大工程技术人员参考使用。本书提供电子课件。

图书在版编目(CIP)数据

软件工程与安全 / 芦效峰编著. -- 北京 ：北京邮电大学出版社，2021.7

ISBN 978-7-5635-6435-4

Ⅰ. ①软…　Ⅱ. ①芦…　Ⅲ. ①软件工程－教材　Ⅳ. ①TP311.5

中国版本图书馆 CIP 数据核字(2021)第 146229 号

策划编辑：马晓仟　　**责任编辑**：孙宏颖　　**封面设计**：七星博纳

出版发行：北京邮电大学出版社
社　　址：北京市海淀区西土城路10号
邮政编码：100876
发 行 部：电话：010-62282185　传真：010-62283578
E-mail：publish@bupt.edu.cn
经　　销：各地新华书店
印　　刷：唐山玺诚印务有限公司
开　　本：787 mm×1 092 mm　1/16
印　　张：14.75
字　　数：381 千字
版　　次：2021年7月第1版
印　　次：2021年7月第1次印刷

ISBN 978-7-5635-6435-4　　定价：39.00元

· 如有印装质量问题，请与北京邮电大学出版社发行部联系 ·

序

Prologue

作为最新的国家一级学科，由于其罕见的特殊性，网络空间安全真可谓是典型的“在游泳中学游泳”。一方面，蜂拥而至的现实人才需求和紧迫的技术挑战，促使我们必须以超常规手段来启动并建设好该一级学科；另一方面，由于缺乏国内外可资借鉴的经验，也没有足够的时间纠结于众多细节，所以，作为当初“教育部网络空间安全一级学科研究论证工作组”的八位专家之一，我有义务借此机会，向大家介绍一下2014年规划该学科的相关情况，并结合现状，坦陈一些不足，以及改进和完善计划，以使大家有一个宏观了解。

我们所指的网络空间，也就是媒体常说的赛博空间，意指通过全球互联网和计算系统进行通信、控制和信息共享的动态虚拟空间。它已成为继陆、海、空、太空之后的第五空间。网络空间里不仅包括通过网络互联而成的各种计算系统（各种智能终端）、连接端系统的网络、连接网络的互联网和受控系统，也包括其中的硬件、软件乃至产生、处理、传输、存储的各种数据或信息。与其他四个空间不同，网络空间没有明确的、固定的边界，也没有集中的控制权威。

网络空间安全，研究网络空间中的安全威胁和防护问题，即在有敌手对抗的环境下，研究信息在产生、传输、存储、处理的各个环节中所面临的威胁和防御措施，以及网络和系统本身的威胁和防护机制。网络空间安全不仅包括传统信息安全所涉及的信息保密性、完整性和可用性，同时还包括构成网络空间基础设施的安全和可信。

网络空间安全一级学科，下设五个研究方向：网络空间安全基础、密码学及应用、系统安全、网络安全、应用安全。

方向1，网络空间安全基础，为其他方向的研究提供理论、架构和方法学指导；它主要研究网络空间安全数学理论、网络空间安全体系结构、网络空间安全数据分析、网络空间博弈理论、网络空间安全治理与策略、网络空间安全标准与评测等内容。

方向2,密码学及应用,为后三个方向(系统安全、网络安全和应用安全)提供密码机制;它主要研究对称密码设计与分析、公钥密码设计与分析、安全协议设计与分析、侧信道分析与防护、量子密码与新型密码等内容。

方向3,系统安全,保证网络空间中单元计算系统的安全;它主要研究芯片安全、系统软件安全、可信计算、虚拟化计算平台安全、恶意代码分析与防护、系统硬件和物理环境安全等内容。

方向4,网络安全,保证连接计算机的中间网络自身的安全以及在网络上所传输的信息的安全;它主要研究通信基础设施及物理环境安全、互联网基础设施安全、网络安全管理、网络安全防护与主动防御(攻防与对抗)、端到端的安全通信等内容。

方向5,应用安全,保证网络空间中大型应用系统的安全,也是安全机制在互联网应用或服务领域中的综合应用;它主要研究关键应用系统安全、社会网络安全(包括内容安全)、隐私保护、工控系统与物联网安全、先进计算安全等内容。

从基础知识体系角度看,网络空间安全一级学科主要由五个模块组成:网络空间安全基础、密码学基础、系统安全技术、网络安全技术和应用安全技术。

模块1,网络空间安全基础知识模块,包括:数论、信息论、计算复杂性、操作系统、数据库、计算机组成、计算机网络、程序设计语言、网络空间安全导论、网络空间安全法律法规、网络空间安全管理基础。

模块2,密码学基础理论知识模块,包括:对称密码、公钥密码、量子密码、密码分析技术、安全协议。

模块3,系统安全理论与技术知识模块,包括:芯片安全、物理安全、可靠性技术、访问控制技术、操作系统安全、数据库安全、代码安全与软件漏洞挖掘、恶意代码分析与防御。

模块4,网络安全理论与技术知识模块,包括:通信网络安全、无线通信安全、IPv6安全、防火墙技术、入侵检测与防御、VPN、网络安全协议、网络漏洞检测与防护、网络攻击与防护。

模块5,应用安全理论与技术知识模块,包括:Web安全、数据存储与恢复、垃圾信息识别与过滤、舆情分析及预警、计算机数字取证、信息隐藏、电子政务安全、电子商务安全、云计算安全、物联网安全、大数据安全、隐私保护技术、数字版权保护技术。

其实,从纯学术角度看,网络空间安全一级学科的支撑专业,至少应该平等地包含信息安全专业、信息对抗专业、保密管理专业、网络空间安全专业、网络安全与执法专业等本科专业。但是，由于管理渠道等诸多原因，我们当初只重点考虑了信息安全专业，所以，就留下了一些遗憾，甚至空白，比如，信息安全心理学、安全控制论、安全系统论等。不过值得庆幸的是，学界现在已经开始着手，填补这些空白。

北京邮电大学在网络空间安全相关学科和专业等方面，在全国高校中一直处于领先水平，从20世纪80年代初至今，已有30余年的全方位积累，而且，一直就特别重视教学规范、课程建设、教材出版、实验培训等基本功。本套系列教材主要是由北京邮电大学的骨干教师们，结合自身特长和教学科研方面的成果，撰写而成。本系列教材暂由《信息安全数学基础》《网络安全》《汇编语言与逆向工程》《软件安全》《网络空间安全导论》《可信计算理论与技术》《网络空间安全治理》《大数据安全与隐私保护》《数字内容安全》《量子计算与后量子密码》《移动终端安全》《漏洞分析技术实验教程》《网络安全实验》《网络空间安全基础》《信息安全管理(第3版)》《网络安全法学》《信息隐藏与数字水印》等20余本本科生教材组成。这些教材主要涵盖信息安全专业和网络空间安全专业，今后，一旦时机成熟，我们将组织国内外更多的专家，针对信息对抗专业、保密管理专业、网络安全与执法专业等，出版更多、更好的教材，为网络空间安全一级学科提供更有力的支撑。

杨义先

教授、长江学者

国家杰出青年科学基金获得者

北京邮电大学信息安全中心主任

灾备技术国家工程实验室主任

公共大数据国家重点实验室主任

2017年4月，于花溪

前言

Foreword

当今时代，网络安全、软件安全问题日益严重。新的软件漏洞不断被曝光，不仅给软件研发团队，也给广大的软件使用者带来了巨大的损失。习总书记指出“没有网络安全就没有国家安全”，这是指明网络安全重要性的最强音。习总书记所说的“网络安全”不仅是网络媒介安全，更是指“网络空间”范畴内的软件和信息安全。然而现有的软件工程教材基本不考虑安全因素，而专业的信息安全教材又因为过于偏安全而很少被非安全专业的学生所学习。当前形势下，软件开发如果不考虑安全因素，则开发的软件最终注定会出问题。只有将软件工程与安全有机融合，才能开发出安全的软件，这已经成为软件行业的共识。本书从宏观和微观两个角度讲授如何将软件工程与安全技术相结合，目标是让非安全专业的学生也能充分掌握软件开发中涉及的安全技术。

本书共 13 章。第 1 章系统地介绍了软件工程的相关概念，并引入了软件安全的概念；第 2 章讲述了软件开发过程模型，并介绍了安全开发生命周期；第 3 章讲述了可行性研究，并讲述了项目管理中的进度计划和成本/效益分析；第 4 章讲述了软件需求工程，并介绍了软件安全需求的内容；第 5 章讲述了面向对象分析；第 6 章讲述了软件总体设计；第 7 章讲述了软件详细设计；第 8 章讲述了面向对象设计；第 9 章讲述了软件安全设计，包括安全设计原则和威胁建模；第 10 章讲述了软件界面设计；第 11 章讲述了软件实现，并介绍了安全编码；第 12 章讲述了软件测试，并介绍了安全测试，包括模糊测试和渗透测试；第 13 章讲述了软件维护。每章后面都有练习题，帮助学生课后巩固所学知识。

本书结合作者十多年教学经验和项目经验编著而成，具有以下特点。

① 将软件工程和安全技术相结合，既讲述了现代软件工程的原理和方法，也讲述了在软件开发各阶段该如何考虑不同层次的安全问题。

② 本书的侧重点在于软件工程，在讲述相关安全知识时注重学生的知识基础和理解难度，即使是非安全专业的学生也完全可以学会，因此本书可以作为面向计算机及其他相关专业的教材。

③ 在内容上，本书注重理论和实践相结合，通过大量的案例来引导学生思考，这些案例紧密结合时代的发展和热点。

在本书编写过程中，作者得到了学校、老师和学生的鼓励和支持，李颖慧硕士绘制了部分插图。在此对所有支持和帮助本书编写和出版的人们表示衷心的感谢。

本书可作为高等院校计算机科学与技术专业、网络空间安全专业、软件工程专业及相关专业“软件工程”课程的教材或教学参考书，也可作为希望从事软件行业的其他专业学生的学习用书和广大软件开发人员的参考书。本书提供电子课件。

由于作者水平有限，书中难免有疏漏之处，诚恳希望广大读者批评指正，作者的 E-mail 为 luxf@bupt. edu. cn。

芦效峰
2021 年 7 月于北京

目录

Contents

第 1 章 软件工程概述

1.1 软件和软件危机

1.1.1 软件的特点

软件工程是指在软件生产中采用工程化的思想，并采用一系列科学的、现代化的方法和技术来开发软件，以生产出高质量和高效率的软件。既然软件工程研究的基础是软件，那么软件是怎么定义的呢？软件又有哪些特性？

20 世纪 80 年代初，软件还只是在高等院校和科研机构中被认识，那时候提到的软件多指 Program(即程序或源程序)。直到现在仍然有部分人认为"软件就是程序，开发软件就是编写程序"。这种观点不仅是过时的，更是错误的，这种错误思想的长期存在影响了软件行业的正常发展。

1990 年 IEEE(电气与电子工程师协会)给软件下的定义是：Software. Computer programs, procedures, and possibly associated documentation and data pertaining to the operation of a computer system。可见，软件是计算机程序、处理以及与计算机系统运行相关的数据和文档。在这里，程序是按照特定顺序组织的计算机数据和指令的集合；数据是使程序能正常执行的数据结构；文档是与程序开发、维护和使用有关的图文资料。计算机软件的核心是程序，而数据和文档则是软件不可分割的组成部分。

软件的特点如下。

① 软件是一种逻辑实体，具有抽象性，即不是具体的物理实体。这个特点使它与其他工程对象有着明显的差异。软件可以被记录在纸、内存、磁盘、光盘上，但人们却无法看到软件本身的形态，必须通过观察、分析、思考、判断，才能了解它的功能和性能。

② 软件在使用过程中，没有磨损、老化的问题。软件在使用过程中不会因为磨损而老化，但存在退化问题。一方面，随着硬件设备的升级、操作系统的升级，需要开发适应最新硬件与操作系统的软件，原来的软件便不再适用了；另一方面，有时为了适应硬件、系统环境以及需求的变化，可能要不断修改原来的软件，这些修改不可避免地会引入错误，导致软件的失效率升高，软件可靠性下降。当修改的成本变得难以接受时，软件就被抛弃了。图 1-1 是硬件和软件的故障曲线对比。

③ 软件产品的生产过程主要是软件研制或开发。软件生产至今尚未摆脱手工生产方式，其生产高度依赖软件开发人员的个人素质和能力。软件开发需要投入大量的、高强度的脑力

劳动,因此人力成本很高。随着软件开发环境的改善,市场上出现了一些辅助开发工具,可以辅助生成代码框架、开发文档等。但是最终的核心代码仍然要程序员手工编写和组织。随着科学技术的进步,人们对计算机的依赖程度越来越高,软件所解决的问题也越来越复杂。人们对软件的要求也不断提高,导致软件开发成本大大超过硬件。

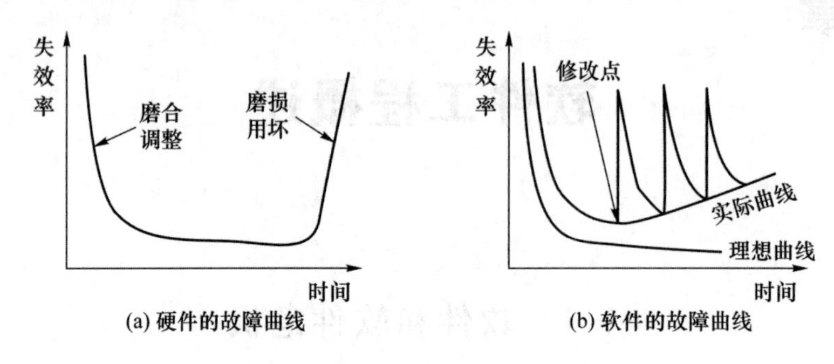

图 1-1　硬件和软件的故障曲线对比

④ 软件具有可变性。软件在生产过程中甚至在投入运行之后,也还可以改变,这是软件产品的特有属性。软件可变性的好处是:修改软件往往是为了改正软件错误或者完善系统功能。修改软件毕竟比更换硬件容易,软件易维护、易移植、易复用。但是,正是因为修改软件比较容易,所以导致软件产品经常变动。这种动态的变化不仅难以预测、控制,而且可能对软件的质量产生负面影响。

⑤ 软件必须和运行软件的硬件保持一致,这是由软件对硬件的依赖所决定的。如果硬件系统是"现存"的,则软件必须和现有硬件系统保持一致,超出现有硬件水平基础开发出来的软件是不可使用的。

⑥ 软件的运行受计算机系统的影响。不同的计算机系统平台可能会导致软件无法直接运行,例如,苹果系统下的软件不能直接在安卓系统下运行,这里就牵扯到软件的可移植性。好的软件在设计时就应该考虑软件如何应用到不同的操作系统平台。

⑦ 软件一旦研制并开发成功,其生产过程就变成复制过程,不像其他工程产品那样有明显的生产制造过程。由于软件复制非常容易,因此就出现了软件产品的版权保护问题和打击盗版问题。

1.1.2　软件的分类

软件的分类有许多方法,根据不同的目的可以有不同的划分原则。常用的分类方法是按软件功能分类和按软件规模分类。此外,软件还可以按处理方式分为实时软件、交互软件、批处理软件。软件按销售市场可划分为项目软件、产品软件。软件按使用频率可划分为高使用频率软件和一次性使用软件等。下面主要介绍按软件的功能和规模分类。

(1) 按软件的功能分类

按照软件的功能可以将软件划分为系统软件、支撑软件、应用软件。

系统软件是指控制和协调计算机及外部设备,支持应用软件开发和运行的软件,是无须用户干预的各种程序的集合,主要功能是调度、监控和维护计算机系统;负责管理计算机系统中各种独立的硬件,使得它们可以协调工作。系统软件使得计算机使用者和其他软件将计算机当作一个整体,而不需要顾及底层每个硬件是如何工作的。

支撑软件是支撑各种软件开发与维护的软件,又称为软件开发环境,主要包括数据库管理系统、软件开发环境、软件辅助设计工具、软件辅助测试工具、中间件、程序库等。

应用软件是为满足用户不同领域、不同问题的应用需求而提供的软件。应用软件可谓是规模各异、种类繁多。不同的领域有不同的应用软件，既有专业的字处理软件、计算机辅助设计与制造软件、军事指挥系统、金融操作系统，也有人们日常聊天、娱乐、生活的软件，如 QQ、微信、打车软件等。

(2) 按软件的规模分类

根据软件开发所投入的人力和时间等资源，以及软件交付的文档和源程序的数量，软件可划分为微型软件、小型软件、中型软件、大型软件、超大型软件和巨型软件。具体划分标准见表 1-1。

表 1-1　软件的规模

软件规模	投入人数	开发时间	源程序行数	特　征
微型		1～4 周	500	不必有严格的设计和测试文档
小型	1～2	1～6 月	2 000	通常没有与其他程序的接口
中型	3～5	1～2 年	0.5 万～5 万	需要有严格的文档和设计规范
大型	5～20	2～3 年	5 万～10 万	需要按照软件工程方法进行管理
超大型	100～1 000	4～5 年	100 万左右	必须按照软件工程开发，有严格的质量管理措施
巨型	2 000～5 000	5～10 年	1 000 万左右	必须按照软件工程开发，有严格的质量管理措施

1.1.3　软件的发展

软件本身也经历了一个发展的过程，自从 20 世纪 40 年代出现了世界第一台计算机后，伴随而生的就是程序。当时，人们普遍认为编程是高不可攀的技术领域，而早期的程序开发也只是为了满足开发人员自己的需要。此后，随着计算机的普及，软件变成了能被广大用户使用的工程化产品。开发软件系统的目的是满足用户的需求，提高办公效率，从而对软件的需求成为软件发展的动力。

软件的发展大致经历了 4 个阶段。

第一阶段，程序设计阶段，从 1946 年到 20 世纪 60 年代初。这一阶段是计算机软件发展的初期，其主要特征是程序生产方式为个体生产方式。

第二阶段，程序系统阶段，从 20 世纪 60 年代初到 20 世纪 70 年代初。在这个时期诞生了软件工程学科，程序的规模已经发展得很大，需要多人分工协作，软件的开发方式从个体生产发展到了小组生产。但是，由于小组生产的开发方式基本上沿用了软件发展早期所形成的个体化开发方式，所以软件的开发与维护费用以惊人的速度增加。因此，许多软件产品后来根本不能维护，最终导致出现了严重的软件危机。

第三阶段，软件工程阶段，从 20 世纪 70 年代中期至 80 年代中期。在这个阶段，软件工程师把工程化的思想加入软件的开发过程中，采用工程化的原则、方法和标准来开发和维护软件。

第四阶段，面向对象阶段，从 20 世纪 80 年代中期至今。面向对象的方法学受到了人们的重视，促进了软件产业的飞速发展，软件产业在世界经济中已经占有举足轻重的地位。

1.1.4　软件危机

任何事物的发展都不会是一帆风顺的，软件的发展也是如此，软件发展的早期出现了 2 次较大的危机。

从20世纪60年代中期开始，大容量、高速度计算机问世，使计算机的应用范围迅速扩大，软件数量急剧增长。高级语言开始出现，操作系统的发展引起了计算机应用方式的变化；大量数据处理导致第一代数据库管理系统诞生。软件系统的规模越来越大，复杂程度越来越高，软件可靠性问题也越来越突出，程序设计的复杂度也随之增长。原来的个人设计、个人使用的方式不再能满足要求，迫切需要改变软件生产方式，提高软件生产率，软件危机开始爆发 。

案例 1963年美国飞往火星的火箭爆炸，造成1 000万美元的损失。原因是FORTRAN程序中的循环语句：

```
DO 5  I = 1,3
```

被误写为：

```
DO5  I = 1.3
```

从而使一个循环语句变成了赋值语句。

案例 1967年苏联"联盟一号"载人宇宙飞船由于软件忽略一个小数点，导致飞船返航进入大气层时打不开降落伞而烧毁，造成机毁人亡的巨大损失。

第一次软件危机主要表现在：

① 软件开发费用和进度失控，费用超支、进度拖延的情况屡屡发生。有时为了赶进度或压成本不得不采取一些权宜之计，这样又往往严重损害了软件产品的质量。

② 软件的可靠性差。尽管耗费了大量的人力、物力，但系统的正确性却越来越难以保证，出错率大大增加，由于软件错误而造成的损失十分惊人。

③ 生产出来的软件难以维护。很多程序缺乏相应的文档资料，程序中的错误难以定位，难以改正，有时改正了已有的错误又引入新的错误。随着软件的规模越来越大，维护占用了大量人力、物力和财力。进入20世纪80年代以来，尽管软件工程研究与实践取得了可喜的成就，软件生产水平有了长足的进展，但是软件生产水平依然远远落后于硬件生产水平的发展速度。

20世纪80年代至90年代，爆发了第二次软件危机。这次危机可以归因于软件复杂性的进一步增长。这个时候的大规模软件常常由数百万行代码组成，有数以百计的程序员参与其中，怎样高效、可靠地构造和维护这样规模的软件成了一个新的难题。

案例：IBM公司开发的OS/360系统共有4 000多个模块，约100万条指令，投入5 000人年，耗资数亿美元，结果还是延期交付。在交付后的系统中仍发现大量(2 000个以上)的错误，系统最终无法使用。OS/360系统的负责人Brooks这样描述开发过程的困难和混乱："像巨兽在泥潭中作垂死挣扎，挣扎得越猛，泥浆就沾得越多，最后没有一个巨兽能够逃脱淹没在泥潭中的命运。"

第二次软件危机主要表现在：

① 软件成本在计算机系统总成本中所占的比例居高不下，且逐年上升。由于微电子学技术的进步和硬件生产自动化程度的不断提高，硬件成本逐年下降，性能和产量迅速提高。然而软件开发需要大量人力，软件成本随着软件规模和数量的剧增而持续上升。美、日两国的统计数字表明，1985年度软件成本大约占总成本的90%。

② 软件开发生产率提高的速度远远跟不上计算机应用迅速普及深入的需要，软件产品供不应求的状况使得人类不能充分利用现代计算机硬件所提供的巨大潜力。

计算机专家分析了软件危机的原因：

① 随着软件开发应用范围的增广,软件的规模越来越大。软件开发不仅在规模上快速地发展扩大,而且其复杂性也急剧增加。由于软件开发不同于大多数其他工业产品,其开发过程是复杂的逻辑思维过程,所以其产品极大程度地依赖开发人员高度的智力投入。软件开发的特殊性和人类智力的局限性,导致人们无力处理"复杂问题"。但是,当时没有统一的、规范的方法论指导软件开发,导致软件开发过分地依靠程序设计人员在软件开发过程中的技巧和创造性,这加剧了软件开发的个性化,也是发生软件开发危机的一个重要原因。

② 忽视软件开发前期的需求分析。软件需求在开发的初期阶段不够明确,或是未能得到确切的表达。开发工作开始后,软件人员和用户又未能及时交换意见,造成了开发后期矛盾的集中暴露,开发人员不得不重新开发,导致开发周期延长。

③ 缺乏软件开发的经验和有关软件开发数据的积累,使得开发工作的计划很难制订。进度计划无法遵循,开发完成的期限一拖再拖,致使常常突破经费预算。

④ 忽视软件文档也是开发效率低下的原因。设计人员、开发人员和维护人员使用的文档常常内容不一致,有时甚至没有文档,一旦出现程序错误,很难快速定位问题,效率低下。

⑤ 未能在测试阶段充分做好检测工作,提交给用户的软件质量差,在运行中暴露出大量的问题,从而使用户体验极大下降。

⑥ 轻视软件的维护,导致软件在交付后难以维护,程序错误难以定位和排除;用户手册和程序不一致,用户难以使用软件;人员经常变更,代码没有注释,软件文档丢失导致软件不能完善和升级,这一切都导致软件难以满足用户需要,不得不被淘汰。

1.2 软件工程

1.2.1 软件工程概述

计算机硬件持续健康发展,软件行业却危机不断,计算机科学家和软件行业人士不断思考如何能使计算机软件像计算机硬件和其他工程项目一样健康发展。人们普遍认识到:软件开发不是个人创作,其开发过程不应该依赖个人能力,软件开发应该是一种组织良好,管理严密,各类人员协同配合、共同完成的工程项目;既然软件开发是工程项目,就必须充分吸收和借鉴人类长期以来从事各种工程项目所积累的行之有效的原理、概念、技术和方法,特别是要吸取人们几十年来从事计算机硬件研究和开发的经验教训;应该推广使用在实践中总结出来的开发软件的成功技术和方法;开发和使用好的软件工具,支持软件开发的全过程。

1968 年北大西洋公约组织的计算机科学家在联邦德国召开国际会议,第一次讨论软件危机问题,Fritz Bauer 正式提出"软件工程"一词。会议讨论建立并使用正确的工程方法开发出成本低、可靠性高并能高效运转的软件,从而解决或缓解软件危机。从此一门新兴的工程学科——软件工程学——为研究软件和克服软件危机应运而生。

1983 年 IEEE(电气与电子工程师协会)给软件工程的定义:"软件工程是开发、运行、维护和修复软件的系统方法。" 该定义强调软件开发是"系统方法",不是"个人技巧"。

1993 年 IEEE 进一步给出了一个更全面的定义,即软件工程是:①把系统化的、规范的、可度量的途径应用于软件开发、运行和维护的过程,也就是把工程化应用于软件中;②研究①中提到的途径。这个定义强调了工程化,并加入了"研究"的概念,从而使软件工程变成一个学科。

2004 年由 IEEE/ACM 联合发布的“Software Engineering 2004”报告强调了对软件工程的新定义，即软件工程是：以系统的、科学的、定量的途径，把工程应用于软件的开发、运营和维护；同时，开展对上述过程中各种方法和途径的研究。可见，2004 年对软件工程的定义是对 1993 年软件工程定义的肯定和发展。

综上所述，软件工程是指导计算机软件开发和维护的工程学科。采用工程的概念、原理、技术和方法来开发和维护软件，把经过时间考验而证明正确的管理技术和当前能够得到的最好技术方法结合起来，经济地开发出高质量的软件并有效地维护它，这就是软件工程。学习软件工程需关注管理和技术两方面，目标是“经济”和“高质量”地开发软件。

从技术和管理上采取多项措施以后，组织实施软件工程项目的最终目的是保证项目成功，即达到以下几个主要目标：

- 付出较低的开发成本；
- 达到要求的软件功能；
- 取得较好的软件性能；
- 开发的软件易于移植；
- 需要较低的维护费用；
- 能按时完成开发工作，及时交付使用。

但是在具体项目的实际开发中，企图让以上几个目标都达到理想的程度往往是非常困难的。其中有些目标之间是互补关系，例如易于维护和高可靠性之间、低开发成本与按时交付之间。还有一些目标是彼此互斥的，例如，低开发成本与软件可靠性之间、提高软件性能与软件按时交付之间就存在冲突。图 1-2 表明了软件工程目标之间存在的相互关系。实际上软件项目开发过程就是在以上目标的冲突中取得一定程度平衡的过程。

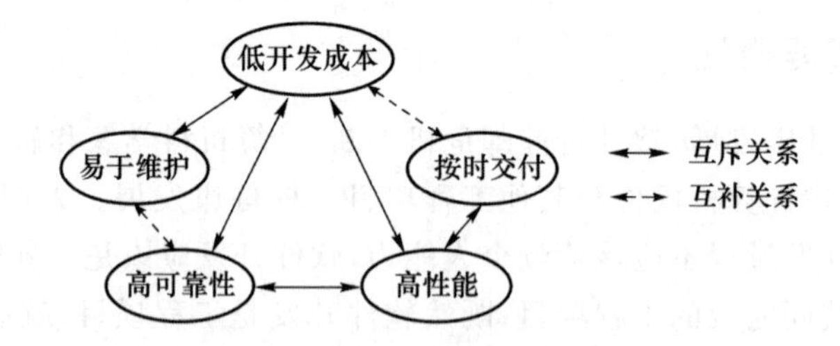

图 1-2　软件工程目标之间存在的相互关系

那么，软件团队是否要等到所开发的软件完美之后再将其发布呢？答案是否定的。很多上市的软件存在不同程度的缺点。我们做个类比，市场上有很多不同品牌的汽车，出厂时都通过了行业的质量标准。但是如果问路人哪些车的质量好，很多人都会回答有些车的质量好于另外一些车，那为什么还有人买“质量不够好”的汽车呢？对于某些顾客来说，某一类的汽车满足了他们的需求，他们就会买。市面上有这么多不完美的产品，软件工程的一个重要任务，就是要在时间、成本等多种约束条件下决定一个软件在什么时候能“足够好”，可以发布。

软件工程的目标是让读者通过理论学习和具体项目的练习，做到以下 3 点。

(1) 研发出符合用户需求的软件

通过实际的工作收集、推导、提炼需求，并在软件发布后通过实际数据验证需求的确被满足了。需求来自实际，而不是自己想象出来的“需求”或者人云亦云的需求。

(2) 通过一定的软件流程,在预计的时间内发布"足够好"的软件

这个软件不是为了应付老师检查而通宵赶出来的急就章,而是经历了一定的软件流程,通过团队全体成员的努力,在一个长期阶段内逐步完成的。对于现实生活中的软件团队来说,好产品不是某个英雄长期加班突击出来的。

(3) 能证明所开发的软件是可以维护和继续发展的

例如:对用户需求的分析有详细的文档说明,包括对将来发展的分析和计划;主要功能的设计文档说明和软件的实际行为一致;源代码完整并能构建出符合质量要求的版本;关键模块有可以正常执行的单元测试、压力测试脚本,等等。

1.2.2　工程化思想

软件工程的核心思想是把软件看成一个工程产品,用工程化的方式来生产这个产品,这样软件的开发不仅会在指定的期限内完成,还会节约成本,保证软件的质量。

问题:到底什么是工程化呢?

类比我们较熟悉的建筑工程,为了盖一栋大楼,必须进行大楼规划、勘察、设计和施工、竣工等各项技术工作,以及完成与其配套的线路、管道、设备的安装工程。在建筑工程中,各个工作既相互独立,又在时间或空间上相互制约;在每一个环节中,既有设计又有要求,如钢筋的粗细、水泥的标号、装修的材料等,而这些原料和产品的质量都是可以测量的。规范化、约束性、可测量就是工程化的核心。

IEEE 对工程化的定义是:Engineering. The application of a systematic, disciplined, quantifiable approach to structures, machines, products, systems, or processes。工程化是指把系统的、受训的、可以计量的方法应用到结构、机械、产品、系统或处理过程。

将软件开发工程化的目标是通过规范软件开发的步骤和每一步的要求,使软件开发像在流水线上生产机械零件一样,开发进度不依赖个人的能力,并且开发的软件是合乎要求的,质量是可以测量和保证的。软件工程将方法与规范、管理与技术、经过培训的开发人员有机结合,形成一个能有效控制软件开发质量的运行机制,如图 1-3 所示。

图 1-3　软件工程过程

与其他项目相比,软件项目还是一个比较新兴的领域,规范软件开发的步骤和每一步的要求并不像想象中那么容易。美国软件工程研究所(SEI)自 1986 年开始研究软件过程成熟框架,并于 1991 年提交了能力成熟度模型(Capability Maturity Model, CMM) V1.0。之后 SEI

又发布了 CMM V1.1,并更名为 SW-CMM。1999 年年底 SEI 发布了 SW-CMM V2.0。该模型强调企业软件开发能力取决于企业的过程能力,而不是个人能力,强调持续过程能力的改善是衡量软件企业软件开发管理水平的重要参考。该模型既可以作为软件开发组织改善软件开发过程的参考模型,也可以作为用户评估软件项目承包商的依据。

软件开发在互联网的数次浪潮冲刷下,已经是一个非常完备的成熟行业。在一线互联网公司,比如硅谷的 Google、Facebook、Amazon,以及中国的阿里巴巴、百度、腾讯等,其软件开发已经形成体系的流水线式作业。作为国内最有代表性的互联网企业之一,阿里巴巴的软件开发已经形成规模化的效应,体现在软件开发的模式上就是一条完备的流水线式作业。

流程化、规范化是大型软件公司软件开发最大的特点。一次完整的需求开发流程是这样的:①需求预审、评审;②概要设计与评审;③测试用例撰写与评审;④开发;⑤测试与 Bug 修复;⑥发布;⑦版本总结/项目过程总结。在这个过程中,每个开发人员都各司其职,完成各自负责的工作。

1.2.3 软件工程基本原理

美国著名的软件工程专家 B. W. Boehm 总结了多年开发软件的经验,于 1983 年提出了软件工程的 7 条基本原理。Boehm 认为,这 7 条基本原理是确保软件产品质量和开发效率的最小集合。它们是相互独立、缺一不可的最小集合;同时,它们又是完备的。

原理 1 :用分阶段的生命周期计划严格管理

经统计发现,在不成功的软件项目中有一半左右是由于计划不周造成的,可见把建立完善的计划作为第一条基本原理是吸取了前人的教训总结出来的。这条基本原理意味着,应该把软件开发周期划分成若干阶段,并相应地制订出切实可行的计划,然后严格按照计划对软件的开发与维护工作进行管理。Boehm 认为,在软件的整个生命周期中应该制订并严格执行 6 类计划,它们是项目概要计划、里程碑计划、项目控制计划、产品控制计划、验证计划、运行维护计划。不同层次的管理人员都必须严格按照计划各尽其职地管理软件开发与维护工作,不能受客户或上级人员的影响而擅自背离预定计划。

原理 2:坚持进行阶段评审

大量的统计数据表明,大部分错误是在编码之前造成的,其中,设计错误约占软件错误的 63%,编码错误仅占 37%。因此,软件的质量保证工作不能等到编码阶段结束之后再进行。在前期改正错误所需要的可能只是橡皮和铅笔,而在交付后改正错误需要的工作就太多了:查找出错的代码,重新组织程序结构和数据结构,测试、修改文档。总之,错误发现得越晚,修改所需付出的代价就越高。因此,在每个阶段都应该进行严格的评审,以便尽早发现在软件开发过程中所犯的错误,这是一条必须遵循的重要原则。

原理 3:实行严格的产品控制

在软件开发过程中不应随意改变需求,因为改变一项需求往往需要付出较高的代价。但是,由于外部环境的变化,相应地改变需求是不可避免的,因此不能硬性禁止改变需求,而只能依靠科学的产品控制技术来顺应这种需求,其中主要的技术是实行基准配置管理(又称为变更控制)。基准配置管理的思想是:凡是有关修改软件的建议,特别是涉及对基准配置的修改建议,都必须按照规定进行严格的评审,获得批准以后才能实施修改。基准配置指的是经过阶段评审后的软件配置成分,以及各阶段产生的文档或程序代码等。当需求变更时,其他各个阶段的文档或代码都要随之相应变化,以保证软件的一致性。

原理4:采用现代程序设计技术

从提出软件工程的概念开始,人们一直把主要精力用于研究各种新的程序设计技术。20世纪60年代末人们提出了结构化程序设计技术,之后又进一步发展出了结构化分析与设计技术、面向对象的分析和设计技术。人们普遍认识到:采用先进的技术既可以提高软件开发和维护的效率,又可以提高软件质量并减少维护的成本。

原理5:明确责任

软件是一种看不见、摸不着的逻辑产品。软件开发小组的工作进展情况可见性差,难于评价和管理。为更好地进行管理,应根据软件开发的总目标及完成期限,尽量明确地规定开发小组的责任和产品标准,从而能根据规定的标准清楚地审查软件产品。

原理6:开发小组的人员应该少而精

开发小组人员的素质和数量是影响软件产品质量和开发效率的重要因素。软件开发小组成员的素质应该高,人数不宜过多。一方面,高素质人员的开发效率比低素质人员的开发效率可能高几倍甚至几十倍,并且高素质人员所开发的软件质量高、错误少;另一方面,开发小组人员过多,信息交流造成的交流开销会急剧增加。当开发小组人员数为 N 时,可能的通信路径有 $N(N-1)/2$ 条,可见随着人数 N 的增大,交流开销将急剧增加。

原理7:不断改进开发过程

遵循上述6条基本原理,就能够实现软件的工程化生产,但是,仅有上述6条原理并不能保证软件开发与维护能赶上技术前进的步伐。我们不仅要积极主动地采纳新的软件技术,而且要注意不断总结经验,收集关于项目规模和成本的数据、关于进度和人员组织的数据、关于开发中出错类型和问题统计的数据等。这些数据不仅可以用来评价新的软件技术效果,还可以用来指明必须着重注意的问题和应该优先进行研究的工具与技术。

1.3　软件安全

1.3.1　软件安全的概念

软件安全是一个相对较新的领域,直到2001年才出现软件安全方面的著作,此时计算机科学家才开始系统地思考如何构建安全的软件,这方面的实践准则目前还没有得到广泛推广和普遍采用。

软件安全领域的权威专家Gary McGraw博士认为,软件安全就是使软件在受到恶意攻击的情形下依然能够继续正确运行的工程化软件思想。解决软件安全问题的根本方法就是改善我们建造软件的方式,以建造健壮的软件,使其在遭受恶意攻击时依然能够安全可靠和正确运行。

软件安全是计算机系统安全的核心和关键。实际上,众多的网络安全事件是因为软件自身存在诸多的问题,从而才能被恶意软件或黑客所利用。随着软件规模的不断增大,软件的开发、集成和演化变得越来越复杂,导致软件产品在推出时总会含有部分已知或未知的缺陷。这些缺陷对软件系统的安全可靠运行构成了严重的威胁。目前,很多严重的安全事故均与软件缺陷有关。2013年9月12日,美国联合航空公司(以下简称"美联航")售票网站一度出现问题,售出票面价格为0～10美元的超低价机票,引发乘客抢购。大约15 min后,美联航发现错误并关闭售票网站，声称正在进行维护。两个多小时后，该公司购票网站恢复正常。但其实网站程序问题依然存在，一个月后，注册常旅卡的用户在取消过程中，只需花几美元即可购买实际价值为几千美元的机票。美联航指责发现该缺陷的用户，认为有人“有意”操作网站，因此不承认这些票。

有时由于产品已经到了发布时间，程序员明明知道软件存在一些缺陷，但仍然会发布软件。对于轻微的软件错误，这可能没什么大问题，但如果这些缺陷影响到用户对产品的使用，那发布它就会带来严重的后果。HealthCare. gov 是美国联邦健康保险交换系统的核心，该网站自 2013 年 10 月 1 日开通运营以来一直遭受各种问题的困扰，比如用户注册失败，浏览器崩溃，性能、数据问题等。该网站的承包商表示，他们仅有两周的时间来测试该系统，实际上需要几个月的时间才可以完成，因此，网站崩溃的原因之一便是测试时间太短，程序中存在大量的软件漏洞。

软件的运行和开发环境从传统的静态封闭变成互联网环境下动态开放，一些黑客甚至能攻入软件公司，直接在源程序中植入恶意代码。同时，目前计算机病毒及黑客地下产业链活动非常猖獗，软件漏洞被广泛利用，恶意代码急剧增加，且传播速度大大加快。随着漏洞挖掘和分析技术的不断提高，更多的系统和应用软件漏洞将不断地被挖掘、公布出来，并被快速地用于恶意软件传播及恶意攻击与控制。

为了最大限度地保障软件安全，我们应该从开发软件的开始阶段就采取有效措施，按照软件安全开发的最佳实践或良好实践，开发出尽可能安全的软件。McGraw 博士提出了软件安全工程化的 3 个支柱：风险管理、软件安全切入点、安全知识。风险管理是一种贯穿软件开发生命周期的战略性方法；软件安全切入点是在软件开发生命周期中保障软件安全的一套最佳或良好实际操作方法，其中包括滥用案例、安全需求、体系结构风险分析、代码审核、基于风险的安全测试、渗透测试和安全操作。

1.3.2 软件安全的威胁

软件存在安全问题的根本原因有两个：一个是软件自身存在安全问题，即软件缺陷，另一个是软件在应用中存在安全威胁（即软件面临严重外部威胁）。虽然现代软件功能强大而复杂，但没有漏洞的软件是不存在的，只要存在漏洞，就存在被利用的可能。同时目前计算机网络硬件发展迅速，软件应用环境越来越复杂，软件应用所面临的内、外部威胁也越来越多。

1. 软件缺陷

软件缺陷（defect）常常又被叫作 Bug。所谓软件缺陷，即计算机软件或程序中存在的某种破坏正常运行能力的问题、错误，或者隐藏的功能缺陷。缺陷的存在会导致软件产品在某种程度上不能满足用户的需要。IEEE 729—1983 对缺陷有一个标准的定义：从产品内部看，缺陷是软件产品开发或维护过程中存在的错误、毛病等各种问题；从产品外部看，缺陷是系统所需要实现的某种功能的失效或违背。

漏洞是指一个系统存在的弱点或缺陷。漏洞可能来自应用软件或操作系统设计时的缺陷或编码时产生的错误，也可能来自业务在交互处理过程中的设计缺陷或逻辑流程上的不合理之处。这些缺陷、错误或不合理之处可能被有意或无意地利用，从而对一个组织的资产或运行造成不利影响，例如，信息系统被攻击或控制，重要资料被窃取，用户数据被篡改，系统被作为入侵其他主机系统的跳板。从目前发现的漏洞来看，应用软件中的漏洞远远多于操作系统中的漏洞，特别是 Web 应用系统中的漏洞，占信息系统漏洞中的绝大多数。

随着网络和计算机技术的应用发展,信息安全漏洞越来越多,越来越严重。软件安全漏洞持续增长的内因主要包括以下几个。

(1) 软件开发安全意识淡薄

传统软件开发更倾向于软件功能,而不注重对安全风险的管理。软件开发公司工期紧、任务重,为争夺客户资源、抢夺市场份额常常仓促发布软件。有些软件开发人员将软件功能视为头等大事,对软件安全架构、安全防护措施认识不够,只关注是否实现需要的功能,很少从"攻击者"的角度来思考软件安全问题。

如果采用严格的软件开发质量管理机制和多重测试技术,软件公司开发产品的缺陷率会低很多。在软件安全性分析中可以使用缺陷密度,即每千行代码中存在的软件缺陷数量,来衡量软件的安全性。以下各类软件代码缺陷的统计数据也说明了这个情况。

- 普通软件开发公司开发的软件缺陷密度为 4～40 个缺陷每 KLOC(千行代码)。
- 高水平的软件公司开发的软件缺陷密度为 2～4 个缺陷每 KLOC。
- 美国 NASA 的软件缺陷密度为 0.1 个缺陷每 KLOC。

国内大量软件开发厂商对软件开发过程的管理不够重视,大量软件使用开源代码和公用模块,缺陷率普遍偏高,可被利用的已知和未知缺陷较多。

(2) 软件开发者缺乏安全知识

在软件公司中,有些项目管理和软件开发人员缺乏软件安全开发知识,不知道如何更好地开发安全的软件。软件的安全开发需要开发团队所有的成员以及项目管理者都具备较高水平的安全知识。软件开发人员很少进行安全能力与意识的培训,有些项目开发管理者不了解软件安全开发的管理流程和方法,不清楚安全开发过程中使用的各类方法和思想;开发人员大多数仅学会了编程技巧,不了解安全漏洞的成因、技术原理与安全危害,不能更好地将软件安全需求、安全特性和编程方法相结合。

(3) 软件趋向大型化,第三方扩展增多

现代软件功能越来越强,功能组件越来越多,软件也变得越来越复杂。目前基于网络的应用系统更多地采用了分布式、集群和可扩展架构,软件内部结构错综复杂。软件应用向可扩展化方向发展,成熟的软件也可以接受开发者或第三方扩展,系统功能得到扩充。例如,Firefox 和 Chrome 浏览器支持第三方插件,Windows 操作系统支持动态加载第三方驱动程序,Word 和 Excel 等软件支持第三方脚本和组件运行等。这些可扩展性在增加软件功能的同时,也加重了软件的安全问题。

2. 软件面临的外部威胁

目前恶意软件已成为危害系统安全的最严重威胁之一。恶意软件是指在计算机系统上执行恶意任务的病毒、蠕虫和特洛伊木马等程序,通过破坏软件进程来实施控制。典型的恶意软件包括计算机病毒、蠕虫、特洛伊木马、后门、僵尸、间谍软件等。

恶意软件对软件及信息系统的巨大威胁主要表现在以下几个方面。

(1) 破坏正常软件运行

恶意软件运行之后,可以对同一运行环境中的其他软件进行干扰和破坏,从而修改或者破坏其他软件的运行。例如,AV 终结者可以破坏反病毒软件的杀毒机制,使其无法正常查杀流行病毒。

(2) 窃取重要数据

恶意软件运行之后,可以浏览、下载目标系统磁盘中的所有文件,获得一些有价值的数据。

(3) 监视用户行为

恶意软件可以对目标系统进行屏幕监视、视频监视、语音监听等，这也是目前绝大部分特洛伊木马具有的基本功能。通过这类监视行为，攻击者可以掌握目标用户在计算机上的操作行为。木马可以对目标系统的键盘击键进行记录和回传，例如记录和回传用户登录网银或登录 QQ 的用户名和口令。

(4) 控制目标系统

在屏幕监视的基础上操控目标系统的键盘和鼠标输入，从而达到对目标进行屏幕控制的目的，另外，攻击者也可以在目标系统中执行任何程序或发起对其他系统的攻击，从而避免被追踪。

(5) 加密文件索要赎金

勒索软件会加密用户硬盘上的全部文件，使用户无法打开这些文件，如 WannaCry，并索要赎金来换取解密的密钥。2017 年，韩国网络服务供应商 Nayana 所持有的大量 Linux 服务器都遭到了勒索软件攻击，导致超过 3 400 个网站被锁，Nayana 支付了约 100 万美元来恢复这些服务器的正常运转。然而，Nayana 支付的 100 万美元赎金起到了鼓舞黑客瞄准韩国的作用。事实上，有时即使用户支付了赎金，很多勒索软件也不具备解密的功能。

习　题

1. 软件产品的特性是什么？
2. 软件有哪些分类标准？
3. 软件危机有什么表现？
4. 软件危机产生的原因是什么？
5. 如何解决软件危机？
6. 软件工程的基本原理是什么？
7. 简述软件工程目标之间的关系。
8. 你认为现在已经摆脱软件危机了吗？请说明理由。
9. 对软件安全产生威胁的因素有哪些？
10. 软件安全威胁是否可以完全消除？为什么？

第 2 章 软件开发过程模型

2.1 软件生存周期

一个软件从定义、开发、使用、维护，直到最终被废弃，要经历一个漫长的时期，这就如同一个人要经过胎儿、儿童、青年、中年、老年，直到最终死亡的漫长时期一样，通常把软件经历的这个漫长时期称为软件生存周期或软件生命周期。

通常，软件生存周期包括问题定义和可行性研究、需求分析、软件设计（总体设计和详细设计）、程序编码、软件测试、运行与维护 6 个活动，可以将这些活动以适当的方式分配到不同的阶段去完成。软件产品经历了从开始到结束的整个开发周期后，新一代产品将通过开发周期的重复而发展。把整个软件生存周期划分为若干个阶段，使得每个阶段都有明确的任务，使规模大、结构复杂和管理复杂的软件开发变得容易控制和管理。

软件生存周期如图 2-1 所示。以下对这 6 个阶段的工作流程及主要任务进行概括的描述。

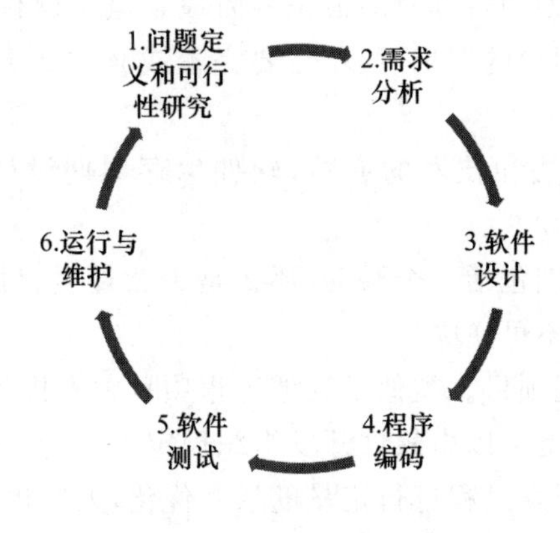

图 2-1　软件生存周期

（1）问题定义和可行性研究

该阶段必须回答的问题是“系统要解决什么问题”“是否可行”。在该阶段，软件开发人员与客户进行交流，确定要开发软件系统的总目标，需客户给出它的功能、性能、可靠性等方面的要求；研究该项软件任务的可行性，探讨解决问题的可能方案；制订开发任务的实施计划，连同可行性研究报告一起，提交给管理部门审查。

(2) 需求分析

在该阶段,软件开发人员在确定软件开发可行的情况下,对软件需要实现的各个功能进行详细分析。需求分析阶段是一个很重要的阶段,这一阶段做得好,将为整个软件开发项目的成功打下良好的基础。该阶段的任务不是具体地解决问题,而是确定用户要求"软件系统必须做什么",确定软件系统必须具备的功能、性能;对用户提出的需求进行分析并给出详细的定义;编写软件需求说明书及初步的用户手册,提交给管理机构评审。

(3) 软件设计

把已确定了的各项需求转换成一个相应的软件体系结构,进而对每个模块要完成的工作进行具体的描述。该阶段又可分为总体设计和详细设计两部分。

总体设计要设计软件的体系结构,该结构由哪些模块组成,这些模块的层次结构是怎样的,这些模块的调用关系是怎样的,每个模块的功能是什么;同时还要设计总体数据结构和数据库结构。

详细设计对每个模块完成的功能进行具体描述,要把功能描述变为精确的、结构化的过程描述。

软件设计完成后编写设计说明书,并提交评审。

(4) 程序编码

把软件设计转换成计算机可以接受的程序代码。在程序编码中必须要制定统一、符合标准的编写规范,以保证程序的可读性、易维护性,提高程序的运行效率。

(5) 软件测试

在程序编写完成后代码要经过严密的测试,以发现软件在整个设计和开发过程中存在的问题并加以纠正。整个测试过程分单元测试、集成测试、确认测试以及系统测试 4 个阶段进行。在设计测试用例的基础上检验软件的各个组成部分。

(6) 运行与维护

软件维护是软件生命周期中持续时间最长的阶段。虽然软件已经投入使用,但多方面的原因,当软件不能继续满足用户的要求时,就需要完善或修改。要延续软件的使用寿命,就必须对软件进行维护。

随着面向对象的设计方法和技术的成熟,软件生存周期设计方法的指导意义正在逐步降低。

我们知道了软件生存周期包括 6 个活动,那么是否软件生存周期的 6 个活动就像人类从出生到死亡一样顺序发展而不可逆呢?

软件不是生物,而是工程项目。类似于其他工程项目中安排各道工序那样,软件生存周期内各种活动的组织与衔接都是可以由软件开发组织规定的。为了研究软件开发项目中各种活动的一般规律,以及对软件开发过程进行定量度量和优化,人们提出了软件开发过程模型。软件开发过程模型也称为软件生存周期模型或软件开发模型,是描述软件从软件需求定义到软件交付使用再到报废,各种活动如何执行的模型。它确立了软件开发中各阶段的次序以及各阶段活动的准则,确立了开发过程所遵守的规定和限制,以便于各种活动的协调以及各种人员的有效通信,有利于活动重用和活动管理。

最早的软件开发模型是 1970 年 W. Royce 提出的瀑布模型,而后随着软件工程学科的发展和软件开发的实践,人们相继提出了原型模型、迭代模型、增量模型、螺旋模型、喷泉模型等。

2.2 瀑布模型

瀑布模型(见图 2-2)将软件开发中的各项活动规定为依线性顺序连接的若干阶段,形如瀑布流水,逐级下落,最终得到软件系统或软件产品。换句话说,它将软件开发过程划分成若干个互相区别而又彼此联系的阶段,每个阶段中的工作都以上一个阶段工作的结果为依据,同时作为下一个阶段的工作基础。每个阶段的任务完成之后,都产生相应的文档。它以文档作为驱动,适合需求很明确的软件项目开发。

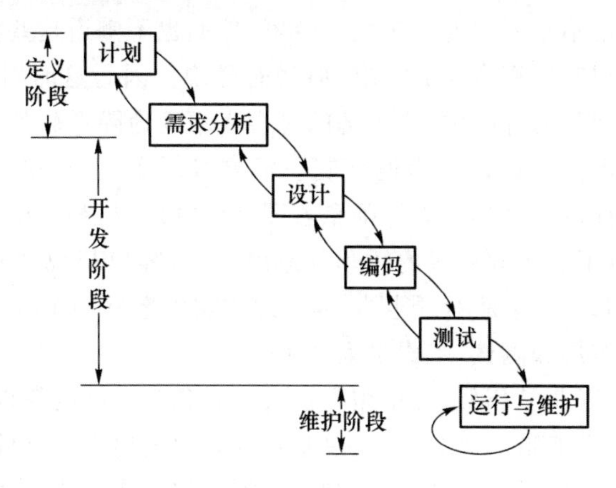

图 2-2　瀑布模型

瀑布模型有以下特点。

(1) 阶段间有顺序性和依赖性

瀑布模型的各个阶段之间存在着这样的关系:后一阶段的工作必须等前一阶段的工作完成之后才能开始,同时,前一阶段的输出文档就是后一阶段的输入文档。因此,只有前一阶段的输出文档正确,后一阶段的工作才能获得正确的结果。

(2) 推迟实现的观点

对于规模较大的软件项目来说,往往编码开始得越早,最终完成开发工作所需要的时间反而越长,主要原因是前面阶段的工作没做或做得不到位,过早地进行下一阶段的工作,往往导致大量返工,有时甚至发生无法弥补的问题,带来灾难性后果。对于瀑布模型,在编码之前需要进行系统分析与系统设计,分析与设计阶段的基本任务规定在这两个阶段主要考虑目标系统的逻辑模型,不涉及软件的编程实现。清楚地区分逻辑设计与物理设计,尽可能推迟程序的编程实现,是按照瀑布模型开发软件的一个重要指导思想。

(3) 质量保证的观点

软件开发的最基本目标是开发效率高、产品质量高。为保证软件的质量,首先,在瀑布模型的每个阶段都应坚持必须完成规定的文档,只有交出合格的文档才算是完成该阶段的任务。完整、准确的合格文档不仅是软件开发时期各类人员之间相互通信的媒介,也是运行时期对软件进行维护的重要依据。其次,在每个阶段结束前都要对所完成的文档进行评审,以便尽早发现问题,改正错误。事实上,越是早期阶段犯下的错误,暴露出来的时间就越晚,改正错误所需付出的代价也越高。

瀑布模型的优点：

① 可强迫开发人员采用规范的方法；

② 严格规定了每个阶段必须提交的文档；

③ 要求每个阶段交出的产品都必须经过质量保证小组的仔细验证。

在软件工程的第一阶段，瀑布模型得到了广泛的应用。它简单易用，配合结构化方法和严格的软件开发管理手段，在消除非结构化特征、降低软件的复杂性、促进软件开发工程化方面起了很大的作用。但是，通过长期的实践活动，人们发现这种模型应付需求变化的能力非常弱。在项目刚刚开始时，用户很难完整描述自己每天工作的细节，也无法清楚地说出对新系统的要求。特别是用户日常的一些工作，在他们看来已经习以为常的活动，常常被无意识地忽略，而系统分析人员通常不是用户业务领域的专家，他们也不知道这些活动。直到开发人员开发出系统后，用户才发现其不符合业务需求，但为时已晚。因为这时对系统做修改，不但会造成开发成本提高、交付期延迟等问题，最关键的是会大幅度地降低软件的质量。

案例：一个客户要求汽车设计师为他订制一辆高级轿车，客户讲述了他对轿车的总体要求，然后设计师开始设计，设计好后，设计师拿着图纸给客户看，客户说："我看不懂图纸，你按照我的要求设计就可以了。"当设计好的轿车制造出来后，客户却说："我想在车的后面加一个高位刹车灯。"设计师则说："这是不可能的，你知道把这辆造好的车拆开需要多少钱吗？拆开之后要修改电路、重新布局和测试，工作量太大了。"

开发软件与这种情况非常相似，许多用户在没有看到开发好的软件之前，对自己到底需要什么样的软件并没有一个清晰的概念，他们总是在看到开发出来的软件之后，才会提出很多合理的意见或者个性化要求。可是重新设计和编码、测试的工作量非常大，既浪费时间又浪费人力，这通常令软件公司难以承受。遇到这种情况时，开发人员和客户常常因此造成不愉快，严重时还会给双方造成巨大的经济损失。

瀑布模型是一种理想的线性开发模式，它将一个充满回溯的软件开发过程硬性分割为几个阶段，无法解决软件需求不明确或者变动的问题。

瀑布模型的缺点如下。

① 在项目开始阶段，用户对需求的描述常常不全面，导致开发人员获取的需求也是不全面的。如果在需求阶段没发现这些问题，则会影响后面各阶段的工作。

② 各阶段所做的工作成果都是文档，而一般用户不容易理解文字所叙述的软件，加大了用户提出修改意见的难度，导致用户不仔细阅读文档就通过了对文档的评审。

③ 修改会影响整个软件的开发。事先选择的技术或需求如果发生变化，需要返回到前面阶段，对前面的一系列内容进行修改，返工的工作量巨大。

2.3 原型模型

瀑布模型的缺陷在于软件开发阶段的推进是直线型的，只有当分析员能够做出准确的需求分析时，才能够得到预期的正确结果。不幸的是，在需求分析阶段定义的用户需求，常常是不完全和不准确的。

事实证明，一旦用户开始实际使用为其开发的系统，其便会对系统的功能、界面、操作方式等提出许多建议，而且这些建议通常都非常合理。为此，经过长期的实践总结，人们提出了原型模型。

以建造房子为例,在实际施工前,建筑设计师会设计一个图纸,然后制作出3D的模拟视图作为建筑模型(原型)。这种建筑模型一方面用来验证设计是否合理,另一方面用来向用户展示,引导他们提出更为具体的需求。

原型模型的基本思想是:在与用户进行需求分析的同时,软件开发人员根据用户提出的软件基本需求,以比较小的代价快速开发一个原型,以便向用户展示软件系统应有的部分或全部功能;用户对原型提出改进意见,分析人员根据用户的意见,补充完善原型,然后再由用户评价,提出建议,如此往复,直到开发的原型系统满足了用户的需求为止。通常原型系统是用户可以操作的系统,系统中已经包括了用户的需求,用户通过实际操作,比较容易发现漏掉的需求。

软件需求确定后,便可进行设计、编码、测试等各个开发步骤。

原型模型如图2-3所示。

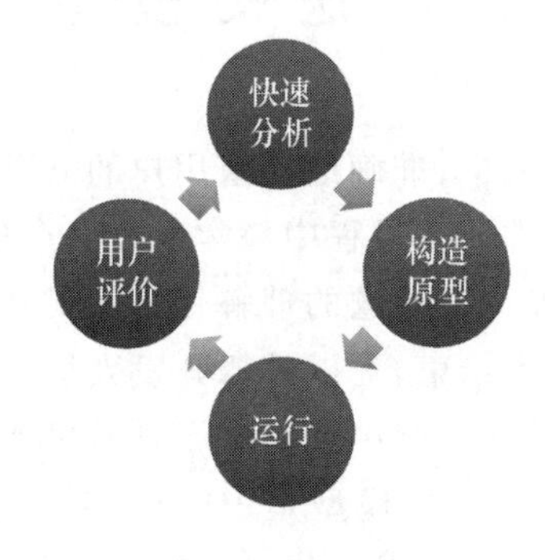

图2-3 原型模型

原型模型的关键在于尽可能快速地建造出软件原型。快速原型的开发途径有3种。

① 仅模拟软件系统的人机界面和人机交互方式。

② 开发一个工作模型,实现软件系统中重要的或容易产生误解的功能。

③ 利用一个或几个类似的正在运行的软件向用户展示软件需求中的部分或全部功能。

构造原型应尽量采用相应的软件工具和环境,并尽量采用软件重用技术,在运行效率方面可以做出让步,以便尽快提供;同时,原型应充分展示软件系统的可见部分,如人机界面、数据的输入方式和输出格式等。一旦确定了客户的真正需求,所建造的原型将被丢弃。因此,原型系统的内部结构并不重要,重要的是必须迅速建立原型,随之迅速修改原型,以反映客户的需求。

原型可以分为高保真和低保真两类。制作高保真的原型无疑时间成本和经济成本都很高,一般情况下可以先制作低保真的原型。制作低保真原型最简单的方法就是画图。在计算机(或纸张)上直接画出软件最终界面的样子,打开新的界面则是展示另一个原型图。用户提出的新需求可以直接在图上修改。

原型模型克服了瀑布模型的缺点,减少了由于软件需求不明确带来的开发风险。通过原型,开发人员可与用户直观交流,可以澄清模糊需求,调动用户积极参与,能及早暴露系统实施后一些潜在的问题。原型模型使总的开发费用降低,时间缩短,开发效率得到提高。高保真的原型系统可作为培训环境,有利于用户培训和开发同步,开发过程也是学习过程。

原型模型的缺点如下。

① 建立原型模型的软件工具、环境与实际模型存在脱节的现象。

② 以目前通用的开发工具,开发高保真原型本身就不是件容易的事情。

③ 原型模型侧重于功能和界面的展示,目标是获得用户对原型的认可,这样会导致开发人员缺乏和用户的深入交流,并不能对用户深层次的需求进行分析。

④ 原型模型关注用户的当前需求,这在一定程度上限制了开发人员的创新。

⑤ 开发人员很可能采用一个不合适的操作系统或程序设计语言,仅因为它通用和熟悉;可能使用一个效率低的算法,仅为了演示功能。经过一段时间之后,开发人员可能对这些选择已经习以为常了,忘记了它们不合适的原因。于是,这些不理想的选择就成了系统的组成部分。

原型模型比瀑布模型更符合人们认识事物的过程和规律,是一种较实用的开发框架。它适合那些不能预先确切定义需求的软件系统的开发。

2.4 迭代模型

在软件开发的早期阶段就想完全、准确地捕获用户的需求几乎是不可能的。实际上,我们经常遇到的问题是需求在整个软件开发过程中经常会改变。迭代式开发允许在每次迭代过程中需求有变化,通过不断细化来加深对问题的理解。迭代式开发不仅可以降低项目的风险,而且每个迭代过程都以可以执行版本结束,可以鼓舞开发人员。

早在20世纪50年代末期,软件领域中就出现了迭代模型。最早的迭代过程可以被描述为“分段模型”(stagewise model)。迭代模型是RUP(Rational Unified Process,统一软件过程)推荐的周期模型。在某种程度上,开发迭代是一次完整地经过所有工作流程的过程:需求分析、设计、实施和测试工作流程。实质上,它类似小型的瀑布式项目。美国国防部原本提倡瀑布模型,在发现那么多采用了瀑布模型的失败项目之后,不但放弃了对它的要求,而且从1994年的报告开始,积极地鼓励用更加现代化的迭代模型来取代瀑布模型的做法。

假设某软件公司要开发一个软件,该软件共有A、B、C、D、E 5个功能,但是用户对这5个功能只有基本的功能需求,其他需求并不非常明确,该怎么开发呢?采用迭代模型。我们可以5个功能同时做,由粗到细,逐步求精,最终完成整个软件。把整个开发过程分成3次迭代,第一次迭代先做出A、B、C、D、E 5个功能中最基本的功能,第二次迭代对这些功能进行优化,完成这5个功能的灵活性和安全性,第三次迭代进一步优化,完成这5个功能的可用性和交互性,最终得到功能完整的软件。这样的开发过程就是迭代模型。

与传统的瀑布模型相比较,迭代模型具有以下优点。

① 降低了在一次迭代上的开发风险。如果开发人员重复某个迭代,那么损失只是这一个开发有误的迭代的花费。

② 降低了产品无法按照既定进度进入市场的风险。在开发早期就确定风险,可以尽早来解决这些风险,而不至于在开发后期匆匆忙忙。

③ 加快了整个开发工作的进度。因为开发人员清楚问题的焦点所在,所以他们的工作会更有效率。

④ 由于用户的需求并不能在一开始就作出完全的界定,它们通常是在后续阶段中不断细化的。因此,迭代模型更适应需求的变化。

2.5　增量模型

增量模型是一种非整体开发的模型。增量模型把待开发的软件系统模块化，将每个模块都作为一个增量组件，从而分批次地分析、设计、编码和测试这些增量组件。运用增量模型的软件开发过程是一个递增式的过程。相对于瀑布模型而言，采用增量模型进行开发，开发人员不需要一次性地把整个软件产品提交给用户，而是可以分批次地进行提交，但是增量模型在开发过程中所交付的不是完整的新版软件，而只是新增加的组件。

假设某软件公司要开发一个软件系统，该系统共有 A、B、C、D、E 5 个子系统，目前对于 A、B、C 3 个子系统的需求比较明确，但是 D、E 还需要用户确认需求，该怎么开发呢？可采用增量模型。我们可以先开发其中明确的功能，等 D 和 E 的功能明确后再开发 D 和 E。把整个开发过程分成 3 次，第一次增量开发先完成子系统 A，第二次增量开发完成子系统 B 和 C。在 A、B、C 的开发过程中，D 和 E 的需求也明确了，则第三次增量开发完成子系统 D 和 E，最终得到功能完整的软件。这样的开发过程就是增量模型。

注意：增量模型一般是指具有底层框架和平台的项目，在该稳定的框架和平台上，来开发和增加具体的业务功能。每个增量之间相对独立，各个增量可以并行开发。

增量模型的工作流程分成 3 个阶段。

① 在系统开发的前期阶段，为了确保所建系统具有优良的结构，需要针对整个系统进行需求分析和概要设计，确定系统基于增量组件的需求框架，并以需求框架中组件的组成及关系为依据，完成对软件系统的体系结构设计。

② 在完成软件体系结构设计之后，可以进行增量组件的开发。这个时候需要对组件进行需求细化，然后进行设计、编码测试和有效性验证。

③ 在完成了对某个增量组件的开发之后，需要将该组件集成到系统中去，并对已经发生了改变的系统重新进行有效性验证，然后再继续下一个增量组件的开发。

增量模型的最大特点就是将待开发的软件系统模块化和组件化。基于这个特点，增量模型具有以下优点。

① 人员分配灵活，刚开始不用投入大量人力资源。

② 将待开发的软件系统模块化，可以分批次地提交软件产品，使用户可以及时了解软件项目的进展。

③ 开发顺序灵活。开发人员可以对组件的实现进行优先级排序，先完成需求稳定的核心组件。当组件的优先级发生变化时，还能及时地对实现顺序进行调整。

④ 以组件为单位进行开发降低了软件开发的风险。一个开发周期内的错误不会影响到整个软件系统。

增量模型的缺点是：如果增量包之间存在相交的情况且未能很好地处理，则必须做全盘系统分析，这种模型将功能细化后分别开发的方法较适用于需求经常改变的软件开发过程。

增量模型和瀑布模型之间的区别：瀑布模型属于整体开发模型，它规定在开始下一个阶段的工作之前，必须完成前一阶段的所有细节；而增量模型属于非整体开发模型，它推迟实现某些阶段或所有阶段中的细节，从而较早地产生工作软件。

增量模型与迭代模型的区别如下。

① 增量模型是从功能量上来划分的，每阶段都完成一定的功能。迭代模型是从深度或细化的程度来划分的，每阶段功能都得到完善、增强。

② 增量模型适用于需求比较明确、架构比较稳定的软件开发，每次增量都不影响已有的架构，在已有的架构下增加新的功能。迭代模型适用于需求不甚明确、难度比较大的软件开发。

在实际应用中，增量、迭代经常一起使用，如迭代时加入新的功能进行开发，这也是它们经常一起出现的原因。我们在开发软件时，需要根据软件项目的实际情况，进行不同的增量和迭代开发组合，以充分利用资源，降低项目风险。

2.6 螺旋模型

对于复杂的大型软件，开发一个原型往往达不到要求。螺旋模型是一种混合模型，它将瀑布模型与原型模型结合起来，并且加入原有模型都忽略了的风险分析。它是由 TRW 公司的 B. Boehm 于 1988 年提出的。螺旋模型的基本思想是：使用原型及其他方法来尽量降低风险，可看作在每个阶段之前都增加了风险分析过程的快速原型模型。该模型将开发划分为制订计划、风险分析、实施工程和客户评估 4 类活动。螺旋模型沿着螺线旋转，如图 2-4 所示，在笛卡儿坐标的 4 个象限上分别表达 4 个方面的活动：

- 制订计划——确定软件目标，选定实施方案，弄清项目开发的限制条件；
- 风险分析——分析所选方案，考虑如何识别和消除风险；
- 实施工程——实施软件开发；
- 客户评估——评价开发工作，提出修正建议。

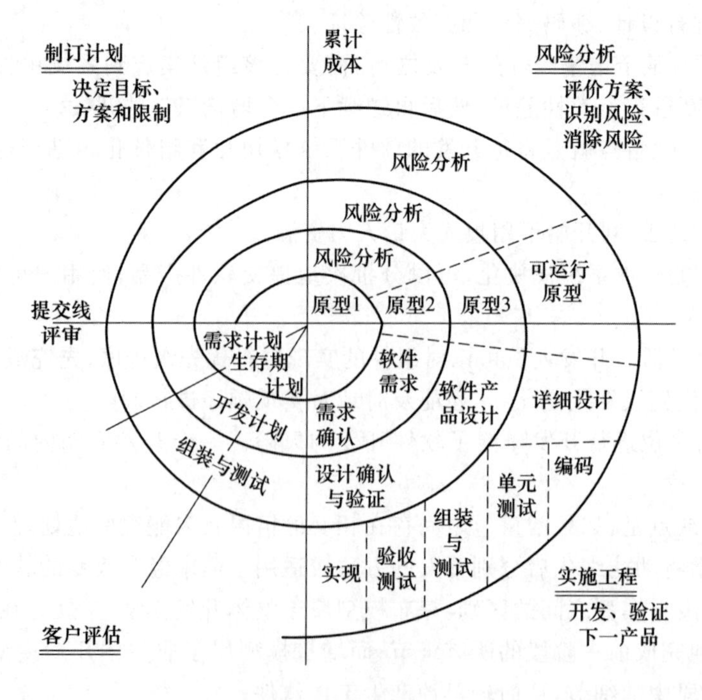

图 2-4　螺旋模型

沿螺线自内向外每旋转一圈便开发出更为完善的一个新的软件版本。首先，与用户交谈并确定软件部分需求，根据需求制订计划和实施方案，分析实施方案的风险，然后开发、测试、集成，对用户进行培训，听取用户评价，并提出修改建议，到此完成了螺旋最内层的部分，相当于系统的一个完整子集。根据用户提出的建议进入螺旋的第二层，再与用户交谈，制订新的计划和实施方案，然后再一次分析实施的风险，如果风险过大，项目可以就此终止，否则进入实施部分，最后用户评价这一轮的实施结果，并提出修改建议。如此下去，最终用户获得完整的系统。

螺旋模型的核心就在于不需要在刚开始的时候就把所有事情都定义得清清楚楚。轻松上阵，定义最重要的功能，实现它，然后听取客户的意见，之后再进入下一个阶段。螺旋模型强调的是产品从小到大，不断改进，不断进行风险分析的过程，如此不断重复，直到得到满意的最终产品。螺旋模型也有迭代，但角度与迭代模型不一样，虽然用原型，但侧重点不是用户需求分析，而是风险分析，风险不仅来源于需求。

螺旋模型的主要优势在于它是风险驱动的，每个方案在实施前都要经过风险分析。如果风险过大，则项目应该停止，或改变方案。但是，当开发人员水平较低，不能准确地识别分析风险时，可能就会出现这样的现象：实际上软件项目已经危机四伏了，但开发组还认为一切良好。此外，过多的迭代次数会增加开发成本，延迟提交时间。如果进行风险分析会大大地影响项目的利润，那么风险分析就没有意义了。因此，螺旋模型只适合大规模软件开发。

2.7　喷泉模型

喷泉模型是由 B. H. Sollers 和 J. M. Edwards 于 1990 年提出的一种开发模型，主要用于采用面向对象技术的软件开发项目。该模型认为软件开发过程自下而上的各阶段是相互重叠和多次反复的，就像水喷上去又可以落下来，类似一个喷泉。“喷泉”一词本身体现了迭代和无间隙特性。系统某个部分常常重复工作多次，相关功能在每次迭代中随之加入演进的系统。所谓无间隙是指在开发活动，即分析、设计和编码之间不存在明显的边界，如图 2-5 所示。

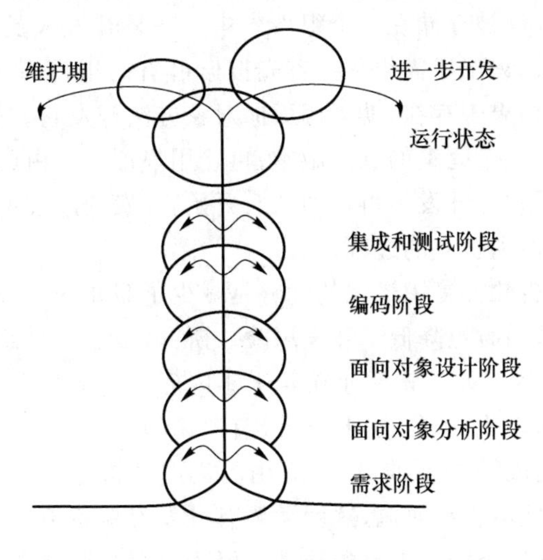

图 2-5　喷泉模型

喷泉模型不像瀑布模型那样，需要分析活动结束后才开始设计活动，设计活动结束后才开始编码活动。该模型的各个阶段没有明显的界线，设计和开发人员可以同步进行开发。

喷泉模型有如下特点。

① 喷泉模型规定软件开发过程有 4 个阶段，即分析、系统设计、软件设计和实现。

② 各阶段相互重叠，表明了面向对象开发方法各阶段间的交叉和无缝过渡。

③ 喷泉模型以分析为基础，资源消耗成塔形，在分析阶段消耗的资源最多。

④ 喷泉模型反映了软件过程迭代性的自然特性，从高层返回低层无资源消耗。

⑤ 喷泉模型强调增量开发，不要求一个阶段的彻底完成，整个过程是一个迭代的逐步提炼的过程，即做到边分析、边设计，边实现、边测试，使相关功能随之加入演化的系统中。

⑥ 喷泉模型是对象驱动的过程，对象是所有活动作用的实体，也是项目管理的基本内容。

⑦ 该模型很自然地支持软件的重用。

喷泉模型的主要缺点如下。

① 由于喷泉模型在各个开发阶段是重叠的，因此在开发过程中需要大量的开发人员，不利于项目的管理。

② 此外这种模型要求严格管理文档，使得审核的难度加大，尤其是面对可能随时加入各种信息、需求与资料的情况。

2.8 组件集成模型

面向对象技术为基于组件或构件的过程建模提供了技术框架。面向对象方法强调将数据与操作该数据的算法封装在一个类中。我们将一个或多个相关类的组合称为一个组件或构件。

组件集成模型融合了螺旋模型的许多特征，本质上是演化型的，开发过程是迭代的。组件集成模型利用模块化方法将整个系统模块化，并在一定组件模型的支持下复用组件库中的软件组件，通过组合的手段提高开发软件系统过程的效率和质量。

以前项目中创建的组件被存储在一个组件库中。一旦开发人员经过与用户交谈，确定了软件目标和方案，就可以标识出所需组件。首先搜索已有的组件库，如果需要的组件已存在，就从库中提取出来复用；如果不存在，就采用面向对象方法开发它。然后用从组件库中提取的组件和新开发的组件组织一个完整的软件版本，再让用户评价。由此完成了螺旋的一个周期。基于组件的开发方法使得软件开发不再一切从头开始，开发的过程就是组件组装的过程，维护的过程就是组件升级、替换和扩充的过程。

组件集成模型的特点：软件复用最大的优势是减少了需要开发的软件数量，加快了软件交付，从而降低了开发成本，同时也降低了开发风险。研究发现：组件组装缩短了 70％的开发周期，降低了 84％的项目成本。如果软件业在若干年内逐步建立完善构件标准，那么组件集成模型将是实现软件生产规模化、工程化的一个最有前途的模型。

由于采用自定义的集成结构标准，缺乏通用的集成结构标准，这样就引入了比较大的风险，可重用性和软件高效性不容易协调，这就需要有开发经验的开发人员开发组件和集成，而一般的开发人员很难开发出令客户满意的软件。因为过分依赖组件，所以组件库的质量影响着产品质量。

2.9　敏捷开发模型

2.9.1　什么是敏捷开发？

敏捷不是一个过程，是一类过程的统称，它们有一个共性，就是符合敏捷价值观，遵循敏捷的原则。

在传统的软件开发方法中，工作人员努力构建客户想要的产品。他们花费大量的时间努力从顾客那里获取需求，并针对需求进行分析和建模，归纳成说明书，然后评审说明书，与客户开会讨论，最后签字。表面上看，他们开发的产品是符合客户要求的，但通常事与愿违，在项目快要结束的时候，需求和范围、产品的适用性成为争论的焦点。敏捷开发告诉我们，开发项目是一个学习的体验，没有谁能完全理解所有需求之后才开始项目，即使是用户也一样。用户一开始有一些主意，但是他们也在项目的进展过程中更多和更深入地了解和明确自己的需要。同样，开发人员在一开始学习到他们能知道的东西，但是他们仍需要继续通过项目来学习更多的东西。在项目结束之前，没有人完全清楚会构建出什么来。因为每个人都在通过项目学习，敏捷开发改变了过程，它要求每个人持续学习，并培养每个人的学习能力。

敏捷就是“快”，快才可以适应目前社会的快节奏。要快，就要更多地发挥个人的个性思维。敏捷开发存在过度依赖个人能力的不足。虽然可以通过结队编程、代码共有、团队替补等方式减少个人对软件的影响力，但也会造成软件开发继承性的下降，因此敏捷开发是一个新的思路，但不一定是软件开发的终极选择。对于长时间、人数众多的大型软件应用的开发，文档的管理与衔接作用还是不可替代的。如何把敏捷的开发思路与传统的“流水线工厂式”管理有机地结合，是软件开发组织者面临的重要课题。

敏捷开发的两大主要特征是对“适应性”的强调与对“人”的关注。经典的软件工程方法借鉴了工程学领域的实践，它强调前期的设计与规划，并尝试在很长的时间跨度内为一个软件开发项目制订严格而详尽的计划，然后交由具备普通技能的人群分阶段依次达成目标。

敏捷开发强调对变化的快速响应能力，它通过引入迭代式的开发手段，较好地解决了如何应对变化的问题。这里需要说明的是，“迭代”并非一个新概念，以迭代为特征的开发方法由来已久。例如，螺旋模型便是一种具备鲜明迭代特征的软件开发模式。敏捷开发将整个软件生命周期分解为若干个小的迭代周期，通过在每个迭代周期结束时交付阶段性成果来获取切实有效的客户反馈。迭代建议采用固定的周期（1～4 周），每个迭代周期不一定要相同，但迭代周期内工作不能完成，应该缩减交付范围而不是延长周期。

迭代的目的是希望通过建立及时的反馈机制，来应对随时可能的需求变更，并作出响应的调整，从而增强我们对软件项目的控制能力。所以，敏捷开发对变化的环境具有更好的适应能力，相比经典软件开发过程的计划性特征，敏捷开发在适应性上具有更大的优势。

经典的软件工程方法旨在定义一套完整的过程规范，使软件开发的运作就像设备的运转，人在其中则是可以更换的零件，不论是谁参与其中，该设备都能完好地运转，因此它是面向过程的。这种做法对于许多软件公司来说是件好事，因为这意味着，开发进度是可预见的，流程方法是固化与可复用的，人力成本的节省、人员的流动不会对软件开发构成影响。敏捷开发则非常强调人的作用。没有任何过程方法能够代替开发团队中的成员成本，因为实施过程方法的主体是人，而过程方法在其中所起的作用是对开发团队的工作提供辅助支持。

敏捷开发的原则是：

① 尽早并持续地交付有价值的软件以满足客户需求；

② 敏捷开发欢迎需求的变化，并利用这种变化来提高用户的竞争优势；

③ 经常发布可用的软件，发布间隔可以从几周到几个月，能短则短；

④ 业务人员和开发人员在项目开发过程中应该每天共同工作；

⑤ 以有进取心的人为项目核心，充分支持并信任他们；

⑥ 无论团队内外，面对面的交流始终是最有效的沟通方式；

⑦ 可用的软件是衡量项目进展的主要指标；

⑧ 敏捷开发应能保持可持续的发展，领导、团队和用户应该能按照目前的步调持续合作下去；

⑨ 只有不断关注技术和设计，才能越来越敏捷；

⑩ 保持简明（尽可能简化工作量的技能）极为重要；

⑪ 只有能自我管理的团队才能创造优秀的架构、需求和设计；

⑫ 时时总结如何提高团队效率，并付诸行动。

2.9.2 敏捷开发流程

在敏捷开发中有多种敏捷开发模型，下面我们介绍 Scrum 模型。

Scrum 模型有 3 种角色。

1. 产品负责人（Product Owner，PO）

主要职责是确保开发团队做正确的事，工作任务包括：

- 代表利益相关人（如用户、市场、管理等），对产品投资回报负责；
- 确定产品发布计划；
- 定义产品需求，根据市场价值确定功能优先级；
- 验收迭代结果，并根据验收结果和需求变化更新需求清单和优先级。

2. Scrum 教练（Scrum Master，SM）

主要职责是确保开发团队正确地做事，主要工作任务包括：

- 辅导团队正确应用敏捷实践；
- 引导团队建立并遵守规则；
- 保护团队不受打扰；
- 推动解决团队遇到的障碍；
- 保证开发过程按计划进行，组织站立会，冲刺评审会，冲刺回顾会议。

3. 开发团队（Team，TM）

负责产品需求实现，主要工作任务包括：

- 负责估计工作量并根据自身能力找出最佳方案，去完成任务且保证交付质量；
- 向产品负责人和利益相关人员演示工作成果（可运行的软件）；
- 团队自身管理、持续改进。

敏捷开发的步骤如下。

第一步：找出完成产品需要做的事情——Product Backlog。

Backlog 翻译成“积压的工作”“待解决的问题”“产品需求列表”都可以。PO 收集来自客户、市场、领导等渠道的信息，从业务和市场价值角度编制一份按优先级排序的、明确的、可度量的、合理的产品需求列表；PO 领导大家对这个 Backlog 中的条目进行分析、细化，厘清它们相互之间的关系，并估计工作量，每一项工作的时间估计单位为“天”。

第二步：决定当前的冲刺(Sprint)需要解决的事情——Sprint Backlog。

PO 召集 TM 和 SM(也可邀请其他利益相关者参加)开计划会议，主要是说明产品完整交付给客户的计划时间和交付物。在项目计划会议上可以确定每天站立会的时间及其规则要求(建议会议时间在 15～20 min)。

整个产品的实现被划分为几个互相联系的冲刺。产品需求列表上的任务被进一步细化了，被分解为以小时为单位。如果一个任务的估计时间太长(如超过 16 小时)，那么它就应该被进一步分解。团队成员根据自己的情况来认领任务，因为如果团队成员能主导任务的估计和分配，他们的能动性就会得到较大的发挥。

第三步：冲刺。

计划会议结束后，TM 获取各自的冲刺任务单并进行后面的需求分析、设计、编码和测试。开发和测试是并行工作，必要的文档还是需要输出。项目组根据实际情况决定输出什么文档，但客户要求交付的文档必须要输出。

冲刺期间，团队通过每日例会(scrum meeting)来进行面对面的交流，团队成员大多站着开会，所以又称为每日立会(图 2-6)。每日立会上每个人回答 3 个问题：昨天做了什么，遇到什么问题，今天要做什么。每日立会上只有 TM 有发言权，SM 主要起到维护秩序及引导的作用。每日立会强迫每个人都向同伴报告进度，迫使大家把问题摆在明面上。

图 2-6　每日立会

在冲刺阶段，外部人士不能直接打扰团队成员。一切交流只能通过 Scrum 教练来完成。这一措施较好地平衡了“交流”和“集中注意力”的矛盾。有任何需求的改变都留待冲刺结束后再讨论。

Scrum 教练根据项目的情况，用简明的图表展现整个项目的进度，这个图表最好放在大家工作的环境中，或者每天传达给各个成员。图表可以是燃尽图(burn down chart)，也可以是简单的任务看板图：把一堆任务从最初的“待定”移动到“工作中”等各个状态，直至“完成”。

冲刺阶段是时间驱动的，时间一到就结束。这个特点看似不起眼，但其实它有效地断了各种延期想法的后路。

第四步:得到软件的一个增量版本,发布给用户。然后在此基础上进一步计划增量的新功能和如何改进。

2.10 微软公司开发过程

《微软的秘密》一书对微软公司的软件产品开发过程进行了介绍。通过这本书,我们可以看到微软公司是如何科学地对软件产品开发进行管理的。

在微软,典型项目的生命周期包括3个阶段:计划阶段、开发阶段和稳定化阶段。计划阶段完成功能的说明和进度表,开发阶段写出完整的源代码,稳定化阶段完成产品,使之能够批量生产。这3个阶段以及阶段间内在的循环方法与传统的瀑布模型开发方式不同,微软典型项目生命周期的3个阶段更像是风险驱动的、渐进的螺旋模型。

1. 计划阶段

计划阶段从想象性描述开始,微软采用想象性描述和概要说明来指导项目开发。想象性描述来自产品经理和各产品单位的项目经理,它是对产品的市场营销设想,包括对竞争对手产品的分析,以及对未来版本的规划,也可以讨论前一版本中发现的必须解决的问题,以及应该添加的必要功能,所有这些都基于对顾客和市场的分析,以及从产品支持服务组得到的反馈资料。微软对想象性描述的要求是,越短越好,尽量说明产品不做什么。

在想象性描述的基础上,项目经理开始编写功能性说明,该说明文件解释产品的每条特性,以及这些特性之间的关系。随着项目的进展,项目经理随时会添加更多的细节,并对每个特性赋予不同的优先级。基于说明文件,程序管理部门制订进度表,安排特性小组,每个小组都包括1名组长、3~8名开发人员、3~8名测试员(以1∶1的比例与开发员并行工作)。

2. 开发阶段

将产品划分为3~4个子项目(每个子项目都产生一个里程碑式的产品包)来完成特性的开发。项目经理协调开发过程,开发人员设计、编码、调试,测试员与开发人员配对,不断进行测试。

对于软件项目而言,精确估计产品的开发与交付进度是很困难的。对此微软采取的方法是将进度安排和管理的责任落实到人,这保证了每个开发者各负其责。微软让每个开发人员和小组都设定他们自己的进度目标。但是开发人员一般会作出较乐观的估计,因此开发经理还需要对他们所提供的日期进行调整并加上缓冲时间,以避免因不确定因素而造成延误。

微软在规划项目进度时,要对任务做非常详尽的细化,在此基础上请开发人员给出对完成任务时间的估计。通常微软把任务细化到4小时到3天之间。

3. 稳定化阶段

在稳定化阶段做全面的内、外部测试,最后的产品稳定化。开发者进行最后的调试与代码稳定化,测试员发现并排除错误。

- 内部测试。公司内部对整个产品做详尽的测试。
- 外部测试。在公司以外的其他地点,例如原始设备制造商、独立软件开发公司,对整个产品做详尽的β测试。

2.11　软件安全开发生命周期

2.11.1　什么是安全开发？

尽管人们采用了软件工程、软件质量保证和验证等一系列技术和工程经验，但在当前的技术水平下，开发出没有错误的软件几乎是不现实的。在传统的软件开发方法中，不管采用瀑布模型、螺旋模型、增量模型，还是采用敏捷模型，重点在于关注软件功能的实现和保证，而在如何实施软件安全开发、保证软件自身的安全性方面仍存在很多不足。

软件安全开发涵盖了软件的整个生命周期，安全软件开发生命周期（Secure Software Development Lifecycle，SSDL）是一种强调安全措施的软件生命周期，即通过软件开发的各个步骤来确保软件的安全性，其目标是最大限度地确保软件的安全。软件安全开发的目标是使软件能够按照开发者的意图执行，并且在受到恶意攻击的情形下依然能够继续正确运行。

软件安全开发过程在传统软件开发过程的各个阶段都添加了安全措施和安全手段，防止因设计、开发、提交、升级或维护中的缺陷而产生不该有的软件漏洞和脆弱性。在需求分析阶段就开始考虑软件的安全需求问题，在设计阶段设计符合安全需求的安全功能，在编码阶段保证开发的代码符合安全编码规范，并通过安全测试，确保安全需求、安全设计、安全编码各个环节得以正确、有效实施。

软件编码规范和测试一直被认为是达到软件质量标准和确保安全性的重要手段。人们提出了一系列编码规范，希望能约束程序员的不良开发习惯并减少安全漏洞。但是编码规范不是规避安全漏洞的充要条件，即使程序员不能真正理解信息安全，他也照样可以写出完全符合编码规范但实际上安全漏洞很多的代码。

软件测试的实质是根据软件开发各阶段的规格说明和程序的内部结构设计测试用例，观察软件运行结果与预期结果是否一致。通常来说，软件测试的主要目的是检查代码编码的功能和性能的符合性，在测试中也可以检测出一部分软件安全漏洞，但是对于软件在需求和设计阶段存在的安全问题，软件测试是发现不了的。

一个典型的例子是，假设某网络软件中网络传输的数据较为敏感，包括用户名、口令等，甚至还包括用户的银行账户，但软件的设计人员未采用可靠的加密算法对网络传输数据进行加密，而是仅对这些数据进行简单的数值变化处理（如和某个固定值进行异或），这种“加密”手段保密性极低，很容易被黑客识破并“解密”。缺少安全经验的测试人员可能不会发现这种安全问题，他们只能证明该“加密”功能已经被正确实现。

软件安全开发期望在软件的各个阶段添加安全措施和安全手段，致力从一开始就创建一个安全的软件，而不仅是依靠软件的编码和测试阶段。美国国家标准与技术研究院（NIST）的研究显示，如果软件开发企业能够在软件开发过程中更多地重视软件安全问题，并尽可能在软件开发生命周期的早期就发现软件中存在的安全漏洞，那么就能够节约大量成本。在软件系统发布以后再修复漏洞，代价是最高的，也会给软件系统的使用者带来无法估量的损失。研究数据表明，在软件发布后对安全漏洞的修复所需的成本至少是在软件设计和编码阶段进行修复的 30 倍。因此，要使软件的安全性达到较高的水平，不仅要从整个软件开发生命周期来考虑安全问题，还要注重在软件开发需求分析和系统设计阶段就开始考虑安全性。

2.11.2 安全开发生命周期

2002 年 1 月，比尔·盖茨给全体微软员工发出一封邮件，提出推行可信计算的计划，期望提高微软软件产品的安全性。微软可信计算的重点是软件开发，关键部分是可信计算安全开发生命周期，简称安全开发生命周期（Security Development Lifecycle，SDL）。

自 2004 年起，微软将 SDL 作为全公司的计划和强制政策，用于减少软件中安全漏洞的数量和严重性。SDL 的核心理念就是将安全考虑集成在软件开发的每一个阶段：需求分析、设计、编码、测试和维护。从需求分析、设计到发布产品的每一个阶段都增加了相应的安全活动，以减少软件中漏洞的数量并将安全缺陷降到最低程度。安全开发生命周期是侧重于软件开发的安全保证过程，旨在开发出安全的软件应用。Vista 是微软第一个采用 SDL 过程开发的操作系统，在安全上取得了较为显著的效果。

简单来说，SDL 是微软提出的从安全角度指导软件开发过程的管理模式，在传统软件开发生命周期的各个阶段都增加了一些必要的安全活动，软件开发的不同阶段所执行的安全活动也不同，每个活动就算单独执行也都能对软件安全起到一定作用。

2007 年，微软发布了 SDL 3.2，这是第一个公开发布的 SDL 版本，向业界各软件企业介绍了用于保护微软软件的过程和技术。经过多个版本的完善，微软于 2012 年发布了 SDL 5.2。

为了保证最终用户的信息安全，SDL 强调对软件开发成员进行持续不断的安全教育和培训。因为安全风险不是静止不变的，所以 SDL 非常重视了解安全漏洞的原因和后果，要求定期评估 SDL 过程，并随着新技术和威胁的发展引入新的应对措施。

SDL 将软件开发生命周期划分为 7 个阶段，共提出了 17 项重要的安全活动，如图 2-7 所示。

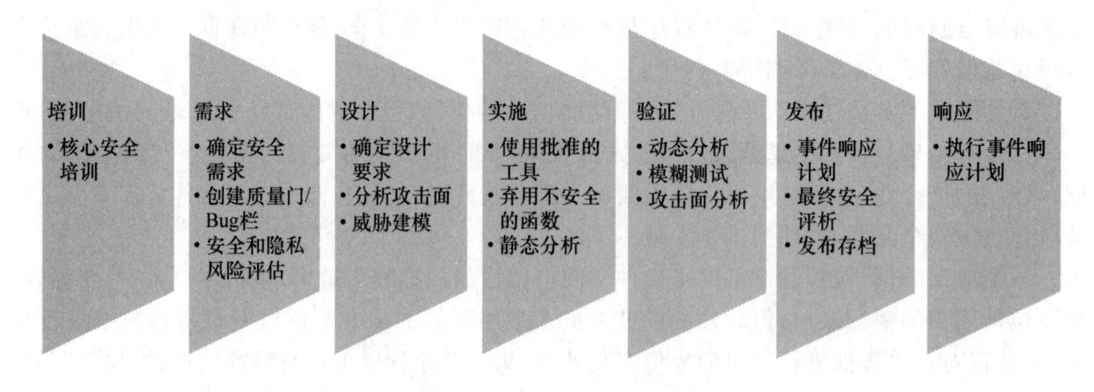

图 2-7　SDL 的软件开发生命周期

7 个阶段的主要任务和目的如下。

1. 培训

针对开发团队和高层进行安全意识与能力的培训，使之了解安全基础知识以及安全方面的最新趋势，同时能针对新的安全问题与形势持续提升团队的能力。

2. 需求

在软件开发初始阶段，确定软件安全需要遵循的安全标准和相关要求，建立安全和隐私要求的最低可接受级别。

3. 设计

在设计阶段要从安全性的角度定义软件的总体结构。通过分析攻击面，设计相应的功能和策略，降低并减少不必要的安全风险，同时通过威胁建模，分析软件或系统的安全威胁，提出缓解措施。

4. 实施

按照设计要求，对软件进行编码和集成，实现相应的安全功能、策略以及缓解措施。在该阶段通过安全编码和禁用不安全的API，可以减少实现时导致的安全问题和编码引入的安全漏洞，并通过代码静态分析等措施来确保安全编码规范的实施。

5. 验证

通过动态分析和安全测试手段，检测软件的安全漏洞，全面核查攻击面，检查各个关键因素上的威胁缓解措施是否得以正确实现。

6. 发布

建立可持续的安全维护响应计划，对软件进行最终安全核查。在本阶段应将所有相关信息和数据进行存档，以便对软件进行发布与维护。这些信息和数据包括所有规范、源代码、二进制文件、专用符号、威胁模型、文档、应急响应计划等。

7. 响应

响应安全事件与漏洞报告，实施漏洞修复和应急响应。同时发现新的问题与安全问题模式，并将它们用于SDL的持续改进过程中。

在这7个阶段中，SDL要求前6个阶段的16项安全活动是开发团队必须完成的安全活动，这些活动由安全和隐私专家确认有效，并且会作为年度评估过程的一部分，不断对其进行有效性评判。同时，SDL认为开发团队应保持灵活性，以便根据需要选择安全活动，如人工代码评析、渗透测试、应用程序漏洞分析，以确保对某些软件组件进行更高级别的安全分析。关于这些安全活动的详细说明和最新资料可以从SDL的公开文档中得到。

习 题

1. 在软件生存周期中软件开发过程由哪几个阶段组成？各阶段的任务是什么？
2. 瀑布模型软件开发有哪些特点？又有哪些不足？
3. 螺旋模型有哪些优缺点？
4. 快速原型技术的基本思想是什么？
5. 比较增量模型和螺旋模型的特点，有什么不同和相似的地方？
6. 比较螺旋模型和组件集成模型的异同。
7. 比较喷泉模型和敏捷开发模型的异同。
8. 比较迭代模型和增量模型的异同。
9. 敏捷开发的核心思想是什么？
10. 安全开发生命周期的核心思想是什么？
11. 公司计划开发一款新的手机应用软件，并希望尽快发布上市，该选择哪种软件开发过程模型，如何进行？
12. 公司计划为某外贸公司开发一款采购和销售管理软件，目前对采购部完成了需求调研，销售部因为正在进行内部调整而调研进度缓慢，为了缩短软件开发周期，现在是否可以开始软件开发，如何进行？

第 3 章 可行性研究

3.1 问题定义

当接受一个软件开发任务时，就意味着进入了软件生命周期的第一个阶段，即进行可行性研究。通过可行性研究可以知道问题有无可行解，进而避免人力、物力和财力上的浪费。可行性研究的第一步是问题定义。

问题定义其实就是描述问题，如果不知道问题是什么就试图解决这个问题，显然是盲目的，只会白白浪费时间和金钱，最终得出的结果很可能是毫无意义的。因此，准确地定义问题是十分必要的，它是整个软件工程的第一个步骤，也可以说是软件工程里面各个项目的第一个步骤。

在问题定义阶段形成问题定义报告。在此阶段，开发者与用户一起，讨论待开发软件项目的类型(是应用软件、系统软件、通用软件，还是专用软件)、将要开发软件项目的性质(主要是区分此软件是新开发软件，还是原有软件系统的升级)、待开发软件项目的目标(软件主要的使用功能)、待开发软件的大致规模以及开发软件项目的负责人等问题，并且用简洁、明确的语言将上述内容写进问题定义报告，最后双方对报告签字认可。

问题定义阶段的持续时间一般很短，形成的报告文本也相对比较简单。问题定义报告的主要内容如下。

- 待开发项目名称。
- 软件项目使用单位和部门。
- 软件项目开发单位。
- 软件项目用途和目标。
- 软件项目开发的开始时间以及大致交付使用的时间。
- 软件项目开发大致经费。
- 软件的交付形式和内容。
- 是否需要培训及硬件。
- 问题定义报告的形成时间。

3.2 可行性研究的任务

可行性研究的目的是用最小的代价在尽可能短的时间内确定问题是否能够解决。也就是说可行性研究的目的不是解决问题，而是确定问题是否值得去解，研究在当前的具体条件下，开发新系统是否具备必要的资源和其他条件。可行性研究是压缩简化了的系统分析和设计过程，也就是说在较高层次上以较抽象的方式进行设计的过程。

在明确了问题定义之后，分析员应该给出系统的逻辑模型，然后从系统的逻辑模型出发，寻找可供选择的解法，研究每一种解法的可行性。一般来说，应从经济可行性、技术可行性、资源可行性、法律可行性和开发可行性等方面研究可行性。可行性研究的内容如图 3-1 所示。

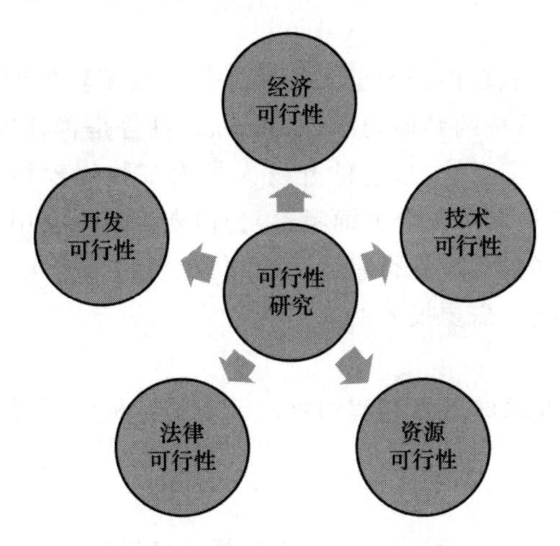

图 3-1　可行性研究的内容

1. 经济可行性

经济可行性研究主要进行成本/效益分析，包括估计项目的开发成本，估算开发成本是否会高于项目预期的全部利润。例如，构建电话服务中心，需配备两个电话接线员，以及中继器、服务器等设备，因此，需调研一天打入的电话量，以确保系统运行后能获得利润，即在经济上是可行的。

由于软件开发成本受软件的特性、规模等多种不确定因素的制约，所以对软件设计的反复优化可以使开发者获得用户更为满意的软件产品。但系统分析员很难直接估算软件的成本和利润，因此得到完全精确的成本/效益分析结果是十分困难的。通常，软件的成本由以下几个部分组成。

① 硬件费用，主要是购置并安装软硬件及有关设备的费用。

② 系统开发费用。

③ 系统安装、运行和维护费用。

④ 人员培训费用。

在进行可行性研究时只能得到上述费用的预算，即估算成本。在系统开发完毕并交付用户运行后，上述几个部分的统计结果就是实际成本。至于系统效益则包括经济效益和社会效益两部分。经济效益是指软件应用系统直接或间接为用户增加的收入，它可以通过直接的或统计的方法估算；社会效益则只能用定性的方法估算。

在进行经济可行性计算时，需考虑开发该系统对其他产品或利润所带来的影响。

2. 技术可行性

技术可行性是最难决断并且最关键的问题。根据客户提出的系统功能、性能及实现系统的各项约束条件，从技术的角度研究系统实现的可行性。在此阶段，系统分析员应采集软件系统涉及的各种信息,包括系统性能、可靠性、可维护性等方面,分析实现系统功能和性能所需要的各种设备、技术、方法和过程,并且需要分析软件开发在技术方面可能面临的风险,以及技术问题对开发成本的影响等。例如,119电话服务中心如果开发语音识别自动接警系统,需要调研该系统针对普通话不同语速的识别率、针对地方方言的识别率,是否存在二义性等。针对这些技术上的问题,如果采取某种技术解决,技术是否可行。

在可行性研究阶段,系统目标、功能和性能的不确定会给技术可行性论证带来许多困难。

3. 资源可行性

资源可行性分析主要考虑软件开发组织是否具备开发该软件的资源,包括开发系统的人员是否存在问题,用于建立系统的其他资源,如硬件、软件等是否具备。例如,公司计划开发一个小型网上超市特价商品查询系统,目前的开发人员大多数比较熟悉C语言和汇编语言,因此,此项目是否能够执行需从以下几个方面考察:公司现有熟练应用Java技术、脚本语言的人员,同时承担其他项目开发的人数,是否有合适的项目经理,未来的3个月之后企业可能会接到的项目数、项目类别与性质,需要投入的人力和物力等。

4. 法律可行性

法律可行性是指研究在系统开发过程中可能涉及的各种合同、侵权、责任以及各种与法律相抵触的问题。

5. 开发可行性

提出系统实现的各种方案并进行评价,从中选择一种最优秀的方案。

系统分析完成后,就要开始研究问题求解方案。通常系统工程师将一个复杂系统分解为若干个相对简单的子系统,然后再定义子系统的功能和性能等,以及给出各子系统之间的关系。这样对于人员的组织和分工、系统开发效率和工作质量的提高都将有很大的帮助。当然,根据成本、时间、人员、技术、设备等的要求,分解系统和实现子系统所提供的选择方案通常都不是唯一的,而每一种方案开发出来的系统在功能和性能方面都会存在很大的差异。系统开发各阶段所用成本分配方案的不同也会对系统的功能和性能产生相当大的影响。由于系统功能和性能受多种因素影响,某些因素是彼此关联和制约的,所以系统论证和选择、确定系统开发方案是一个折中过程。

当然,可行性研究最根本的任务是对以后的行动路线提出建议:如果问题没有可行的解,应该建议停止这项工程的开发;如果问题值得解,应该推荐一个较好的解决方案,并且为工程制订一个初步的计划。

3.3 可行性研究的步骤

一般地说,可行性研究有如下步骤。

1. 复查系统规模和目标

分析员应访问关键人员,仔细阅读和分析有关资料,以便进一步复查问题定义阶段确定的系统目标和规模,改正含糊不清的叙述,清晰地描述对系统目标的一切限制和约束,确保解决问题的正确性,即保证分析员正在解决的问题确实是要求他解决的问题。例如,在超市商品询价系统中,系统分析员首先要与关键人员确认超市规模,从而确定系统规模,然后根据商品种类确定价格清单,其中包括特价商品价格等细节问题。

2. 研究目前正在使用的系统

现有的系统是信息的来源。显然,如果目前有一个系统正被人使用,那么这个系统必定能完成某些有用的工作。此外,如果现有的系统是完美无缺的,用户自然不会提出开发新系统的要求,所以现有的系统必然有某些缺点。因此,新的目标系统必须能完成现有系统的基本功能,还必须能解决旧系统中存在的问题。通过对现有系统的认真研究和分析,对文档资料的阅读,就可以总结出现有系统的优点和不足,从而得出新系统的雏形。这是了解一个陌生应用领域的最快方法,它既可以使新系统脱颖而生,但又不能全盘照抄。以小型超市网上商品查询系统为例,系统分析员需要查找相似的系统,像淘宝、易趣等,通过借鉴别人的系统进行开发。

3. 导出新系统的高层逻辑模型

优秀的设计通常总是从现有系统的物理系统出发,导出现有系统的高层逻辑模型。逻辑模型是由数据流图来描述的,此时的数据流图不需要细化。然后,再来参考现有的逻辑模型,以设计新系统的逻辑模型。这样,经过上述几步的反复进行,最后根据开发系统的目标,得到新系统的说明和逻辑模型。逻辑模型确立之后,可以在此基础上建造开发系统的物理系统,通常物理系统模型是用系统流程图来表示的。

4. 重新定义问题

信息系统的逻辑模型实质上表达了分析员对新系统的看法。那么用户是否也有同样的看法呢?分析员应该和用户一起再次复查问题定义,再次确定工程规模、目标和约束条件,并修改已发现的错误。

可行性研究的前4个步骤实质上构成一个循环:分析员定义问题、分析问题,导出一个试探性的解,在此基础上再次定义问题,再次分析,再次修改……继续这个过程,直到提出的逻辑模型完全符合系统目标为止。

5. 导出和评价供选择的方案

分析员从系统的逻辑模型出发,导出若干个较高层次的物理实现方案供比较和选择。从技术、经济、操作等方面进行分析比较,并估算开发成本、运行费用和纯收入。例如,当从技术角度提出了一些可能实现的物理系统之后,首先要初步排除一些不现实的系统,当然是基于技术可行性研究的结果。在此基础上对每个可能的系统方案进行成本/效益分析。最后需要的是法律可行性,所开发的系统是否符合当前社会生产管理经营体制的要求,有无版权纠纷、生产安全以及与国家法律相违背的问题,这些都是系统分析员所要认真考虑的,要在此基础上给出法律可行性的结论。

6. 推荐一个方案并说明理由

在对上一步提出的各种方案进行比较分析的基础上,向用户推荐一种方案,在推荐的方案中应清楚地表明:

① 本项目的开发价值;

② 推荐这个方案的理由;

③ 制订实现进度表,这个进度表不需要也不可能很详细,通常只需要估计生存周期每个阶段的工作量。

7. 草拟开发计划

系统分析员进一步为推荐的系统草拟一份开发计划,其中包括工程进度表,各种开发人员(如系统分析员、程序员、资料员等)以及各种资源(计算机硬件、软件工具等)的需求情况,同时需要指明这些人员如何分配、资源具体如何使用等。此外,还需要估计系统生存周期中每个阶段的财务成本。最后，给出需求分析阶段的详细进度表和成本估计。

8. 书写文档并提交

把上述可行性研究各个步骤的结果写成清晰的文档，提交给用户和使用部门的负责人仔细审查。也可以召开论证会，对该方案进行论证，最后由论证会成员签署意见，指明该可行性研究是否通过。

3.4 系统流程图

在进行可行性研究时需要了解和分析现有的系统，并以概括的形式表达对现有系统的认识。进入设计阶段以后应该把设想的新系统逻辑模型转变成物理模型，因此需要描绘未来的物理系统概貌。

在可行性研究阶段，一般采用系统流程图作为概括地描绘物理系统的图形工具。系统流程图主要用图形符号描绘系统里面的每个部件(程序、文件、数据库、表格、人工过程等)，通过这些图形符号表现出信息在系统各部件之间流动的情况，不表示对信息进行加工处理的控制过程，因此，尽管系统流程图使用的某些符号和程序流程图中用的符号相同，但是它们却是物理模型的图。很多人把系统流程图和程序流程图混淆，为了避免这种情况，也可以将系统流程图称为系统组成图。系统流程图的基本符号见表 3-1。

表 3-1 系统流程图的基本符号

符 号	名 称	说 明
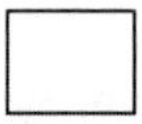	处理	能改变数据或数据位置的操作
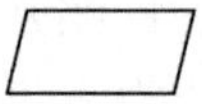	输入/输出	表示输入/输出，是一个广义的不指明具体设备的符号
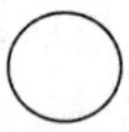	连接	指出转到图的另一部分或从图的另一部分转来，通常在同一页上
	换页连接	指出转到另一页图上或从另一页图转来
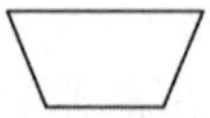	人工操作	由人工完成处理
	通信链路	远程通信线路传输数据
	数据流	用来连接其他符号，指明数据流动方向

系统流程图的作用可以总结如下。

① 制作系统流程图的过程是系统分析员全面了解系统业务处理情况的过程，它是系统分析员作进一步分析的依据。

② 系统流程图是系统分析员、管理人员、业务操作人员相互交流的工具。

③ 系统分析员可直接在系统流程图上拟出可以实现计算机处理的部分。

④ 可利用系统流程图来分析业务流程的合理性。

案例:用系统流程图来分析下述问题。

某装配厂有一座存放零件的仓库,仓库中现有的各种零件数量以及每种零件的库存量临界值等数据记录在库存清单主文件中。当仓库中零件数量有变化时,应该及时修改库存清单文件,如果哪种零件的库存量少于它的库存量临界值,则应该报告给采购部门以便订货,规定每天向采购部门送一次订货报告。

分析:零件的变更由放在仓库中的终端输入计算机中。

- 系统中库存管理程序对用户的输入做处理。
- 库存管理模块根据输入更新库存数据库。
- 库存管理模块产生订货信息。
- 报告生成模块可以打印出订货报告。

零件库存管理系统流程图如图 3-2 所示。

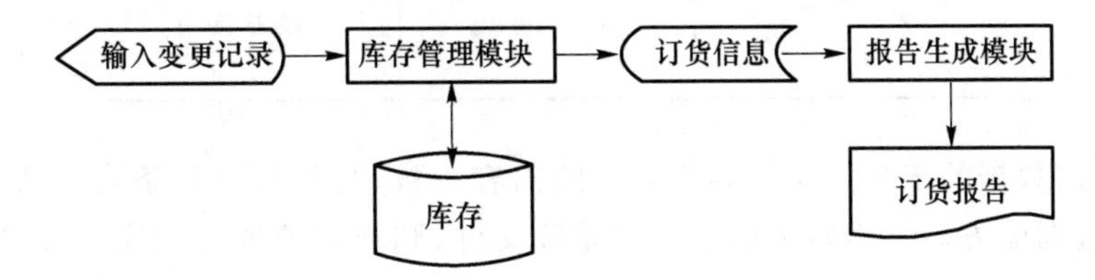

图 3-2　零件库存管理系统流程图

3.5　数据流建模

3.5.1　数据流图

计算机已经演变为一个处理信息的工具,软件系统也是以信息处理为核心的。在可行性研究阶段,最关键的是分析现在有什么数据,处理之后变成了什么数据,而至于计算机怎样处理则不是现阶段所关心的。数据流图(Data Flow Diagram, DFD)描绘信息流和数据从输入移动到输出的过程中所经受的变换。数据流图是系统逻辑功能的图形表示,描述系统的逻辑模型。因此,数据流图中没有任何具体的物理部件,只是描绘数据在软件中流动和被处理的逻辑过程。

数据流图的符号如表 3-2 所示。

数据源点和终点表示数据的外部来源和去处。它通常是系统之外的人员或组织,不受系统控制。为了避免在数据流图上出现线条交叉,同一个源点、终点或文件均可在不同位置多次出现。这时要在源(终)点符号的右下方画小斜线,或在文件符号左边画竖线,以示重复。

加工处理是对数据进行的操作,它把流入的数据流转换为流出的数据流。每个加工处理都应取一个名字表示它的含义,并规定一个编号用来标识该加工在层次分解中的位置。名字中必须包含一个动词,例如“计算”“打印”等。

对数据进行加工转换的方式有两种:

- 改变数据的结构，例如将数组中各数据重新排序；
- 产生新的数据，例如对原来的数据求总和、求平均值等。

表 3-2　数据流图的符号

图形符号	英文含义	中文含义
□	input/output	数据源点/终点
○	function	变换数据的处理
═	data storage	数据存储
↷	data flow	数据流

文件是存储数据的工具。文件名应与它的内容一致，写在开口长条内。从文件流入或流出数据流时，数据流方向是很重要的。如果是读文件，则数据流的方向应从文件流出，写文件时则相反；如果是又读又写，则数据流是双向的。在修改文件时，虽然必须首先读文件，但其本质是写文件，因此数据流应流向文件，而不是双向的。

数据流用带有名字的具有箭头的线段表示，名字为数据流名，表示流经的数据，箭头表示流向。数据流可以从加工流向加工，也可以从加工流进、流出文件，还可以从源点流向加工或从加工流向终点。

流入或流出处理的数据流并不是唯一的，多条数据流之间存在 3 种关系：或、与、异或。其中“或”关系不需要附加的符号，* 表示“与”关系，⊕表示“异或”关系。数据流关系如图 3-3 所示。

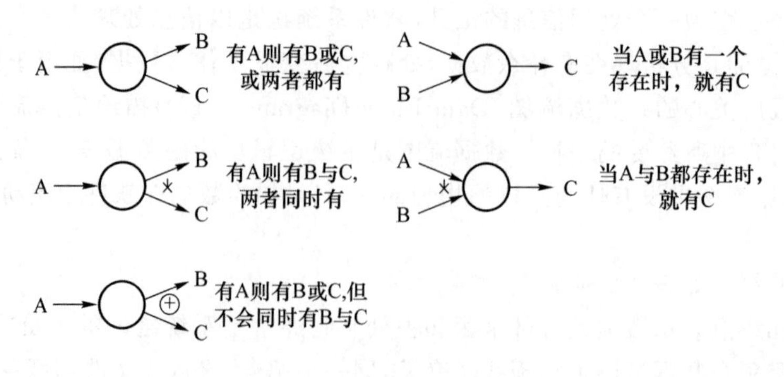

图 3-3　数据流关系

对数据流的表示有以下约定：

- 处理并不代表一个程序，处理框可代表一系列程序；
- 如果数据的源点和终点相同，不推荐使用一个符号；
- 在数据流图上忽略出错处理，以及打开或关闭文件等内务处理；
- 重点描述“做什么”，而不是怎么做。

案例：公交车一卡通的顶层数据流图如图 3-4 所示。

图 3-4　公交车一卡通的顶层数据流图

3.5.2　DFD 画法与命名

画 DFD 时，一般遵循“由外向里”的原则，即先确定系统的边界或范围，再考虑系统的内部，先画加工的输入和输出，再画加工的内部。

① 识别系统的输入和输出。

② 从输入端至输出端画数据流处理，并同时加上文件。

③ 加工“由外向里”进行分解。

④ 对于数据流的命名，名字要确切，能反映整体。

⑤ 各种符号布置要合理，分布均匀，尽量避免交叉线。

⑥ 先考虑稳定态，后考虑瞬间态。如系统启动后在正常工作状态，稍后再考虑系统的启动和终止状态。

给数据流或数据存储命名时应注意：

① 数据流或数据存储的名称应跟数据本身相关联；

② 名字应代表整个数据流（或数据存储）的内容，而不是仅反映它的某些成分；

③ 不要使用空洞的、缺乏具体含义的名字，如“数据”“信息”“输入”之类；

④ 如果在为某个数据流（或数据存储）起名字时遇到了困难，则很可能是因为对数据流图分解不恰当造成的，应该尝试进行重新分解。

给处理命名时重点描述数据是怎样处理的，注意以下原则：

① 通常先为数据流命名，然后再为与之相关联的处理命名，这样命名比较容易，而且体现了人类习惯的“由表及里”思考过程；

② 名字应该反映整个处理的功能，而不是它的一部分功能；

③ 名字最好由一个具体的及物动词，加上一个具体的宾语组成，应该尽量避免使用“加工”“处理”等空洞、笼统的动词作名字；

④ 通常名字中仅包括一个动词，如果必须用两个动词才能描述整个处理的功能，则把这个处理再分解成两个处理，可能更恰当些；

⑤ 如果在为某个处理命名时遇到困难，则很可能发现了分解不当的情况，应考虑重新分解。

3.5.3　分层数据流图

为了表达较复杂问题的数据处理过程，用一个数据流图往往不够。一般按问题的层次结构进行逐步分解，并以分层的数据流图反映这种结构关系，这样能清楚地表达和使人容易理解整个系统。根据层次关系一般将数据流图分为顶层数据流图、中间数据流图和底层数据流图，除顶层数据流图外，其余分层数据流图从 0 开始编号。对任何一层数据流图来说，称它的上层数据流图为父图，称它的下一层数据流图为子图。

顶层数据流图仅包含一个加工，它代表被开发系统。它的输入流是该系统的输入数据，输出流是系统所输出的数据，输入流与输出流表明了系统的范围，以及与外部环境的数据交换关系。

底层数据流图是指其加工不能再分解的数据流图，其加工称为“原子加工”。其处在最底层，不管是第二层还是第三层的底层。

中间数据流图是对父层数据流图中某个加工进行细化的数据流图，而它的某个加工也可以再次细化，形成子图。中间层次的多少，一般视系统的复杂程度而定。

分层数据流图如图 3-5 所示。

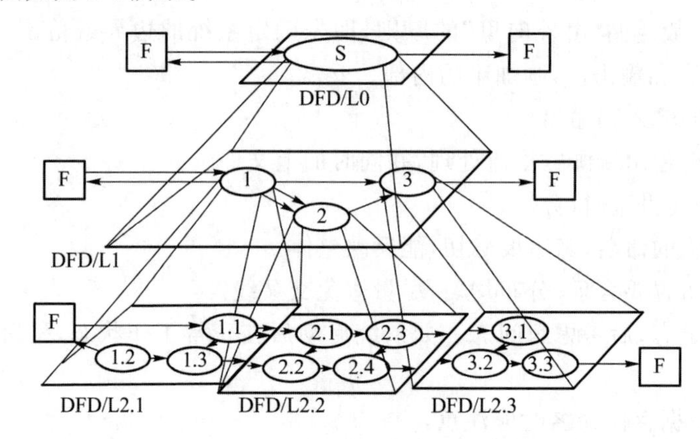

图 3-5　分层数据流图

画分层数据流图时应注意以下问题。

1. 合理编号

分层数据流图的顶层称为第 0 层，称它是第 1 层的父图，而第 1 层图既是第 0 层图的子图，又是第 2 层图的父图，依次类推。由于父图中有的加工可能就是功能单元，不能再分解，因此父图拥有的子图数少于或等于父图中的加工个数。

为了便于管理，应按下列规则为数据流图中的加工编号：

- 子图中的编号由父图号和子加工的编号组成；
- 子图的父图号就是父图中相应加工的编号。

为简单起见，约定第 1 层图中加工编号只写 1，2，3，…，下面各层由父图号加上子加工的编号 1，2，3，…组成。按上述规则，图的编号既能反映出它所属的层次以及它的父图编号的信息，还能反映子加工的处理信息。例如，1 表示第 1 层图的 1 号加工处理，1. 1，1. 2，1. 3，…表示父图为 1 号加工的子加工，1. 3. 1，1. 3. 2，1. 3. 3，…表示父图为 1. 3 号加工的子加工。

2. 注意子图与父图的平衡

子图与父图的数据流必须平衡，这是分层数据流的重要性质。这里的平衡指的是子图的输入、输出数据流必须与父图中对应加工的输入、输出数据流相同。例如，图 3-5 中 3. 1，3. 2，3. 3 共有 2 个输入和 1 个输出，和 3 号加工的输入、输出一致。

3. 分解的程度

对于规模较大系统的分层数据流图，如果一下子把加工直接分解成基本加工单元，一张图上画出过多的加工将使人难以理解，也增加了分解的复杂度。然而，如果每次分解产生的子加工太少，会使分解层次过多而增加画图的工作量，阅读也不方便。经验表明，一个加工以每次分解量最多不要超过 7 个为宜。分解时应遵循以下原则。

- 分解应自然，概念上要合理、清晰。

- 上层可分解得快些(即分解成的子加工个数多些),这是因为上层是综合性描述,对可读性的影响小,而下层应分解得慢些。
- 在不影响可读性的前提下,应适当地多分解成几部分,以减少分解层数。
- 一般来说,当加工可用一页纸明确地表述时,或加工只有单一输入/输出数据流时(出错处理不包括在内),就应停止对该加工的分解。另外,对数据流图中不再作分解的加工(即功能单元),必须作出详细的加工说明,并且每个加工说明的编号必须与功能单元的编号一致。

案例:公交一卡通上车刷卡的第一层数据流图如图 3-6 所示。

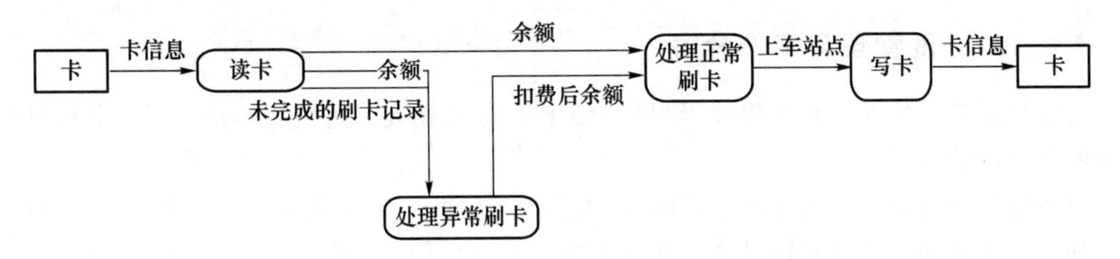

图 3-6　公交一卡通上车刷卡的第一层数据流图

对公交一卡通上车刷卡的第一层数据流图继续进行分解,得到第二层数据流图,如图 3-7 所示。

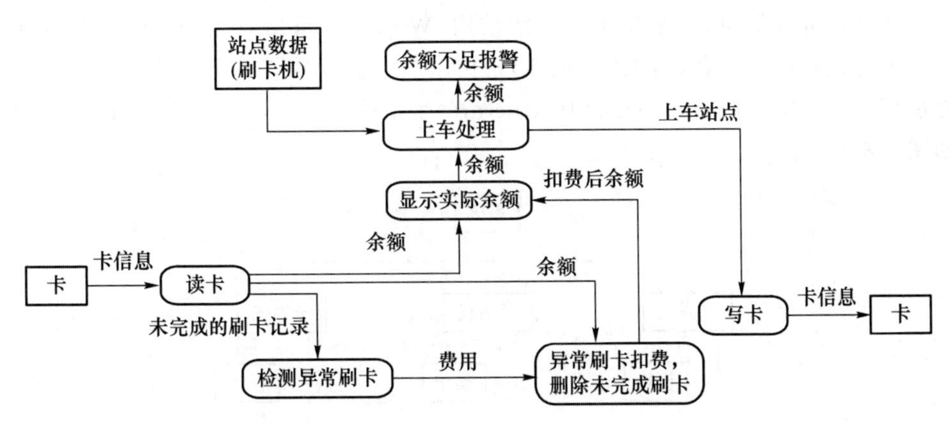

图 3-7　公交一卡通上车刷卡的第二层数据流图

3.5.4　检查数据流图

对于一个大型系统来说,由于在系统分析初期人们对于问题理解的深度不够,所以在数据流图上也不可避免地会存在某些缺陷或错误。因此还需要进行修改,才能得到完善的数据流图。检查和修改数据流图的原则如下。

① 数据流图上所有图形符号只限于前述 4 种基本图形元素,并且必须包括前述 4 种基本元素,缺一不可。

② 数据流图主图上的数据流必须封闭在外部实体之间。

③ 每个加工至少有一个输入数据流和一个输出数据流。

④ 在数据流图中,需按层给加工框编号,编号表明该加工所处层次及上下层的亲子关系。

⑤ 规定任何一个数据流子图必须与它上一层的一个加工对应,两者的输入数据流和输出

数据流必须一致,即检查父图与子图的平衡。

⑥ 可以在数据流图中加入物质流,帮助用户理解数据流图。

⑦ 图上每个元素都必须有名字。

⑧ 数据流图中不可夹带控制流。

3.6 软件项目进度计划

3.6.1 进度管理与工作分解

进度是对执行的活动和里程碑所制订的工作计划日期表。进度管理是为了确保项目按期完成所需要的管理过程。

时间是项目规划中灵活性最小的因素,因为项目时间通常不是项目组所能决定的,而是由用户和市场决定的。进度问题是产生项目冲突的主要原因,尤其在项目的后期。软件项目存在许多不确定因素,会造成软件项目延期。

要制订软件项目进度计划,就必须知道软件项目要完成的任务和每个任务所花费的时间。因此第一步就是任务分解,将一个项目分解为更多的工作细目,使项目变得更易管理、更易制订计划。进行任务分解时,可采用工作分解结构(Work Breakdown Structure, WBS)。WBS是由3个关键元素构成的名词:工作(work)是可以产生有形结果的任务;分解(breakdown)是一种逐步细分和分类的层级结构;结构(structure)是指按照一定的模式组织各部分。WBS的结构如图3-8所示。

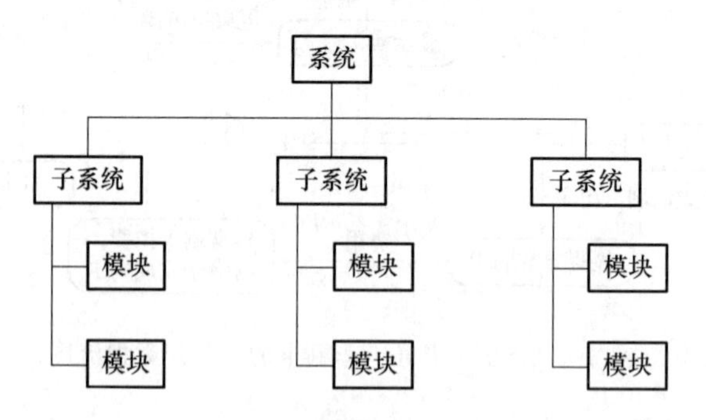

图3-8 WBS的结构

WBS是项目管理重要的专业术语之一。根据以上这些概念,WBS包括以下内容。

(1) 工作包

工作包(work package)是WBS的最底层元素,一般的工作包是最小的"可交付成果",这些可交付成果很容易识别出完成它的活动、成本和组织以及资源信息。

(2) WBS元素

WBS元素实际上就是WBS结构上的一个个"节点",通俗地理解就是"组织机构图"上的一个个"方框",这些方框代表了独立的、具有隶属关系/汇总关系的"可交付成果"。经过数十年的总结,大多数组织都倾向于WBS结构必须与项目目标有关,必须面向最终产品或可交付成果,因此WBS元素更适于描述输出产品的名词组成。

工作分解有利于制订项目计划和实施项目管理,具体作用包括:

① 明确和准确说明项目的范围；

② 确定工作顺序；

③ 为各独立单元分派人员，规定这些人员的相应职责；

④ 针对各独立单元，进行时间、费用和资源需要量的估算，提高时间、费用和资源估算的准确度；

⑤ 为计划、成本、进度计划、质量、安全和费用控制奠定共同基础，确定项目进度测量和控制的基准。

对于软件项目，WBS的分解可以采用以下两种方式进行。

(1) 按产品或项目的功能分解

将软件系统按照子系统、功能、模块的方式进行分解。

(2) 按照实施过程分解

将软件系统按照需求分析、软件设计、编码、测试、维护进行分解。

项目组内创建WBS的过程如下。

① 得到范围说明书或工作说明书。

② 分解项目工作。如果有现成的模板，应该尽量利用。

③ 画出WBS的层次结构图。WBS较高层次上的一些工作可以定义为子项目或子生命周期阶段。

④ 将主要项目可交付成果细分为更小的、易于管理的组成或工作包。工作包必须详细到可以对该工作包进行估算(成本和历时)。

⑤ 安排进度，做出预算，分配负责人员或组织单位。

⑥ 验证上述分解的正确性。如果发现较低层次的项没有必要，则修改组成成分。

⑦ 随着其他计划活动的进行，不断地对WBS进行更新或修正，直到覆盖所有工作。

对任务进行分解时，注意以下要求。

① WBS工作包的定义不超过40小时，但也不宜过细，建议在4～8小时。

② WBS的层次不超过10层，建议在4～6层。

③ WBS中的支路没有必要全都分解到同一层次，即不必把结构强制做成对称的。在任意支路，当达到一个层次时，可以作出所要求的准确性估算，就可以停止了。

④ 每个工作包都要有一个交付成果。

⑤ 对每个任务必须定义明确的完成标准。

⑥ 必须有利于责任分配。

3.6.2 进度安排与进度图

任务分解之后，要安排任务执行的时间顺序。任务分解是面向可交付物的，因此需要对WBS做进一步分解，以便清楚完成每个具体任务或交付物需执行哪些活动(activity)。活动指为完成项目的各个交付成果所必须进行的诸项具体活动。

由于项目各项活动之间存在相互联系与相互依赖关系，所以要根据这些关系对活动进行适当的顺序安排。对于A、B两个活动，存在4种排序关系，如图3-9所示。

① 结束-开始：A活动结束的时候，B活动才能开始。这是最常见的逻辑关系。

② 结束-结束：B活动的结束必须等到A活动的结束。

③ 开始-开始：A活动开始的时候，B活动也开始。

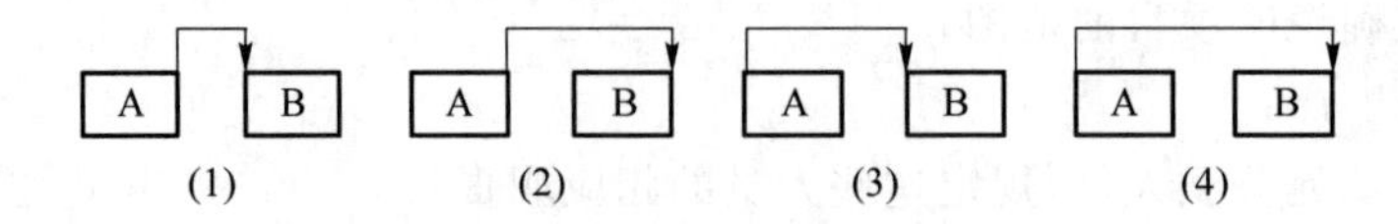

图 3-9　活动排序关系

④ 开始-结束：A 活动开始的时候，B 活动结束。极少出现这种关系。

对两个活动进行排序时，要依据两个活动之间存在的依赖关系，这种依赖关系包括如下几种。

① 强制性依赖关系：工作任务中固有的依赖关系，它是由客观规律和物质条件的限制造成的，又称为硬逻辑关系。例如，需求分析一定要在软件设计之前完成，测试活动一定要在编码活动之后进行。

② 软逻辑关系：由项目管理人员确定的项目活动之间的关系，它是一种根据主观判断去调整和确定的关系，也称为指定性相关、偏好相关或软相关。例如，先开发哪个模块，再开发哪个模块，哪些任务可以并行开发，都由项目经理确定。

③ 外部依赖关系：项目活动对一些非项目活动和事件的依赖。例如，环境测试依赖于外部提供的环境设备是否到位。

对任务进行分解和排序后，可以采用图形的方式绘出项目的进度计划。进度图包括甘特图、网络图和里程碑图。

1. 甘特图

甘特图是以作业排序为目的，最早尝试将活动与时间联系起来的工具之一。甘特图通过活动列表和时间刻度表示出特定项目的顺序与持续时间，如图 3-10 所示。横轴表示时间，纵轴表示项目，线条表示期间计划和实际完成情况。甘特图可直观地表明计划何时进行，以及进展与要求的对比。甘特图便于管理者弄清项目的剩余任务，评估工作进度。甘特图的缺点是活动之间的依赖关系没有表示出来，难以进行定量的计算分析和计划的优化。

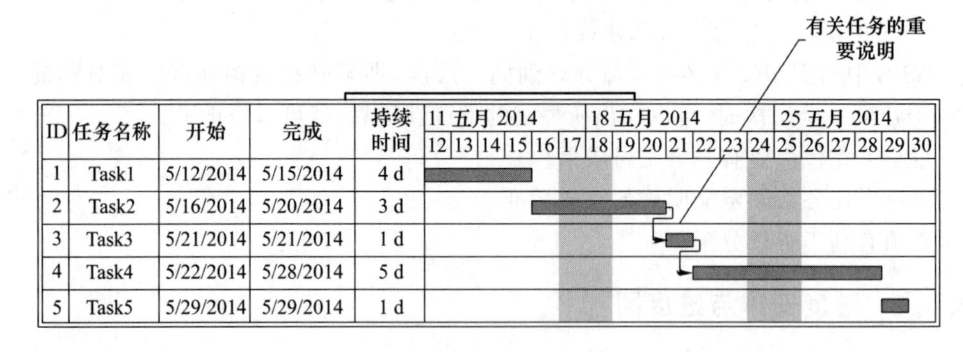

图 3-10　甘特图示例

2. 网络图

网络图是一种图解模型，形状如同网络，故称为网络图。网络图是由作业（箭线）、事件（又称为节点）和路线 3 个因素组成的。网络图是用箭线和节点将某项工作的流程表示出来的图形。

网络图最常用的是前导图法（Precedence Diagramming Method，PDM）。PDM 用一个圆圈代表一项活动，箭线符号仅用来表示相关活动之间的顺序，不具有其他意义，因其活动只用一个符号就可代表，故称为单代号网络图。

PDM 网络图(图 3-11)的基本符号如下。

① 节点：单代号网络图中每个节点都表示一项工作，节点用圆圈或矩形表示；节点所表示的工作名称、持续时间和工作代号等应标注在节点内，单代号网络图中的节点必须编号。编号标注在节点内，其号码可间断，但是严禁重复。一项工作必须有唯一的一个节点及相应的一个编号。箭线的箭尾节点编号应小于箭头节点编号。

② 箭线：单代号网络图中的箭线表示紧邻工作之间的逻辑关系，既不占用时间，也不消耗资源，箭线应画成水平的直线、折线或斜线。箭线水平投影方向应自左向右，表示工作的进行方向，工作之间的逻辑关系包括工艺关系和组织关系，在网络中均表现为工作之间的先后顺序。

③ 线路：在单代号网络图中，各条线路应用线路上的节点编号从小到大依次表述。

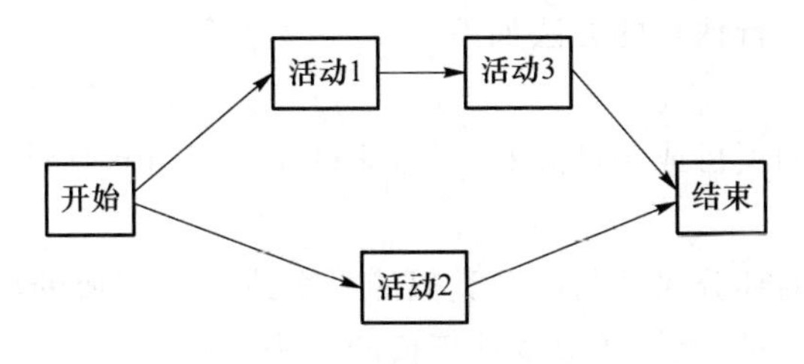

图 3-11　PDM 网络图示例

3. 里程碑图

里程碑是项目进展中的重大事件，表示一个阶段的结束。里程碑图(图 3-12)显示了项目中几个最重要的时间点，对项目管理者来说非常重要。

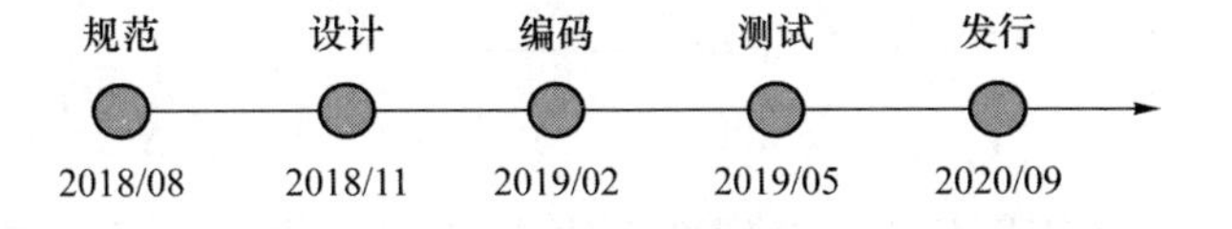

图 3-12　里程碑图示例

3.6.3　软件规模估计

软件规模估计是根据软件的开发内容、开发工具、开发人员等因素对需求分析、软件设计、编码、测试等整个开发过程所花费的时间和工作量所做的估计。软件规模估计定义了软件的客观大小，而且不因为测量的人员、方式、时间的不同而变化。

做好软件项目管理的基础是要做好项目的规划工作，而做好项目规划的前提是要做好软件规模估计。估计软件项目的规模，能为后面的工作量估算、人员估算、进度估算提供依据，能直接决定和影响到其他 3 个估算的决策。软件项目的规模是计算软件项目的工作量、成本、进度的主要输入。也就是说，没有好的软件规模估计，项目的规划、跟踪和控制就根本无从谈起。因此，软件规模估计是项目计划活动的基础之一。

但是，软件项目的规模估计历来是比较复杂的事，因为软件本身的复杂性、历史经验的缺乏、估算工具缺乏以及一些人为错误，导致软件项目的规模估算往往和实际情况相差甚远。因此，估计错误已被列入软件项目失败的四大原因。

估计软件的规模，首先要有衡量规模的度量。衡量软件项目规模最常用的概念是 LOC

(Line of Code),LOC 指所有的可执行源代码行数。由于估计源代码的行数较困难,所以软件规模度量发展到了"功能"的阶段。功能的规模体现在:用例数、功能点数、故事点数、页面数、窗口数、按钮数等。这其中得到普及应用的度量是功能点。

功能点规模估计的优势体现在一致性、客观性、可重复、可验证、技术无关性等方面。它不直接关注软件项目的开发语言、开发工具和平台技术,而是关注程序的"功能性"和"实用性"。功能点估算拥有诸多优点,且在软件开发初期就能进行,因而在业界广受欢迎并获得越来越广泛的应用。

软件规模估计的步骤:

① 按照业务功能进行分解,分解至可独立估计的功能点;

② 分解后的每一个功能点按照规模估计方法进行具体的估计;

③ 对估计结果进行评审并校正。

常见的对软件规模进行估算的方法如下。

(1) 经验法

根据管理人员以往的项目或领域经验,对未来的工作量进行估计。

(2) 类推法

类推法是将本项目的部分属性与高度类似的一个或几个完成的项目进行比对,适当调整后获得待估算项目的工作量、工期或成本估算值的方法。

(3) 方程法

根据一个相对稳定的公式对未来的工作量进行估计。请多位专家分别估算程序的最小规模 a、最可能的规模 m 和最大规模 b,再计算出这 3 种规模的平均值 A、M 和 B,然后使用下式计算出程序规模的估计值 F:

$$F=\frac{A+4M+B}{6}$$

(4) 交叉验证

在估算过程中宜采用不同的方法分别进行估算,并进行交叉验证。如果不同方法的估算结果产生较大差异,可采用专家评审的方法确定估算结果,也可以使用简单的加权平均方法。

3.7 成本/效益分析

3.7.1 成本估算

成本/效益分析的目的是从经济角度分析开发一个特定的新系统是否划算,从而帮助负责人正确地做出是否投资并开发这个系统的决定。成本/效益分析首先要估算待开发系统的开发成本,然后与可能取得的效益进行比较与权衡。

项目成本包括直接成本和间接成本。其中直接成本指与具体项目的开发直接相关的成本,如人员的工资、外包外购成本等,又可细分为开发成本、管理成本、质量成本等。间接成本不归属于一个具体的项目,是企业的运营成本,分摊到各个项目中,如房租、水电费、保安费、税收、福利费、培训费等。

成本估算大约开始于 20 世纪 50 年代,但直到 70 年代以后,才引起人们的普遍重视。由于影响软件成本的因素太多(如人员、技术、环境以及政治等因素),所以目前软件成本估算仍是一门很不成熟的技术,国内外已有的技术只能作为我们的借鉴。因此应该使用几种不同的估计技术以便相互校验,下面介绍几种成本估计技术。

1. 代码行估计成本

根据代码行估计成本是比较简单的定量估算方法,它把开发每个软件功能的成本和实现这个功能需要用的源代码行数联系起来。通常根据经验和历史数据估计实现一个功能需要的源程序行数。当有以往开发类似工程的历史数据可供参考时,这个方法是有效的。一旦估计出源代码行数,用每行代码的平均成本乘以行数就可以确定软件的成本。每行代码的平均成本主要取决于软件的复杂程度和工资水平。

例如,某软件公司统计发现该公司每一万行 C 语言源代码形成的源文件(.c 和.h 文件)约为 250 KB。某项目的源文件大小为 3.75 MB,则可估计该项目源代码大约为 15 万行,该项目累计投入工作量为 240 人月,每人月费用为 10 000 元(包括人均工资、福利费用、办公费用公摊等),则该项目中 1 LOC 的价值为

$$(240\times 10\,000)/150\,000=16\ \text{元}/\text{LOC}$$

该项目的人月均代码行数为

$$150\,000/240=625\ \text{LOC}/\text{人月}$$

2. 任务分解估计成本

这种方法首先把软件开发工程分解为若干个相对独立的任务,再分别估计每个独立开发任务的成本,最后加起来得出软件开发工程的总成本。估计每个任务的成本时,通常先估计完成该项任务需要用的人力(以"人月"为单位),再乘以每人每月的平均工资,从而得出每个任务的成本。

最常用的办法是按瀑布模型划分开发阶段。如果软件系统很复杂,由若干个子系统组成,则可以把每个子系统再按开发阶段进一步划分成更小的任务。

应该针对每个开发工程的具体特点,并且参照以往的经验尽可能准确地估计每个阶段实际需要使用的人力,包括书写文档需要的人力。表 3-3 给出了某项目各阶段在生存周期中所占的百分比。

表 3-3　各阶段在生存周期中所占的百分比

任　务	百分比
可行性研究	5%
需求分析	15%
软件设计	25%
编码、单元测试	20%
综合测试	35%
总计	100%

任务分解的步骤如下。

① 确定任务,即每个功能都必须经过需求分析、设计、编码和测试工作。

② 确定每项任务的工作量,估算需要的人月数。

③ 找出与各项任务对应的劳务费数据,即每个单位的工作量成本(元/人月)。因为各阶段的劳务费不同,需求分析和初步设计阶段需要较多的高级技术人员,而详细设计、编码和早

期测试则需要较多初级技术人员,所以他们的工资是不同的。

④ 计算各个功能和各个阶段的成本及工作量,然后估算总成本和总工作量。

3.7.2 效益分析

软件项目的效益可以分为有形效益和无形效益。有形效益一般指经济效益,无形效益主要是从性质上和心理上进行衡量,很难进行量的比较。但是无形效益有特殊的潜在价值,且在某些情况下会转化成有形效益。

一般来说,经济效益通常表现为减少运行费用或增加收入。但是,投资开发新系统往往要冒一定风险,系统的开发成本可能比预计的高,效益可能比预期的低。那么,怎样才能确定投资开发新系统在经济上是划算的呢?经济效益可用投资回收期、纯收入等指标进行度量。

1. 投资回收期

投资回收期是衡量一个开发工程价值的经济指标。投资回收期就是积累的经济效益等于最初的投资所需要的时间。投资回收期越短,就能越快获得利润,也就越值得投资。

案例:在工程设计中用 CAD 系统来取代大部分人工设计工作,每年可节省 9.6 万元。开发这个 CAD 系统共投资 20 万元,投资回收期是 2 年 1 个月。

2. 纯收入

纯收入就是在整个生存周期之内系统的累计经济效益(折合成现在值)与投资之差。

习　题

1. 可行性研究的任务是什么?
2. 简述可行性研究的步骤。
3. 说明系统流程图的作用。
4. 数据流图中父图与子图的平衡指什么?
5. 检查数据流图的原则是什么?
6. 工作分解的作用是什么?
7. WBS 的分解方式有哪些?
8. 对两个活动进行排序时,活动之间的依赖关系有几种?
9. 软件项目进度图有几种形式,各有什么优缺点?
10. 常见的对软件规模进行估算的方法有哪些?
11. 软件项目成本估计技术有哪些?
12. 软件项目效益分析的度量有哪些?
13. 画出考试教务系统的系统流程图和数据流图。
14. 画出公交车一卡通下车刷卡的分层数据流图。
15. 画出公交车一卡通刷卡软件的工作分解结构。

第 4 章

软件需求工程

4.1 软件需求

4.1.1 什么是软件需求?

软件需求无疑是当前软件工程中的关键问题,没有需求就没有软件。美国对全国范围内的 8 000 个软件项目进行跟踪,调查结果显示有 1/3 的项目没能完成,而在完成的项目中,又有近 1/2 的项目没有成功实施。分析原因后发现,与需求工程相关的原因占了 45% ,而其中缺乏最终用户的参与以及不完整的需求又是两大首要原因,各占 13%和 12%。由此可以说明需求阶段是软件生存周期中重要的第一步,也是决定性的一步。

什么是软件需求?对用户来讲需求是对软件产品的解释,而开发人员所讲的需求对用户来说又像是详细设计。至今为止,比较权威的定义是 IEEE 软件工程标准词汇表中的需求定义。

- 用户要求解决问题或达到目标所需要的条件或功能。
- 系统或系统部件要满足合同、标准、规范或其他正式规定文档所必须的条件或功能。
- 反映上面两条的文档说明。

IEEE 公布的需求定义分别从用户和开发者的角度阐述了什么是需求,需求一方面反映了系统的外部行为,另一方面反映了系统的内部特性,反映的方式是需求文档。比较通俗的需求定义如下:

需求是指明系统必须实现什么的规格说明,它描述了系统的行为、特性或属性,是在开发过程中对系统的约束。

需求分析阶段的产品需求规格说明书是所有其他开发和管理活动的基础,图 4-1 说明了需求分析阶段的产品需求规格说明书与其他各开发活动的关系。需求规格说明书对系统开发过程中其他活动的影响如下。

- 项目的开发成本、进度、资源使用量等都是以需求规格说明书为依据的。
- 项目经理根据它制订开发计划。
- 设计人员根据它进行系统设计。
- 测试人员根据它编写测试计划,设计测试用例。
- 产品发布人员根据它编写产品介绍和客户文档。
- 培训人员根据它编写培训教程。

可以看出,高质量的“需求规格说明书”是软件开发成功的重要保证。

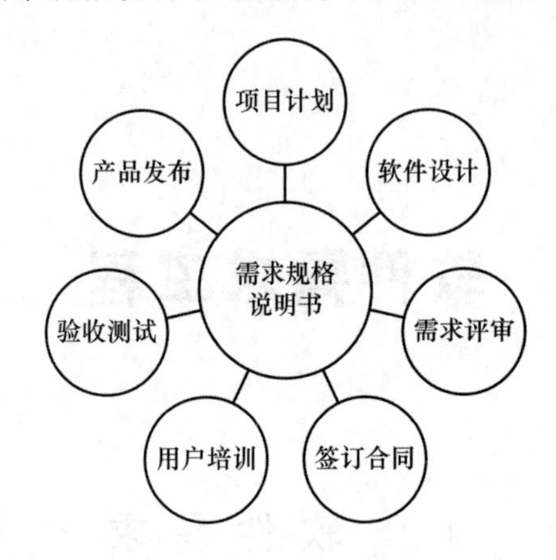

图 4-1　与“需求规格说明书”有关的开发活动

4.1.2　软件错误与软件需求

关于软件错误人们总结出了 5 点事实。

① 在软件生命周期中,一个错误被发现得越晚,修复错误的费用越高。表 4-1 是各阶段修复软件错误的相对费用。需求阶段只是在“纸上谈兵”,这个阶段改正错误的代价不过是铅笔和橡皮,随着开发阶段的不断深入,人工产生的成果数量也就越来越多,改正错误时推翻之前的工作成果就会越多,代价也就越大。

表 4-1　各阶段修复软件错误的相对费用

发现错误的阶段	修复错误的相对费用
需求阶段	0.1～0.2
设计阶段	0.5
编码阶段	1
单元测试阶段	2
验收测试阶段	5
维护阶段	20

② 许多错误是潜伏的,并且在错误产生后很长一段时间才被检查出来。

③ 在需求过程中会产生很多错误。AIRMICS 进行的一项调查发现,在一份美国军方大型管理信息系统的需求规格说明书中存在着 500 多个错误。2012 年,BA Promoter 在《软件项目失败的 5 个原因》报告中指出需求方面的错误是软件项目失败的首要原因。

④ 在需求阶段,代表性的错误为疏忽、不一致和二义性。美国海军研究实验室从 20 世纪 70 年代起就对软件开发技术不断地进行研究。他们对海军 A-7E 飞机上的操作程序进行实地测试,以验证许多新设想的可行性。得出的研究数据表明:A-7E 项目中 77%需求错误的特点是不明确、疏忽、不一致和二义性。按错误类型对这些错误分布进行分析的结果是:49%的不明确、31%的疏忽、13%的不一致、5%的二义性、2%的其他。

⑤ 需求错误是可以被检查出来的。表 4-2 是各阶段检查出来的错误比例,表 4-2 显示人工检查就可以发现程序中的大部分错误。

表 4-2　各阶段检查出来的错误比例

发现错误的方法	发现错误的比例
检查	65%
单元测试	10%
集成测试	5%
演进	6%
其他	14%

总结起来，在需求过程中会产生很多错误，而这些错误并没有在早期被发现，结果导致开发的软件不满足用户需求而返工，软件费用直线上升。但是，这样的错误是能够在产生的初期被检查出来的。

4.1.3　需求的类型

软件需求可以分为功能需求、非功能需求和设计约束 3 种类型。

1. 功能需求

(1) 功能需求介绍

功能需求描述系统预期提供的功能或服务，包括系统应提供的服务，系统如何对输入做出反应，以及系统在特定条件下的行为。功能需求有时也被称作行为需求，因为习惯上总是用“应该”对其进行描述：“系统应该发送电子邮件来通知用户已接受其预定。”功能需求取决于开发的软件类型、软件未来的用户以及开发的系统类型。在某些情况下，功能需求还需明确声明系统不应该做什么。

(2) 存在的问题

软件工程中的许多问题都是由于对需求的描述不严谨或存有二义性，这往往导致用户和系统开发者对问题的理解存在差异，最终导致开发项目失败。

系统的功能需求描述应该完整、一致和准确。完整意味着应该对用户所需的所有服务全部给出描述。一致意味着需求描述不能前后矛盾。准确是指需求不能出现模糊和二义性的地方。实际上，要保证需求描述满足以上 3 点几乎是不可能的，只有深入地分析之后，问题才能暴露出来，在评审或是随后的阶段发现问题并加以改正。

例如，有一个图书管理系统，该系统除了具备一般的图书管理功能外，还通过网络为读者提供从其他图书馆借阅图书和文献资料的服务。因此该系统应该具备以下功能。

① 图书管理的基本业务功能

- 读者借、还书籍的登记管理功能，并随时根据读者借、还书籍的情况更新数据库系统，以及进行书籍的编目、入库、更新等操作。如果书籍已经借出，还可以进行预约操作。
- 与其他图书馆联网，实现对其他图书馆部分书籍、文献资料的借阅功能。

② 基本数据维护及数据库管理功能

对所有图书信息及读者信息进行统一管理维护的功能。提供维护基本数据的接口，基本数据包括读者的信息、图书资料的相关信息。

③ 信息查询功能

提供对各类信息的查询功能(如对本图书馆的用户借书信息、还书信息、书籍源信息、预留信息等进行查询)，以及对其他图书馆书籍、资料源信息的查询功能。

2. 非功能需求

(1) 非功能需求介绍

非功能需求常常指不与系统功能直接相关的一类需求，主要反映用户提出的对系统的约束，与系统的总体特性有关，如可靠性、反应时间、存储空间等。一般对非功能需求进行量化是比较困难的，因此，对非功能需求的描述往往是模糊的。但系统的非功能需求反映了系统的总体特性，因此常常比系统的功能需求更加关键。例如，一个载人宇宙飞船的可靠性不符合要求，根本不可能发射成功。滴滴打车软件的早期版本比较消耗手机流量，由于当时手机流量价格还比较贵，很多司机不愿意安装并使用滴滴打车软件，这差点让滴滴打车软件折戟沉沙。

非功能需求源于用户的限制，包括预算上的约束、机构政策、与其他软硬件系统间的互操作性，还包括安全规章、隐私权保护等外部因素。图 4-2 描述了非功能需求的分类。

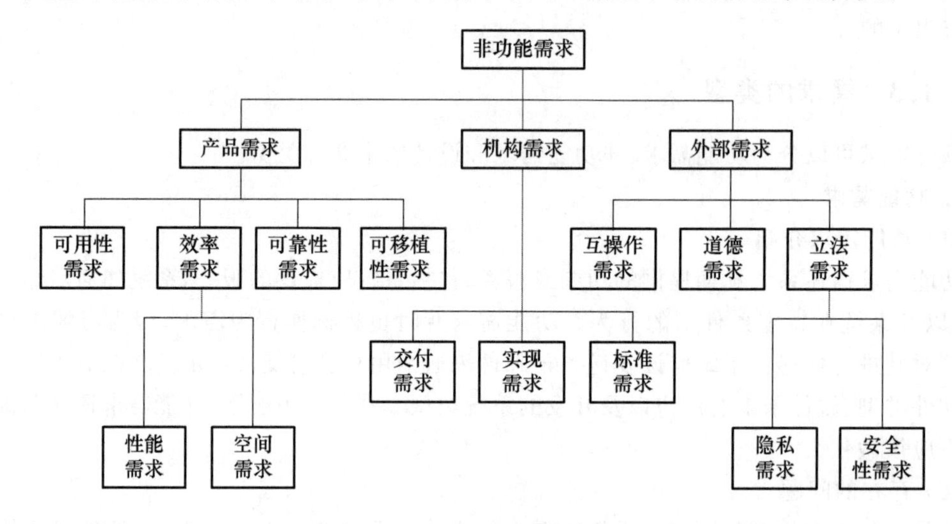

图 4-2　非功能需求的分类

产品需求主要反映了对系统性能的需求。可用性、可靠性、可移植性、效率等方面的需求，直接影响到软件系统的质量。

机构需求是由用户或开发者所在的机构对软件开发过程提出的一些规范，例如交付、实现、标准等方面的需求。

外部需求的范围较广，包括所有系统的外部因素及开发、运行过程。互操作需求是指该软件系统如何与其他系统实现互操作；立法需求和道德需求确保系统在法律允许的范围内工作和保证系统能够被用户和社会公众所接受。安全性需求则关系到系统是否可用的问题。

(2) 非功能需求的问题

那么非功能需求方面常见的问题是什么呢？最典型的问题有两个：一是信息传递的无效性，二是忽略了非功能需求的局部性。

- 信息传递的无效性：在很多需求规格说明书中，会有一个名为“设计原则”的小节来说明非功能需求，列出诸如高可靠性、高可用性、高扩展性等要求。但是很多开发人员根本就不去看它，因为这样的定性描述是没有判断标准的，因此这种信息传递是无效的。
- 忽略了非功能需求的局部性：开发人员经常会看到诸如“所有查询的响应时间都应该小于 10 s”的需求描述，但是当用户查询的是年度统计数据时，由于数据量大，所以这样的要求是无法实现的，因此开发人员就不理会这样的要求。既然年度统计响应时间可以大于 10 s，那么季度统计呢？月度统计呢？最终的结果就是这条需求成了摆设。

因此科学的做法就是抓住具体的场景来描述需求。

非功能需求的要点在于保证信息的有效传递和注意其局部性。

3. 设计约束

设计约束指软件实现时必须满足的条件或限定。设计约束看起来很简单，但如果不了解它的类型，很可能会导致在收集此类信息时出现遗漏的现象。

(1) 预期的软硬件环境

技术开发团队在决定架构、选择实现技术时会受到未来用户实际软硬件环境的影响，如果忽略了这个方面的因素会给项目带来一些不必要的麻烦。

(2) 预期的使用环境

除了软硬件这种支撑环境外，用户的使用环境也会对软件的开发产生很大的影响，因此我们也应该搜集此类信息，并将其写在需求规格说明书的补充规约中。

案例：在海事领域有一个负责航标(为海上的船只提供导航服务的装置)建设与管理的部门。为了更好地保持其正常运作，有一个专门的团队负责对其进行巡检。由于巡检人员不便携带大量的备件，所以他们只负责发现问题，等回到岸上将问题报送给负责维修的团队。当然这样也就存在着一个时延的问题。一个软件公司开发了一款基于PDA的用于海上巡检的软件。这款用于巡检的PDA软件就是用来解决这个问题的，巡检人员可以直接将各种检测结果记录到PDA的软件上，然后通过GPRS传给维修中心，以使其统筹安排派修时间。软件公司向客户展示该产品时，客户也予以了肯定，看起来这是一款不错的产品。但是当巡检团队实际试用后，回到岸上却气呼呼地将PDA还给了软件公司的销售代表。

为什么呢？理由很简单，由于许多航标在近海海域，因此巡检的船只一般都不是大船，在巡检时经常会遇到颠簸的情况，根本看不清楚PDA上软件界面的字，更别说在PDA上录入了。

在上面这个例子中，一个很小的细节却对产品的可用性产生了巨大的影响，如果事先对用户的使用场景有更深入的了解，就能够在设计时做更充分的考虑，大大地减少返工的次数。

(3) 非技术因素决定的技术选型

对于软件开发而言，有些技术选型并不是由技术团队决定的，而会受到企业/组织实际情况的影响。例如，必须采用国有自主知识产权的数据库系统，系统开发必须采用J2EE技术等。

4.1.4　需求的层次

软件需求包括3个不同的层次——业务需求、用户需求、软件需求。

1. 业务需求

业务需求表示组织或客户高层次的目标。业务需求通常来自项目投资人、购买产品的客户、实际用户的管理者、市场营销部门或产品策划部门。业务需求描述了组织为什么要开发一个系统，即组织希望达到的目标，是指导软件开发的高层需求。

业务需求应该在什么时候整理呢？它实际上是在项目立项阶段整理的，也就是需求定义的产物。

2. 用户需求

用户需求描述的是用户的目标，或用户要求系统必须完成的任务。也就是说用户需求描述了用户能使用系统来做些什么。通常是在业务需求定义的基础上进行用户访谈、调查的，对用户使用的场景进行整理，从而建立用户角度的需求。换句话说，用户需求是需求获取的产物，它具有以下几个方面的特点。

- 零散：用户会提出不同角度、不同层面、不同粒度的需求，而且通常是以一句话的形式提出的。例如，“对快到期的客户，系统将通过短信将续保信息发给该客户的代理人”。
- 存在矛盾：由于用户处于企业/组织的不同层面，因此难免出现盲人摸象的现象，从而导致需求的片面性，甚至不同用户会持有不同的观点。

正是因为如此，我们还需要对用户需求（也叫作原始需求）进行分析、整理，从而整理出更加精确的需求说明。

3. 软件需求

正如前面说到的，用户需求具有零散、存在矛盾的特点，因此需求分析人员还需要对其进行分析、提炼、整理，从而生成能够指导程序开发的、更精确的软件需求。换句话说，软件需求是需求分析与建模的产物。

4.2 需 求 工 程

4.2.1 需求工程概述

软件工程活动包括需求、系统分析与设计、编码、测试、运行与维护等一系列活动，但却只有需求被称为工程，其中原因也许可以从图 4-3 中表现出来。

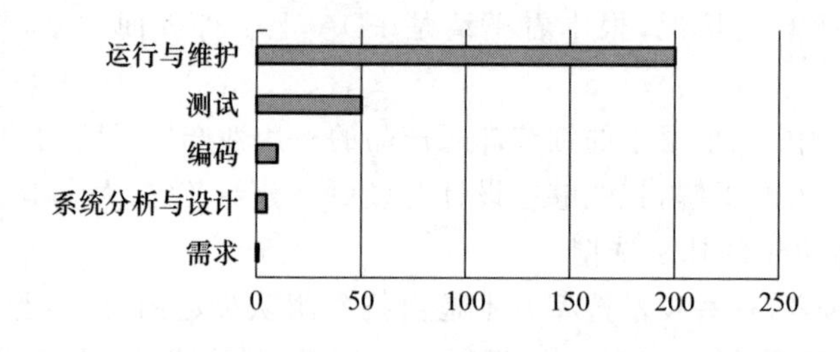

图 4-3 软件错误改正代价图

图 4-3 是改正软件错误代价图。也就是说，如果在需求阶段花费 1 个单位时间就能改正的错误，拖到系统分析与设计阶段来改正就需要 5 倍的时间，到了编码阶段将是 10 倍，在测试阶段能达到 20～50 倍，而到了运行与维护阶段或许会达到 200 倍。正是因为需求对后续工作的巨大影响性，所以必须系统性地研究需求分析过程，被称为“需求工程”。

需求工程是指系统分析人员通过细致的调研分析，准确地理解用户的需求，将不规范的需求陈述转化为完整的需求定义，再将需求定义写成需求规格说明书的过程。需求工程由需求开发和需求管理两部分组成。需求开发的任务是确定系统的目标和范围，调查用户的需求，分析系统必须做什么，编写需求规格说明书等相关文档，以及进行需求验证审查。需求管理贯穿整个需求工程过程，需求管理包括需求基线、需求变更、需求跟踪等。需求工程的组成如图 4.4 所示。

需求工程活动主要围绕着需求的获取和分析、文档的编写和需求验证进行。需求工程包括需求开发和需求管理。需求开发可进一步分为需求获取、需求分析与建模、编写需求规格和需求验证 4 个阶段。需求管理包括需求基线、需求变更、需求跟踪。

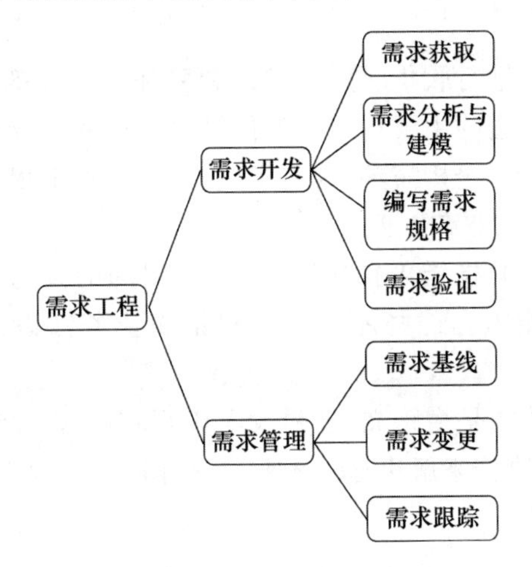

图 4-4　需求工程组成

1. 需求开发的任务

(1) 需求获取

深入实际,在充分理解用户需求的基础上,积极与用户交流,捕捉、分析和修订用户对目标系统的需求,并提炼出符合解决领域问题的用户需求。

(2) 需求分析与建模

对已获取的需求进行分析和提炼,并进行抽象描述,建立目标系统的概念模型,进一步对模型(原型)进行分析。

(3) 编写需求规格

对需求模型进行精确的、形式化的描述,为计算机系统的实现提供基础。在需求分析结束后,会形成 2 份文档:用户需求说明书和软件需求规格说明书。

(4) 需求验证

以需求规格说明为基础输入,通过符号执行、模拟或快速原型等方法,分析和验证需求规格说明的正确性和可行性,确保需求说明准确、完整地表达系统的主要特性。

2. 需求管理的任务

需求管理贯穿整个需求工程,需求管理主要通过需求基线、需求变更、需求跟踪来支持需求演进。由于客户的需要总是不断变化的,因此进化需求是十分必要的。

(1) 需求基线

需求基线是指开发团队承诺的在某一特定版本中实现的功能和非功能需求的一组集合。

(2) 需求变更

实际上,在软件开发过程中,所有的需求都有可能变化,为了有效地控制和适应需求的变化,对需求变更的管理就成为需求工程的另外一类重要活动。

(3) 需求跟踪

需求跟踪是指将单个需求和其他系统元素之间的依赖关系和逻辑联系建立跟踪,主要包括从用户需求到软件需求的跟踪、从软件需求到下游产品的跟踪。

4.2.2 需求工程人员

需求工程人员是对需求进行收集、分析、记录和验证等工作的主要承担者,是用户群体与软件开发团队间进行需求沟通的主要桥梁。他们需要完成的任务包括:定义业务需求,确定项目涉众和用户类别,获取需求,分析需求,为需求建模,编写需求规格说明,主持对需求的验证,引导对需求的优先级划分,管理需求等。

需求工程人员必须掌握的技能包括倾听、交谈和提问的技巧、分析、协调、观察、写作、组织、建模、人际交往和创造能力。这些能力可以概括为业务知识、技术知识和沟通能力 3 个方面。

需求工程人员的两大技能是横跨文、理两大学科的,因此要找集两方面特长于一身的人是很难的,通常需要通过团队协作来解决这一矛盾。这样需求工程人员就可能有不同的背景,他们各有优劣势,如表 4-3 所示。

表 4-3 需求工程人员的组成

人员	优势	劣势
开发人员	选择的解决方案更合理	缺乏领域知识,沟通能力不强
用户	更善于厘清业务脉络	软件知识欠缺,难以表述需求
领域专家	对业务领域十分精通	易于用自己的偏好来构建系统

需求工程人员最重要的能力是沟通。需求工程人员可以不是技术专家,也不必是业务专家,但一定要成为沟通专家。其是保证用户方和开发方技术人员能够持续交流并相互理解的桥梁。因此组建需求分析团队的推荐做法是:以用户背景的需求分析人员为核心,具有开发背景的需求分析人员侧重于解决方案的选择和技术论证,而把领域专家作为顾问。在实践中,一般主角通常是开发方的项目经理和沟通能力较好的开发人员或技术骨干。

4.2.3 影响需求质量的因素

1. 用户参与不够

在开发实际项目时,用户的热情参与是项目成功的重要因素,如果用户不热心,项目将无法成功。但是用户经常不明白为什么收集需求和确保需求质量需花费那么多功夫,开发人员可能也不重视用户的参与。究其原因:一是与用户合作不如编写代码有意思;二是开发人员觉得已经明白用户的需求了。在某些情况下,与实际使用产品的用户直接接触很困难,而用户也不太明白自己的真正需求。对待这个问题主要是与用户进行沟通,引导他们对开发人员正在做的事情感兴趣,同时,将开发人员做过的一些成功实例给用户演示,提高用户的信任度也是有效的方法。如果能让具有代表性的用户在项目早期直接参与到开发队伍中,并一同经历整个开发过程,则可以极大地提高软件项目成功率。

2. 用户需求不断增加

在实际项目中最让开发人员头痛的问题是用户需求不断增加。在开发过程中需求不断变化会使软件的整体结构越来越混乱,补丁代码也使得整个程序难以理解和维护,同时它会影响软件模块高内聚、低耦合的设计原则。如果软件配置管理工作不完善,会带来更严重的后果。但是用户通常不是计算机专家,对需求变更导致的软件质量问题认识不足,所以无论如何强调需求变更的风险,仍然无法阻拦用户改变需求的愿望。

案例:有一个数据仓库的开发工程,但是在设计阶段没有很好地定义范围,当技术人员向项目管理者提出这个问题的时候,管理者认为都已经说好了,合同上也写清楚了,并没有加以重视。可是最后,用户提出的修改意见远远超出了范围,项目时间也延长了一倍。整个项目组成员疲惫不堪,可是却不断地接到用户投诉说项目失败。

为了减少用户需求变更,需要从两个方面入手。首先,必须从一开始就对项目的范围、目标、规模、接口、成功标准给予明确的定义。其次,在项目管理上要制定需求变更控制规范,一旦用户需求发生变更,需严格按照规范的流程进行一系列的分析和审查。通过了审查则允许变更,否则不允许变更。

3. 存在模棱两可的需求

需求二义性问题就是不同的人员看了同一条需求后产生了不同的理解。其结果是开发人员开发的程序不是系统分析人员所设想的,从而引起大量的返工,返工会耗费开发总费用的40%。例如,测试人员根据他理解的需求设计了测试数据,但是发现测试结果不是预期的,由此查找原因,发现需求描述存在二义性,并导致了错误的分析和设计。这时要纠正需求二义性引起的错误,需要修改需求说明书与设计,重新编码,测试人员重新写测试用例并重新测试,同时还要修改所涉及的全部文档。

及早发现模棱两可的需求非常重要,处理模棱两可需求的一种方法是组织审查小组从不同角度审查需求。在审查需求时,一个人主讲需求,其他人聆听并对描述不清楚的地方及时提问,常常会发现需求二义性的问题。在听众中最好请两名非本项目组的工程师,他们以旁观者的角度往往会提出大家比较容易忽视的问题。

4. 过于精简的需求说明

这是开发中最常犯的错误。尽管开发人员和用户都认为应该花大精力进行需求分析,但是,在实际项目中仍然难以抵御急于编程的诱惑。实际上,需求说明越详细,后面的工作就越顺利。精简的需求说明极易导致需求不完整和存在二义性。解决的办法是在需求审查时,让所有项目组成员都参加,没有参加需求分析的程序员对用户需求了解甚少,他们反而会发现过于简单的需求,往往会提出许多问题,帮助弥补需求的不足。

5. 忽略了用户的分类

大多数产品是由不同的人使用其不同的功能,软件中每个功能的使用频率、使用方式和使用人员水平都可能不同,如果在项目的早期没有将需求按主要用户进行分类,最终的软件产品可能会使某些主要用户产生抱怨。系统分析人员应该注意将来使用本产品各类用户的水平和工作环境,根据这些因素对用户进行分类,每类用户都要有恰当的描述。

例如,一个机场地面信息系统的用户可以有一般用户,他们使用台式计算机管理航班计划信息、旅客信息、行李信息,应用软件提供一般的图形界面就可以满足要求。另外有一类用户在停机坪上工作,他们每个人可能同时负责几架飞机的地面服务,他们要求简单、方便、快捷的界面和操作方式。系统根据这两类人员的不同要求,为机坪服务人员选择了掌上电脑,并且信息录入方式采用热键输入。

6. 不准确的计划

在项目的初期,用户常常问开发人员“系统什么时候能够完成”,而在需求不深入的时候这个问题是很难回答的。随着需求的深入,计划才能比较准确。通常开发人员总是比较乐观,而实际上,在项目进行过程中总会遇到许多问题,导致不能按计划实施。这些问题主要是:频繁变更需求,遗漏需求,与用户交流不够,对开发环境不熟悉,开发人员经验不足等。

7. 不必要的特性

有时开发人员会心血来潮,自作主张添加一些需求说明书上没有的功能。这看上去似乎不错,但是对于规范化开发来讲是不允许的。这些“锦上添花”的功能会使系统变得比较庞大,另外,这会造成管理上的麻烦。首先,添加的内容必须要有相应的文档说明、程序代码、测试用例、操作帮助,这些都给项目添加了许多工作量。更多的麻烦还在维护阶段,系统需要修改时,也要考虑对这些添加功能的影响。因此,软件工程不提倡开发人员擅自添加软件功能。

4.3 需求获取

需求获取是需求开发的第一个活动,但是如何提高需求获取的有效性却是个问题。需求获取的要点在于计划性和科学性,计划性体现在对获取对象、问题、时间的计划,而科学性体现在正确的需求获取方法。

4.3.1 需求获取的困难

为什么需求方面的错误会成为软件项目失败的首要原因呢?这是因为需求的获取并不像想象中那么容易,这导致软件需求是软件工程中最复杂的过程之一。软件业界有一个著名的秋千图,表达了获取用户需求的现状,如图 4-5 所示。客户向软件公司提出要开发一个不一样的秋千,但是软件公司的分析人员、开发人员始终没有获得需求的准确细节,于是错误一直没有被消除,甚至不断地扩大。

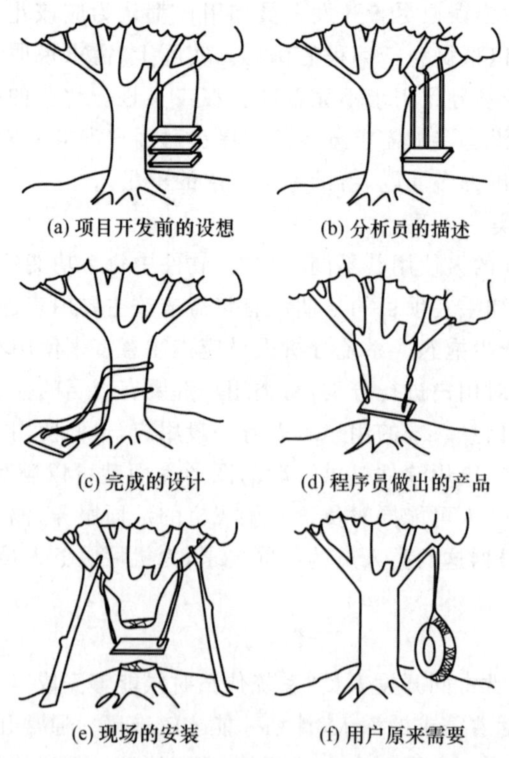

(a) 项目开发前的设想　(b) 分析员的描述

(c) 完成的设计　(d) 程序员做出的产品

(e) 现场的安装　(f) 用户原来需要

图 4-5　获取用户需求的现状

软件需求获取困难的主要原因如下。

① 软件应用领域很广泛,它的实施无疑与各个应用行业的特征密切相关,这导致在一个行业成功实施软件开发所积累的经验不能直接、有效地在其他行业应用。

② 非功能性需求建模技术的缺乏及其与功能性需求错综复杂的联系,大大地增加了需求工程的复杂性。

③ 沟通上的困难。系统分析员、需求分析员等各方面人员有不同的着眼点和不同的知识背景,这给需求工程的实施增加了人为的难度。

④ 需求的变化是造成软件需求复杂的一个重要原因,尤其对于大型系统,需求的变化总是存在的,如果不能有效地控制和适应需求的变化,将会影响到软件项目的成败。

因此必须采用相应技术和方法,才能够正确地获取需求。

4.3.2 需求获取的方法

需求获取应该是主动的。需求获取在实践中最大的问题则是其变成了比较被动的。这主要体现在如下几个方面。

① 调研范围不足:正如前面所说,很多人认为需求就是用户要实现什么功能,因此在捕获时经常不注重对业务知识的捕获,心想这反正不是系统要做的,不用关心,结果却是调研时节省了一些时间,但实际上开发时却导致更多的需求变更。

② 缺乏计划性:调研过程随意、走过场,预先没有对问题、时间、访谈人员进行规划安排,造成需求调研的时间利用率不高。

③ 缺乏科学性:在调研过程中做事相对比较分散,没有做到聚焦,例如,在了解工作流程时可能会跑题到数据细节中。

④ 调研对象不明确:很少主动寻找合适的被访谈者,经常根据对方的安排被动确定调研对象。

⑤ 调研手段不足:很多需求分析人员通常会认为只有用户访谈才是有效的手段,而忽略通过多种方式来达到更好的调研效果。

需求获取的方法有很多,下面介绍几种常用的需求获取技术。

1. 面谈

面谈通常是一对一的采访,通过详细的面谈,广泛而深入地了解用户的背景、心理、需求等。这是一种重要而直接简单的发现和获取需求的方法,而且可以被随时使用。但是这种方法费时费力,效果往往取决于主持面谈团队成员的能力。

面谈的对象主要有用户和领域专家。与用户面谈主要是了解和获取需求,这需要反复进行;与领域专家面谈,是一个对领域知识的学习和转换过程,开发人员如果没有足够的领域知识,是不可能成功进行开发的。

使用该方法时应注意以下问题和面谈技巧,才能取得好的效果。

(1) 面谈前的准备要充分

事先拟订谈话提纲,列出面谈的问题。

(2) 面谈的时间安排

面谈的时间应该控制在1小时以内,如果时间不够,可以考虑中场休息一下。

面谈时首先是开场白,然后讨论预先提出的问题,之后根据用户的谈话内容提出即兴问题,扩大需求信息量。

(3) 问题的顺序

金字塔结构:从一个特定的问题开始,然后再使用开放式问题,并允许被访谈者用更通用的回答来扩展这个问题。这种顺序适合用于被访谈者需要预热的情况,一般适合用于和用户访谈。

漏斗结构:以通用的、开放式的问题开始,然后用封闭式的问题缩小可能的答复。这种顺序能够为访谈提供容易而轻松的开始,一般适合用于和专家访谈。

(4) 让模型成为访谈过程的工具

在访谈中,尽量及时用草图绘制模型,如数据流图、用例图、思维图等,从而及时得到反馈。

(5) 注意掌握谈话时的人际交流技能

这是面谈能否成功的重要因素,在交谈过程中要有耐心,认真倾听面谈对象的叙述。

(6) 面谈后注意认真分析总结

在对面谈内容进行整理的基础上,提出初步需求并请用户评估。

面谈也可以用在特定领域,例如软件的用户可用性和用户界面,这也可以称为软件可用性研究。此类研究着重探究用户在使用软件时有哪些困难,并研究如何改进软件,让软件更好用。

常用的方法是请用户来完成一些任务,然后软件项目成员可以在一旁观察,或通过录像观察。这时候让用户使用的软件不一定是自己公司开发的软件,也可以使用别的软件,从而找出此类软件的问题,以及用户潜在的需求。

案例:微软公司有专门的部门经常招募目标用户来做试验。这项活动由专门的研究人员负责,研究人员通常让被试者完成一些任务,例如,在 Excel 中,如何互换一个表格中的行和列。开发人员观察用户的操作,从而发现软件设计的不足。

2. 需求专题会

需求专题会是指开发方和用户方召开的需求讨论会议,用户方的不同部门或角色都提出自己的需求,达成统一意见。这种方法尤其适合开发方不清楚项目需求,如开发方刚开始做这种业务类型的工程项目,但用户方清楚项目需求,并能准确地表达出他们的需求的情况,而开发方有专业的软件开发经验,对用户提供的需求一般都能准确地描述和把握。

需求专题会是有力的需求获取方法,因为用户方不同人员之间的需求可能相左,在需求专题会上大家发表意见能更快地暴露问题,并可以尽早解决问题。例如,在 Windows 2000 的开发过程中,项目关键人员每天都要开会研究,有时一天多达 3 次会议。

需求专题会也有一些弱点,需要在应用中避免。

① 一群人在一起,有时大家会出于讨好其他关键人物的心理来发表意见,避免不一致的意见或冲突。参与讨论的人表达能力也会有差异,有可能会出现一些善于表达的人控制讨论议程的倾向。

② 讨论者对于他们不熟悉的事物(例如全新的市场、颠覆式的创新)不能表达有价值的想法。例如,在汽车出现之前,我们找一帮马车夫来畅想"未来的交通工具",他们未必会贡献很有价值的想法。

③ 讨论者容易受到主持人有意或无意的影响。

④ 开发者往往从不同意见中挑选最符合自己利益的那些条目,然后对外号称这就是大家的共识。

以上这些弱点要求会议的组织者要有很强的组织能力,能让不同角色充分表达意见,并如实地总结这些意见。这种形式也叫作推进会(facilitated meeting)。

3. 问卷调查

问卷调查是指开发方就用户需求中的一些个性化的、需要进一步明确的需求(或问题),通过向用户发问卷调查表的方式,来彻底弄清项目需求的一种需求获取方法。这是一种从多个用户中收集需求信息的有效方式,是对面谈法的补充。这种方法适合开发方和用户方都清楚项目需求的情况。

一般问卷设计应该采用以下形式。

① 选择问题:用户必须从提供的多个答案中选择一个或者多个答案。

② 评分问题:可以提供分段的评分标准,如很好、好、一般、差等。

③ 排序问题:对回答的问题给出排列的序号或以百分比形式排序。

④ 全开放式问题:这种问题没有标准答案,让用户自由描述。例如,用户对手机上的日程管理软件的期望是什么? 这种问题能让用户畅所欲言,但是整理和量化比较困难,同时用户一般不愿花长时间填写。

用户调查问卷方法比较简单,侧重点明确,因此能大大地缩短需求获取的时间,减少需求获取的成本,提高工作效率。

4. 现场观察

现场观察即和目标用户一同工作或生活。在一些书中,该方法也被称为"人类学调查"。其实是让开发人员生活在目标人群中,观察平时他们不够敏感的需求。例如,要开发一款老年人使用的 App,那么坐在办公室里想象老年人如何使用手机,不如去和老年人生活几天,从生活中体会老年人的需求。

4.3.3　需求调研的问题

不管采取哪种需求调研方法,高质量的需求调研均要求调研人员提前思考调研问题。需求分析人员或调研人员应该在调研前做充分的准备,针对具体项目的特点设计一些具体问题和表格,每位调研者事先都应该仔细阅读这些问题。这些问题和表格在调研开始之前也要给用户一份,使他们对调研内容有所准备。

案例: 老吴和小李都是某软件公司的需求分析人员,有一次他们共同参与了一个大厦安全监控平台项目。老吴和小李分别对监控中心的小张和小王进行了访谈。

小李问监控中心的小张:"你对这个系统有什么需求?"

小张说:"我想到的功能包括值班日志、告警的提示、基于短信的告警通知,还有要为值班人员提供一个日程安排工具、一个共享文件管理工具,还要能够自动填报各种上级要的报表……"

而老吴问小王的问题则与小李问小张的问题有很大的区别:"当监控中心收到一个告警的时候,希望以什么形式体现? 这些告警是否需要有安全级别? 收到告警后,你们一般会进行什么样的处理? 在这个过程中其他人需要做什么配套工作? 原来处理时存在什么困难? 有哪些问题是比较棘手的?"

在这个场景中,小李提出的问题是发散性的,这将导致获取的需求都是表面的需求,不能指导系统分析和设计,而老李的问题就很聚焦,这样能大大地提高调研的效率。所以提问题看似容易,其实大有门道。下面是调查者常犯的一些错误。

① 问题定义不准确。例如,你用哪一个搜索引擎? 对此,用户可能提供多个合理的答案:

最近使用的;最喜欢的但是未必最常用的(例如最喜欢的搜索引擎由于某种原因访问不了);为某一个领域而使用的(例如查图像或英语单词);最近一周/一月/一年使用的搜索引擎也会有所不同。定义不准确的问题会让用户困惑,我们也许能收集到很多答案,但仍然无法准确了解用户的想法。

② 使用含糊不清的形容词、副词描述时间、数量、频率、价格等,例如最近、有时、经常、偶尔、很少、很多、相当多、很贵、很便宜。这些词语对不同用户和在不同的语境中有不同的意义。

③ 让用户花额外的努力来回答问题。例如,请问你全家平均每人每年下载多少手机应用软件?用户很难在短时间内得出准确的答案。

④ 问题带有引导性的倾向。例如,用户普遍认为,搜索引擎 A 收录了许多侵犯版权的资料而拒绝承认错误,搜索引擎 B 则赢得用户信任,你会选择 A 还是 B? 这样收集的是提问者倾向性的答案,失去了问卷调查的价值。

⑤ 问题涉及用户隐私、用户所在公司的商业机密或细节等。

在实际项目中应该根据项目的规模、涉及的业务领域,有针对性地设计一些调研问题,这些问题越具体越好,要避免发散的问题。当然,要想问出具体的问题,需要分析人员提前对问题领域做深入的研究。下面给出一些比较通用的调研问题供参考。

调研的基本问题如下。

① 部门的名称、人员数量和结构。

② 部门发展或变化简单介绍。

③ 部门的主要任务。

④ 业务处理流程。

⑤ 在业务处理过程中涉及哪些专业领域的知识。

⑥ 工作需要的审批流程是什么?

⑦ 主要算法描述。

⑧ 哪些业务需要实时处理?

⑨ 哪些业务需要交互操作?

⑩ 部门各岗位的职责。

⑪ 部门接收哪些部门或外界的信息?信息内容和格式的要求是什么?

⑫ 部门产生哪些信息?

⑬ 部门产生的信息送到哪些其他部门?格式要求是什么?

⑭ 对信息的输入和输出方式有要求吗?输入/输出设备是什么?

⑮ 数据要求实时备份吗?备份的设备是什么?时间策略是什么?

⑯ 业务处理有高峰期吗?高峰期是什么时候?业务量有多少?

⑰ 现有的哪些设备要继续使用?

⑱ 对产品的运行环境有要求吗?

⑲ 对界面风格和操作方式有要求吗?

⑳ 在系统运行过程中允许停机吗?

㉑ 操作方式要根据操作环境和使用人员素质分类吗?

㉒ 需要的操作权限有哪些?

㉓ 需要记录系统操作运行日志吗?

㉔ 用户有能力进行系统维护吗?

㉕ 需要分布式处理吗?

㉖ 需要什么方式的用户操作培训。

㉗ 需要制作联机帮助吗?

设计调研表格的目的主要是规范调研内容的格式,便于分析。

4.3.4 需求调研的步骤和计划

需求调研一般分为3个步骤:调研前的准备、调研中、调研后的总结。

① 调研前要制订调研计划,做好调研准备。

② 调研中要采取多种方法获得用户的需求,努力学习用户的业务知识和工作流程。

③ 调研后,认真编写调研记录。

作为一个合格的需求分析人员,必须使需求获取工作更加高效,在需求调研前要做好如下的准备工作。

① 制订好需求调研的计划,对需求调研中可能用到的资源进行一定的分配。调研计划在调研工作开始之前由项目经理和用户负责人共同协商确定。首先,根据项目的规模和范围确定要调研的部门,根据项目的总体计划安排调研的访谈时间。其次,为了保证调研的质量,在调研开始前,要安排对用户的软件工程知识培训,使用户了解软件开发的各个阶段,以及每个阶段用户的职责。再次,对开发人员要进行用户业务培训,使开发人员了解用户业务的专业术语和基本业务流程。最后,确定调研报告的内容和格式。

② 做好调研前使用资料的准备,如需求调研模板、各种调研表单以及需求调研问题列表等。

③ 准备好需求调研中所要用到的工具。

除了做好调研的准备工作外,分析人员应该努力提高自己各方面的能力和知识,包括以下几个方面。

① 了解被调研对象的组织机构,了解每一个子对象中的关键人物,提高自己的观察能力。

② 应该了解用户的行业,学习用户使用的术语、标准,以便能够准确地理解用户的需求,提高自己的行业知识面。

③ 在需求调研中,学会尽量不使用IT行业的术语,而采用浅显易懂的口头语言来解释IT行业中高深莫测的术语,以便用户能够很好地理解,提高自己的沟通交流能力。

④ 提高自己的速记能力、文字表述能力以及归纳能力,能迅速地记录需求调研核心的问题,总结归纳形成原始的需求调研资料。

⑤ 提高自己的总结能力,书写一份完整的、前后一致的、可追踪的需求报告。

4.3.5 创新性需求

以上所讲的需求调研比较适用于定制软件(例如委托开发一款专用软件)或内部软件(例如企业内部信息系统应用)。但是,大部分普通用户的需求一般都有好几个互相竞争的软件在提供服务,对于互联网App来说更是如此。很多需求并不是用户提出来的,而是技术的突破让产品团队看到了可以让用户做到以前没有想、不敢做的事情。但这个时候大多数用户并没意识到自己有这个具体需求。

案例:微信上线433天的时候,用户数达到1亿,上线2年的时间,用户数达到3亿,这样的增长速度是PC互联网产品没有的。但是,微信早期从1.0版本到2.0版本发展平淡无奇,

1.0 版本微信主打能发文字、发图片，可以免费替代移动运营商的短信和彩信。早期微信的用户活跃度并不高，甚至跟手机 QQ 相比并没有什么竞争力。微信 2.0 版本发布了语音功能，从 2.1 版本、2.2 版本到 3.5 版本让用户可以不断地去添加好友，如导入通讯录、附近的人、摇一摇、朋友圈、群组。正是这些产品团队提出的新功能或需求，激发了微信的用户量。

在互联网时代，一个软件团队有很多机会做出影响世界的产品，但是，似乎所有想法都被别人想到过了。但是往往不经意间，在大量用户热衷于已有的 App 或游戏时，又一批新的想法、新的技术出现了，又有新的软件、新的商业模式，例如滴滴打车等。

我们要在竞争性的环境中实践软件工程，那就要做实用并且创新的项目。创新可以分为改良型的创新（在现有软件中增加几个功能，把某个程序变得更快一点，把程序移植到新的平台）和颠覆型的创新（一个新的产品导致旧产品或产业发生巨大的变化或者消失）。这两种类型各有其重要性，不宜偏废。

我们怎么提出创新的想法呢？根本还是要了解用户的需求或痛点，可以有两个方法。一个是假设用户的需求已经被不同程度地满足了。例如，我们可以去看移动应用商店的每一个类别，看看用户都在用 App 满足什么需求，用户的反馈是什么，他们对哪些地方不满意，我们能否做得更好。另一个是找到"不消费的用户（nonconsumption）"，不消费的用户是指那些还没有使用某个 App 的用户。

案例：一个词典 App 团队在调查用户需求时，发现现有用户都在用 App 来准备英语四六级考试，这些用户绝大部分是女生。男生为何选择了"不消费"呢？采访发现大部分男生决定不做任何准备，裸考四六级。深入采访发现，这些男生也有需求：希望快速知道自己的英语词汇量如何；希望和同学比拼一下，看谁的英语水平高。从这个角度考虑，"英语词汇量游戏"就能把那些"不消费"的用户变成自己的用户。

我们要充分了解用户的痛苦，以及他们对已有软件、服务不满意的地方。但是用户往往不了解颠覆型的创新。例如，不但用户不太能描述自己的需求，有时候开发者也陷入固定的"产品导向"思维，开发网站的，就认为用户一定需要一个网站；开发移动应用的，就认为用户一定需要一个 App。事实上，用户并不需要"产品"，用户需要解决痛点的方案。

4.4 需求分析与建模

4.4.1 需求分析的含义

软件需求分析是指将用户对于软件的一系列想法转变为软件开发人员所需要的软件需求规格（图 4-6），开发人员凭借软件需求规格说明实现和用户之间的有效通信。通俗地讲，需求分析主要是对收集到的需求进行提炼、分析和认真审查，确保所有参加人员取得一致共识，找出错误、遗漏和不足，建立完整的分析模型。

案例：用户提出"我想知道我提交的业务处理得怎么样了"。

对用户这样的需求，分析员首先进行提炼，用户希望的是显示业务处理的状态和所处的操作步骤。进一步分析后，分析员提出要建立不同业务的流程，流程中每个环节都要设置关联的操作人员，并有处理状态的显示。进一步审查发现，以前的系统不区分操作人员，所以不知道每个环节是谁在处理。因此现在要区分不同的操作人员，进一步需要角色或职位管理。

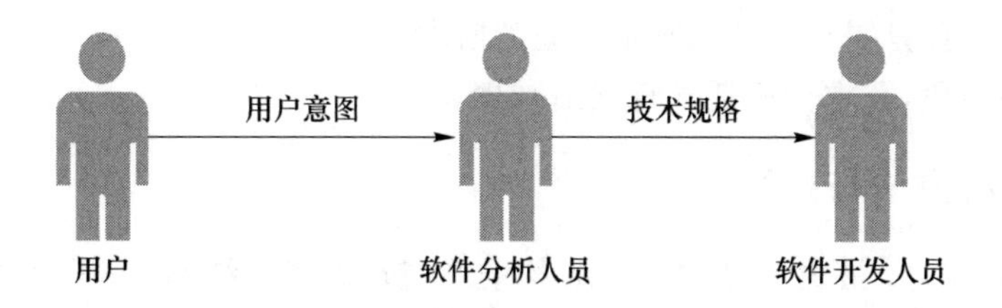

图 4-6　需求分析将用户的想法转变为软件需求规格

通过以上案例，我们发现需求分析具有以下特点。

- 需求分析是业务分析：需求分析的任务是对问题域进行研究，因此将从业务线 索入手，而非系统结构。
- 需求分析是一种分解活动：也就是将待开发的系统按职责划分成不同的主题域，可以将其理解成子系统，但在划分时是按业务视角进行的，然后分解成组成该主题域的所有业务流程，再分解到业务活动(用例)、业务步骤。
- 需求分析是一种提炼与整合活动：需要将用户的原始需求合并到业务活动中去，将各个业务流程合并成全局业务流程图，将每个与业务事件相关的领域类图合并成全局领域类图，将各个业务事件的用例图片断合并成全局的用例模型等。
- 需求分析是一种规格化活动：也就是要找到冲突、矛盾，并且通过访谈等手段解决这个问题。

用户需求一般采用自然语言来描述，但是详细的系统需求必须用较专业的方式来描述。广泛采用的技术是通过一系列的系统模型来描述系统需求。模型是软件设计的基础，通过模型可以帮助开发人员理解现有的系统如何工作，也可以帮助描述未来开发的系统。

在需求工程中，需求分析员通过创建系统模型，可以更好地理解数据流和控制流、系统功能和操作行为、所处理的信息，并结合系统的功能需求、非功能需求导出未来系统的详细逻辑模型，然后将逻辑模型转换为物理模型，提供给下一步的软件设计。

需求分析方法通常涉及以下一些原则。

① 必须能够表示和理解问题的信息域。

② 必须能够定义软件将完成的功能。

③ 必须能够表示软件的行为(作为外部事件的结果)。

④ 必须能够定义描述信息、功能和行为的模型，从而使得可以层次的方式揭示细节。

⑤ 分析过程应该从要素信息移向细节实现。

通过应用这些操作原则，分析员可以系统地处理某些问题。例如，检查信息域，以便更完整地理解功能；使用模型，以便可以用简洁的方式进行交流；功能划分，以便减少问题的复杂性，等等。

需求分析实际上是和需求获取交替进行的，只要获取了部分信息，就可以对其进行分析，换句话说，在首次需求捕获之后就将开始需求分析，并将分析的结果填写到已经规划好章节的需求规格说明书中。而通过分析，就会发现更多的不明确项，需要更多的调研信息，这时就可以将其作为第二次需求调研的素材。

按照现代软件工程思想，通常会采用迭代、增量的开发过程，此时需求分析工作就会贯穿整个软件生命周期，只不过在不同阶段分析的重点有所不同，主要特点包括：

- 分析活动是逐渐从本质需求过滤到边缘需求的；

- 需求细化阶段是需求分析活动最密集的阶段；
- 到了构建阶段，需求分析活动将逐渐减少。

4.4.2 分析方法与过程

进行需求分析时，最常采用的是结构化分析方法。结构化开发方法（structured developing method）是现有的软件开发方法中最成熟、应用最广泛的方法，其主要特点是快速、自然和方便。结构化开发方法由结构化分析方法（SA 方法）、结构化设计方法（SD 方法）及结构化程序设计方法（SP 方法）构成。

1. 结构化分析方法概述

结构化分析（Structured Analysis, SA）方法是 20 世纪 70 年代提出的一种适用于大型数据处理系统的、面向数据流的需求分析方法。结构化分析方法最初由 Douglas Ross 提出，由 DeMarco 推广，由 Ward 和 Mellor 以及后来的 Hatley 和 Pirbhai 扩充，形成了今天结构化分析方法的框架。

结构化分析的基本方法是分解、抽象和多视点。

（1）分解

对于一个复杂的系统，为了将复杂性降低到可以掌握的程度，可以把大问题分解成若干小问题，然后分而治之。

在分层数据流图中，顶层抽象地描述了整个系统，说明系统的边界，即系统的输入和输出数据流；底层具体地描述了系统的每一个细节，由一些不能再分解的基本加工组成；中间层是从抽象到具体的逐层过渡。

（2）抽象

分解可以分层进行，即先考虑问题最本质的属性，暂把细节略去，以后再逐渐添加细节，直至涉及最详细的内容。这种用最本质的属性表示一个系统的方法就是抽象。

（3）多视点

注意从各类开发人员和不同用户的角度考虑问题，才能获得对系统全面完整的需求。

2. 结构化分析流程

结构化分析流程如图 4-7 所示。

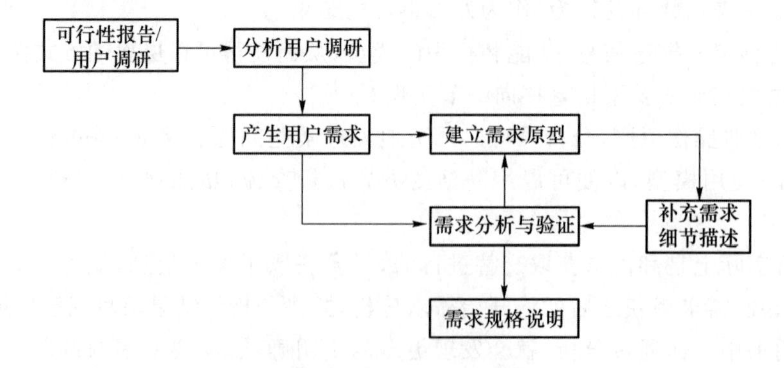

图 4-7 结构化分析流程

① 开展用户调研，进行需求获取。

② 分析用户调研，发现不一致的需求，即发现不同用户对同一功能提出的不一致需求。这项工作并非轻易能完成，需要获得全部需求之后，将这些需求和数据流图进行关联，才能找

到不一致。有些需求不一致和数据无关，则需要和用户进行进一步的沟通。

③ 将经过分析的用户调研作为用户需求，产生用户需求，给需求赋予优先级。

④ 使用多个需求分析视图，建立数据、功能和行为模型。为软件工程师提供不同的视图，这将减小忽略某些东西的可能性，并增加识别出不一致性的可能性。

⑤ 补充需求细节。在可行性研究阶段由于掌握的数据比较粗略，许多实际的数据元素被忽略了，这时分析员还不需要考虑这些细节，在需求分析阶段则要补充需求细节，并细化数据流图。

⑥ 需求分析与验证。检查建立的数据、功能和行为模型是否完备，是否存在不准确、二义性需求。

⑦ 编写需求规格说明。根据建立的数据、功能和行为模型改进之前的初步需求规格说明，生成软件需求规格说明。

经过需求分析，分析员对目标软件的具体功能有了更详细的认识，并设置了优先级，则可以根据需求分析之后的结果修正在可行性研究阶段制订的开发计划。

3. 数据流图细化

结构化分析方法是面向数据流自顶向下、逐步求精进行需求分析的方法，通过可行性研究已经得出了目标系统的高层数据流图，需求分析的目的之一就是把数据流和数据存储定义到元素级。

数据流图细化的步骤：沿数据流图从输出端往输入端回溯，应该能够确定每个数据元素的来源，与此同时也就初步定义了有关的算法。但是，可行性研究阶段产生的是高层数据流图，许多具体的细节没有包括在里面，因此沿数据流图回溯时会发现数据流图缺少一些数据元素，或者对数据元素处理尚不完全清楚。为了解决这些问题，往往需要向用户和其他有关人员请教。系统中更多的数据元素被定义出来，更多的算法被搞清楚了。通过分析而补充的数据流、数据存储和处理，应该添加到数据流图的适当位置上。

对数据流图进行细化之后得到一组新的数据流图，不同系统元素之间的关系变得更清楚，新数据流图的分析追踪可能产生新的问题，对这些问题的回答会进一步更新数据字典和算法描述。经过问题和解答的反复循环，最终达到对系统数据和功能要求完全了解的目的。

4.4.3　功能定位与优先级

得到需求之后，开发团队就要考虑实现这些需求，是否所有的需求都要实现呢？虽然一般人认为软件的功能越丰富越好，但是一个团队的资源毕竟有限，如果任何需求都不加区分地对待，则很可能导致软件开发的进度迟缓，甚至失败。

例如，开发 MUTIX 操作系统时，世界上许多著名的计算机专家聚集在一起研发它，每位专家都有许多很好的设想，都拼命地向 MUTIX 系统添加功能，结果使得这个系统规模越来越庞大，以至于没有一个人能够清楚地描述这个系统的范围和目标，经过几年的艰苦开发，最后还是以失败告终。

一个软件或服务由很多功能组成，它们有机地结合起来，才能解决用户的问题，并产生效益。怎样才能保证投入能得到较大的回报呢？为每一项需求按照重要程度分配一个优先级，这有助于项目管理者解决冲突、安排阶段性交付，在必要时能做出功能上的取舍，以最少的费用获得软件产品的最大功能。在开发产品时，可以先实现优先级最高的核心需求，将低优先级的需求放在后续版本中。

如何确定需求的优先级呢？我们可以考虑用 4 个象限来划分软件功能的特点，以便更准确地、理性地了解软件的核心价值，从而优化管理策略。

要想吸引用户使用我们的软件，开发的产品要有一个差异化的焦点，在这个焦点上，我们的团队能做得比别人好 10 倍，高一个数量级，这种功能叫杀手功能，其他功能也很重要，但是它们都是(相对来说)外围的。产品也许有很多功能，但是应该只有一两个功能是杀手级的。于是有了两种不同类型的功能：杀手功能和外围功能。

除此之外，我们的竞争对手和用户已经决定了一些此类产品必须要满足的需求，不能满足这些需求，产品就达不到用户标准，当然，还有许多功能是辅助性的。这样我们又得到另一种划分：必要需求和辅助需求。

将这 4 种划分结合起来，就得到了功能分析的 4 个象限，见图 4-8。

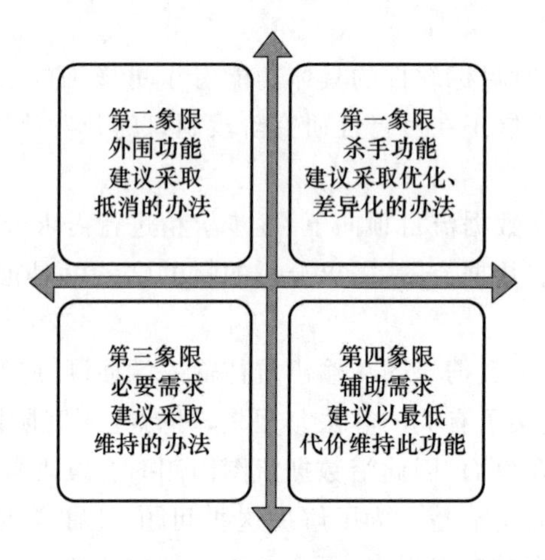

图 4-8　功能定位图

我们以一个英汉词典软件为例子来说明。

- 杀手功能：OCR 文字识别技术。可以在屏幕上取词解释，拥有独家权威词典。
- 外围功能：良好的界面设计。在各个平台上都能运行。
- 必要需求：单词短语释义的准确性(如果达不到这一点，用户就不会来使用)。
- 辅助需求：可以做各种皮肤(这也许能让一些用户更喜欢这个软件，但不是决定因素)。

这 4 个象限能让软件团队清楚地看到自己感兴趣的功能处于什么地位，有了这些分析，我们就可以决定怎么处理不同类型的功能。更重要的是，不要把资源平摊到所有象限中，而是倾斜到可以产生差异化和独特用户价值的地方。

资源有限，我们对不同功能有哪些办法呢？有下面 5 种办法。

- 维持——以最低成本维持此功能。
- 抵消——快速地达到“足够好”“和竞争对手差不多”。
- 优化——花大力气做到并保持行业最好。
- 差异化——产生同类产品比不了的功能或优势。
- 不做——砍掉一个功能也是一种办法，我们并不一定要做所有的功能。

还有一类是让用户惊喜的功能，这些功能一旦出现(尽管质量不是太好)，就能给用户满意度带来正面的帮助，随着此类功能质量的提高，用户会非常满意这个软件。用户可能会因为这样的功能而给这个软件打高分。

4.4.4　需求建模方法

结构化分析方法是一种建模技术。其过程是创建描述信息(数据和控制)内容和流程的模型,依据功能和行为对系统进行划分,并描述必须建立的系统要素。

结构化的需求分析模型有数据流模型、状态转换模型、实体-关系模型等。数据流模型关心的是数据的流动和数据转换功能,而不关心数据结构的细节。实体-关系模型关心的是寻找系统中的数据及它们之间的关系,而不关心系统中包含的功能。系统的行为模型包括两类:一类是数据流模型,用来描述系统中的数据处理过程;另一类是状态转换模型,用来描述系统如何对事件做出响应。这两类模型可以单独使用,也可以一起使用,要视系统的具体情况而定。

数据流模型、状态转换模型、实体-关系模型和数据字典之间的关系结构如图 4-9 所示。

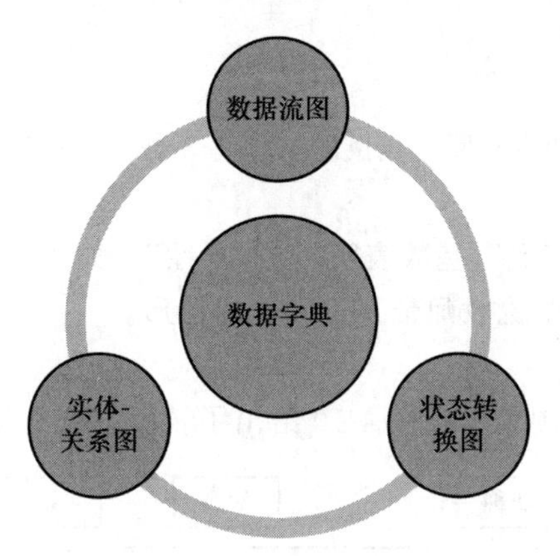

图 4-9　分析模型的结构

模型的核心是数据词典,它描述了所有在目标系统中使用和生成的数据对象。

数据流图(DFD)描述数据在系统中如何被传送或变换,以及描述如何对数据流进行变换的功能(子功能);DFD 可作为功能建模的基础。

实体-关系图(ERD)描述数据对象及数据对象之间的关系,主要用于数据建模。

状态转换图(STD)描述系统对外部事件如何响应,如何动作,主要用于行为建模。

4.4.5　数据建模

需求分析建模通常开始于数据建模,就是要定义在系统内处理的所有数据实体、数据实体之间的关系,以及其他与这些关系相关的信息。最广泛采用的数据建模技术是实体-关系模型,它描述数据实体、实体的关联及实体属性。实体-关系模型可用实体关系图来表示。

1. 实体

实体是需要被目标系统所理解的复合信息的表示。所谓复合信息是具有若干不同特征或属性的信息。

实体可以是外部实体,如显示器,也可以是行为或事件,如一个电话呼叫或单击鼠标左键,也可以是组织单位(如研究生院)、地点(如注册室)或结构(如文件)。结构化分析中识别实体的过程相当于面向对象设计中识别对象的过程,但是这里的实体只封装了数据,不包含对数据的操作,这与面向对象设计中的类和对象不同。

2. 属性

属性定义了实体的特征。它可用来为实体的实例命名、描述这个实例、建立对另一个实体的引用。

一个实体可以有多个属性,如学生实体的属性可以有学号、姓名、性别、出生年月、籍贯等。为了唯一地标识实体的某一个实例,定义实体中的一个属性或几个属性为关键码(key),书写为_id,例如在“学生”实体中用“学号”做关键码,它可唯一地标识一个“学生”实体中的实例。

3. 关系

实体之间往往是有联系的,关系描述了实体与实体之间的联系。例如,“借书者”实体与“图书”实体之间就有借还的关系。实体可以多种不同的方式相互连接。再如,一个学生“张鹏”选修两门课程“软件工程”与“计算机网络”,学生与课程的实例通过“选修”关联起来。

联系可以有属性。例如,学生“学”某门课程所取得的成绩,既不是学生的属性,也不是课程的属性,由于“成绩”既依赖某名特定的学生,又依赖某门特定的课程,所以它是学生与课程之间的联系——“学”的属性。

4. 基数

各个数据对象的实例之间有关联。实例的关联有 3 种:① 一对一(1 : 1);② 一对多(1 : m);③ 多对多(n : m)。

这种实例的关联称为“基数”,基数表明了“重复性”。如 1 位教师带学生班的 30 位同学,就是 1 : m 的关系。但也有 1 位教师带 0 位同学的情形。

5. 实体-关系图

实体及其关系可用 ER 图表示。图 4-10 给出了教师教课和学生选修课的 ER 图。

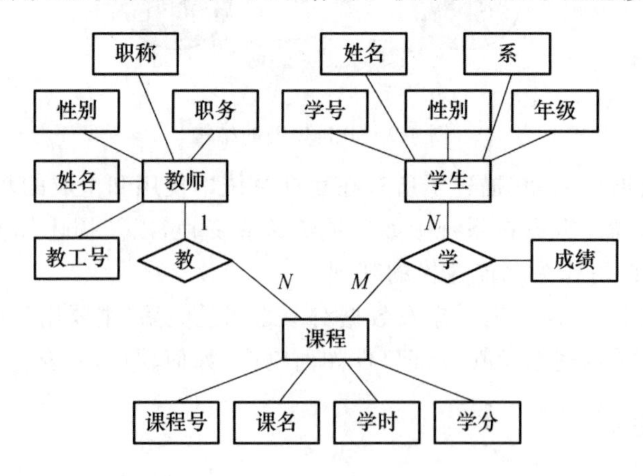

图 4-10 教师教课和学生选修课的 ER 图

4.4.6 行为建模

行为建模给出了需求分析方法的所有操作原则,但只有结构化分析方法的扩充版本才提供这种建模的符号。行为模型包括数据流模型和状态转换模型。状态转换模型是一种描述系统对内部或者外部事件响应的行为模型,它描述系统状态和事件,以及事件引发系统在状态间的转换。这种模型适用于描述实时系统,因为实时系统往往是由外界环境的激励而驱动的。

状态模型一般采用状态转换图(或状态迁移图)或状态转换表表示。状态图描述系统中某些复杂对象的状态变化,主要有状态、迁移和事件 3 种符号。每一个状态都代表系统或对象的一种行为模式。状态转换图指明系统的状态如何根据外部的信号(事件)进行变化。在状态转换图中,用圆圈“○”表示可得到的系统状态,用箭头“→”表示从一种状态向另一种状态的转换。在箭头上要写上导致迁移的信号或事件的名字。如图 4-11(a) 所示，系统中可取得的状态＝S1,S2,S3,事件＝t1,t2,t3,t4。事件 t1 将引起系统状态 S1 向状态 S3 迁移，事件 t2 将引起系统状态 S3 向状态 S2 迁移，等等。图 4-11(b) 就是与图 4-11 (a) 等价的状态转换表。

另外，状态转换图指明了作为特定事件的结果(状态)。在状态中包含可能执行的行为(活动或加工)。

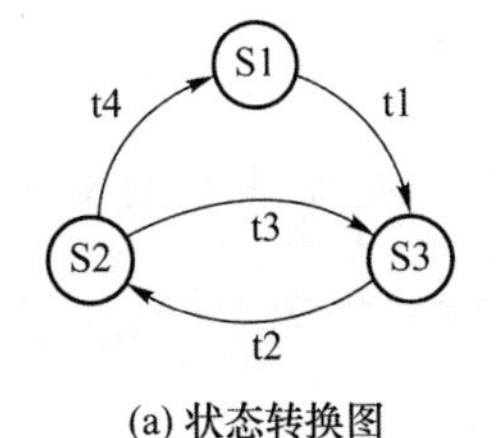

(a) 状态转换图

事件	状态		
	S1	S2	S3
t1	S3		
t2			S2
t3		S3	
t4		S1	

(b) 状态转换表

图 4-11　状态转换图和与其等价的状态转换表

4.4.7　数据字典

数据字典是对系统中所有数据项、数据流、数据存储的说明。它是一个重要的分析工具。数据字典精确地、严格地定义了每一个与系统相关的数据元素，并以字典式顺序将它们组织起来，使得用户和分析员对所有的输入、输出、存储成分和中间计算有共同的理解，可以减少分析人员和用户之间的通信，并消除误解；同时它也是进行系统设计的最有价值文档之一。数据流图和数据字典应该配合使用，数据流图中的每个数据流和数据存储都应该对应到数据字典中的一个条目。在数据字典的每一个词条中都应包含名称、编号、分类、描述、位置。

① 名称：数据对象或控制项、数据存储或外部实体的名字。

② 别名或编号。

③ 分类：数据项/数据结构/数据流/数据存储/加工/外部实体/控制项(事件/状态)。

④ 描述：描述内容或数据结构等。

⑤ 位置：使用该词条(数据或控制项)的加工。

数据字典有以下几种分类。

1. 数据项

数据项条目是不可再分解的数据单位，通常是该数据项的值类型、允许值等。

数据项描述＝{数据项名，数据项含义说明，别名，数据类型，长度，取值范围，
取值含义，与其他数据项的逻辑关系}

2. 数据结构

数据结构反映了数据之间的组合关系。一个数据结构可以由若干个数据项组成，也可以由若干个数据结构组成，或由若干个数据项和数据结构混合组成。对数据结构的描述通常包括以下内容：

数据结构描述＝{数据结构名，含义说明，组成：{数据项或数据结构}}

3. 数据流

数据流是数据结构在系统内传输的路径。数据流条目给出了 DFD 中数据流的定义，通常列出该数据流的各组成数据项。

数据流描述＝{数据流名，说明，数据流来源，数据流去向，组成：{数据结构}，
[平均流量，高峰期流量]}

例如，某订货系统中订单的数据流条目内容如下。

数据流名称：订单

说明：顾客订货时填写的项目

来源：顾客

去向：加工“检验订单”

组成：编号＋订货日期＋顾客编号＋地址＋电话＋银行账号＋货物名称＋规格＋数量

数据流量：1 000 份/周

4. 数据存储

数据存储是数据结构停留或保存的地方，也是数据流的来源和去向之一。对数据存储的描述通常包括以下内容：

数据存储描述＝{数据存储名，说明，编号，流入的数据流，流出的数据流，组成：{数据结构}，数据量，存取方式}

例如，某销售系统的库存记录如下。

数据存储名称：库存记录

说明：存放库存所有可供货物的信息

流入的数据流：更新库存

流出的数据流：查询库存

组成：货物名称＋编号＋生产厂家＋单价＋库存量

数据量：1 000 份/天

存取方式：索引文件，以货物编号为关键字

查询要求：要求能立即查询

5. 加工

加工条目是用来说明 DFD 中基本加工的处理逻辑的，由于上层的加工是由下层的基本加工分解而来的，所以只要有了基本加工的说明，就可理解其他加工。

处理过程描述＝{处理过程名，说明，输入：{数据流}，输出：{数据流}，处理：{简要说明}}

在需求分析阶段使用“输入-处理-输出”(Input-Process-Output，IPO)图描述处理更加方便。随着分析的深入，在详细设计阶段，可使用过程描述语言、判定树、判定表来描述加工。

4.4.8 案例

用 SA 方法建立“医院病房监护系统”的需求模型，并画出系统的分层 DFD 图。

分析：人们对一个软件系统的交互常常通过实际的“场景”来进行描述，通过对“场景”的描述，可以容易地了解系统的交互、功能和执行情况。如图 4-12 所示，在医院 ICU 病房里，将病征监视器安置在每个病床上，对病人进行监护。病征监视器将病人的组合病征信号实时地传送到中央监护系统进行分析处理。在中心值班室里，值班护士使用中央监护系统对病员的情况进行监控，中央监护系统实时地将病人的病征信号与标准的病诊信号进行比较分析，当病征出现异常时，系统会立即自动报警，并打印病情报告和更新病历。未报警时，系统将定期自动更新病历。根据医生的要求可随时打印病人的病情报告，系统还定期自动更新病历。

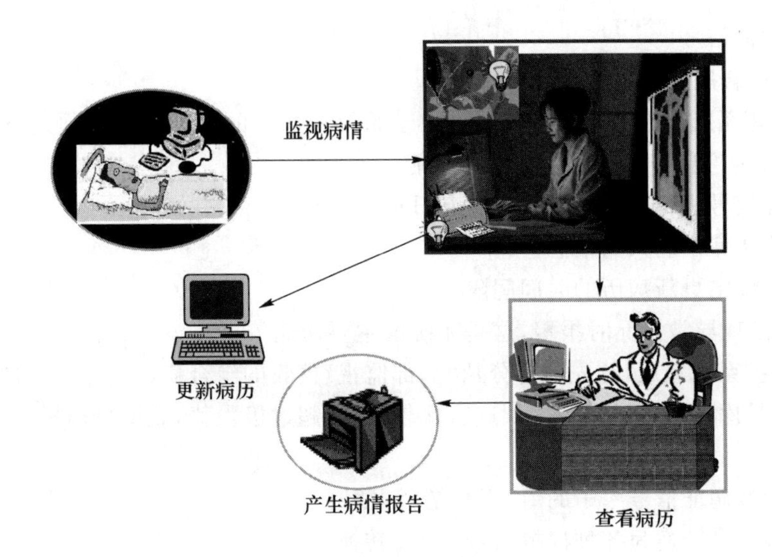

图 4-12　ICU 病房监护系统

经过初步的需求分析，得到系统的主要功能要求。

① 监视病人的病征信号(如血压、体温、脉搏等)。

② 定时更新病历。

③ 病人出现异常情况时报警。

④ 打印某一病人的病情报告。

还有一些非功能需求，具体如下。

① 监视器与网络的可靠性要求，它涉及病人的生命安全。

② 效率需求中对时间、空间的需求，对所采集的大数据量病征信号的存储要求。

③ 互操作需求，如要求监视器采样频率可人工调整等。

④ 保护病人病历的隐私要求。

由于非功能需求主要涉及硬件，因此这里只考虑功能需求，根据分析得到的系统功能要求，画出医院病房监护系统的分层 DFD。首先画顶层的 DFD，如图 4-13 所示，顶层确定了系统的范围，其外部实体为病人、护士、医生和标准病征信号库。

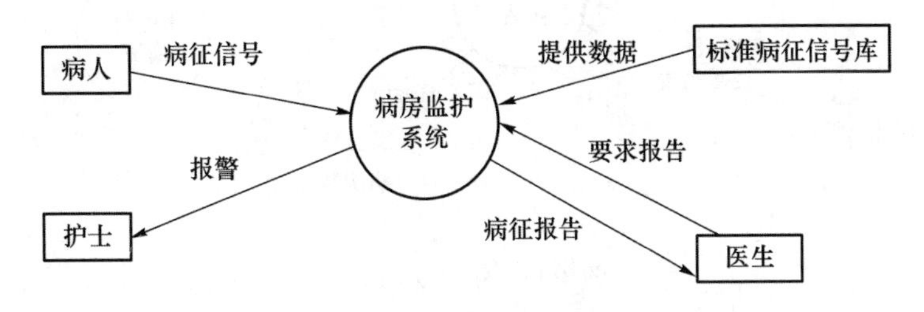

图 4-13　病房监护系统的顶层 DFD

在顶层 DFD 的基础上再进行分解，为此，要对系统功能需求做进一步分解。

(1) 监视病人的病征，即局部监视

系统需包含以下功能。

① 采集病人的病征信号(血压、体温、脉搏等)。

② 将采集到的模拟病征信号转换为数字信号(A/D 转换)。

③ 组合病征信号。

(2) 定时更新病历

病历库管理系统是数字化医院的另一个子系统。病人的病征信号必须进行处理后，才能写入病历库，称为“更新日志”。包括以下功能。

① 将病征信号进行格式化并加入更新日期、时间。

② 更新病历库中病人的信息。

③ 可人工设定更新病历的时间间隔。

(3) 病情出现异常情况时报警，这是系统的主要功能

由中央监护系统完成，首先要拆分从“局部监视”接收的组合病征信号，再将拆分后的信号与标准病征信号库(专家系统)中的值进行比较，如果超过极限值，立即自动报警。报警过程应完成以下功能。

① 根据标准病征信号库中的值，判断是否报警。

② 将报警信号转换为各种模拟信号(D/A 转换)。

③ 实时打印病情报告，立即更新病历。

(4) 病情报告

医生根据病人的病情需要，向值班护士提出生成并打印某一病人的病情报告，可产生如文字、图表、图像等多种类型的病情报告。

通过以上分析，建立第一层的 DFD，如图 4-14 所示。

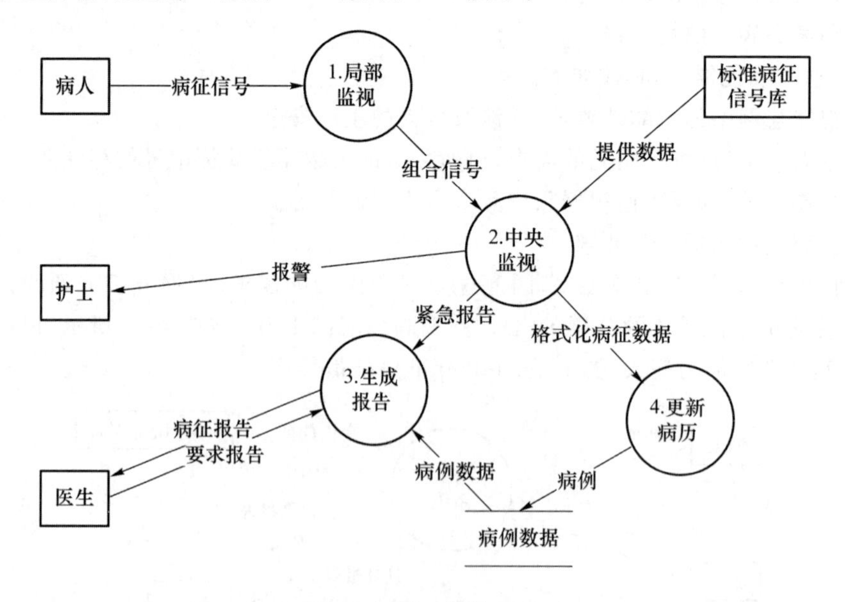

图 4-14 第一层的 DFD

第一层将系统分解为局部监视、中央监视、生成报告、更新病历 4 个加工。这层的分解是关键，是根据初步的需求分析所得到的系统主要功能要求来进行分解的。

① 局部监视用于监视病人的病征(如血压、体温、脉搏等)，因此该加工一定有来自病人的输入数据流“病征信号”，输入的病征信号是模拟信号，经过局部监视加工后，转换为数字信号，因此该加工应该有数值型的输出数据流“病人数据”。

② 中央监视显然是系统中最重要的加工。它要接收来自局部监视的病人数据，同时要将病人数据与标准的病征信号库中的“生理信号极限值”进行比较，一旦超过，立即报警。为了定

时更新病历，还需要输出“格式化病人数据”。

③ 定时更新病历的功能就由“更新病历”加工完成，它接收由中央监视加工输出的已格式化病人数据，对数据进行整理分类等加工后写入“病人日志”文件（病历）。写入的内容是经过加密处理之后的。

④ 为了实现根据医生要求，随时产生某一病人的病情报告，需要从病人日志文件中提取病人日志数据，由“生成报告”加工进行解密，生成并打印输出“病征报告”。

在第一层分解的基础上，应对 4 个加工进行进一步分解，下面以其中最重要的加工“中央监视”为例，进行第二层分解。如图 4-15 所示，“计算是否超过极限值”显然是中央监视最重要的功能。为了将病人的生理数据与生理信号极限值进行比较，以计算是否超过极限值，首先要将来自“局部监视”加工的病人组合病征信号数据进行拆分。当病人的病征信号产生异常时，要立即报警。由于报警信号有灯光报警、铃声报警及大屏幕上病人的图像显示等多种形式，因此由“产生紧急报告”加工来完成。在进行“格式化病人数据”加工时，还要由时钟加入日期和时间。

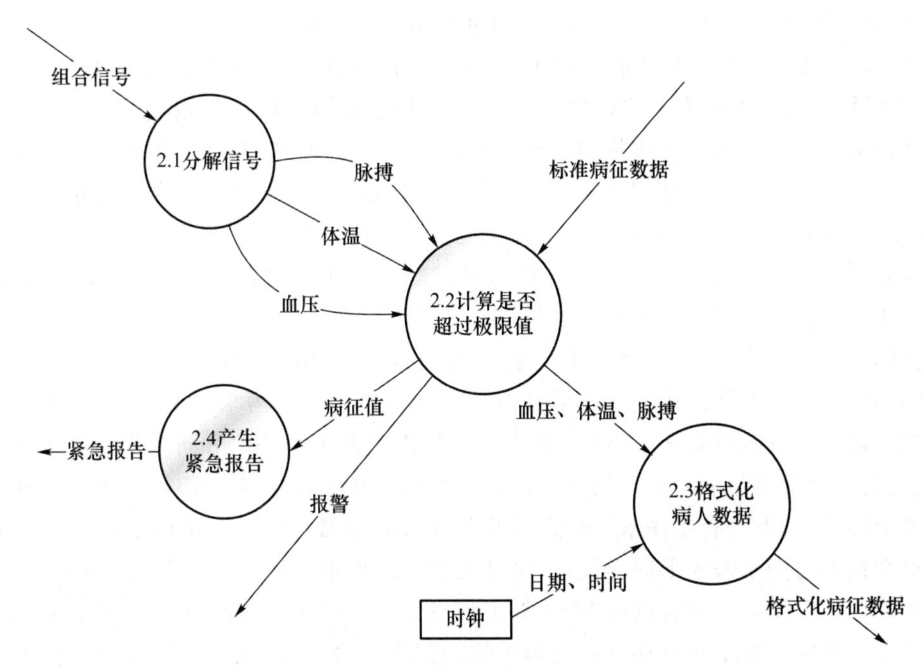

图 4-15　中央监视处理分解后的下级 DFD

4.5　软件安全需求

4.5.1　安全需求

安全需求的目标是确保软件可以预防和抵挡攻击。构建安全的软件，首先必须了解安全的含义，从而提出安全性需求。

信息安全的核心内容就是实现信息的机密性、完整性和可用性。

- 机密性(confidentiality)：数据机密性是指保证隐私或机密的信息不会被泄露给未经授

权的个体。

- 完整性(integrity):包含数据完整性和系统完整性两个相关概念。数据完整 性是指保证只能由某种特定、授权的方式来更改信息和代码。系统完整性是指保证系统正常实现其预期功能,而不会被故意或偶然的非授权操作控制。
- 可用性(availability):保证系统即时运作,其服务不会拒绝获得授权的用户。

以上 3 个概念构成了 CIA 三元组,体现了人们对于数据和信息计算服务的基本安全目标。2003 年,美国国家标准与技术研究院(NIST)的联邦信息安全分级标准与信息系统(FIPS 199)也指出机密性、完整性和可用性为信息和信息系统的 3 个基本安全目标。

从软件的角度来讲,除了信息的机密性、完整性和可用性,还应当具有软件自身特点的安全属性,例如审计性、抗抵赖性、可预测性、可靠性等。

- 审计性:所有与安全相关的行为都必须被跟踪和记录,并进行审计和责任归因。
- 抗抵赖性:软件具有防止用户否认执行了某项行为的功能,以保证责任性不被破坏。
- 可预测性:只要软件运行(其环境、输入)情况可预测,软件的功能、属性和行为就可以预测。软件安全性将软件的可预测性扩展到了意外情况。
- 可靠性:软件保持可预测性、正确运行的能力,不管无意的缺陷、漏洞和环境的变化。高可靠性软件也称为可信软件或者容错软件(意味着采取了容错技术)。

虽然许多专家学者都致力进行与安全需求相关的各种研究,但对于什么是安全需求还没有公认的定义。一种观点是把安全需求看作非功能性需求,这也是关于安全需求最广泛的概念。Ian Sommerville 和 Gerald Kotonya 把包括安全在内的非功能性需求定义为:系统服务的约束或限制。另一种观点把安全需求看作与系统功能需求相同的需求,称为安全功能需求。还有一些研究人员使用安全策略或者质量需求来定义安全需求。

在实际开发过程中,需求文档中有时会提到安全需求,但是通常只是简单地提及安全机制,如密码验证机制、部署防火墙等。部分需求文档中包含安全需求分析,但是安全需求分析过程与功能需求没有联系起来,这将导致安全需求最终实现的保护形同虚设。在审查需求文档时,安全需求通常是从一组通用的安全需求特征列表中复制其中一部分。软件公司虽然经常强调安全很重要,但是有些需求分析人员和开发人员却没有掌握有效的安全需求分析方法,导致需求文档中的安全需求形同虚设,最终开发的系统很难达到真实的安全需求。

为了改善安全需求无效性的问题,软件工程研究人员也在孜孜不倦地做着努力。起初,研究者们主要是将精力集中在软件开发过程中的功能需求分析上,安全问题往往是在系统做好以后才去考虑的,但最终都无法保证软件系统的安全性。近年来安全问题已经在软件系统中扮演着重要的角色,所以软件工程研究者们开始考虑把安全因素融入主流的需求工程中。

IBM 公司在安全开发过程中指出,安全需求与功能要求或性能要求类似,需要确保从一开始就将安全性构建到软件中。安全需求定义出要求的安全特性,以及如何改变现有特性以包括必要的安全属性。IBM 公司在安全开发过程中提出应该考虑 9 类安全需求。

(1) 审计和日志记录

应用程序应该对涉及软件保密性、可用性和完整性等的重要事件进行日志记录。审计日志记录的日志事件必须包括 IP 地址和时间等。必须记录的日志事件包括账号验证尝试、账号锁定、应用错误和与规定的验证程序不匹配的输入值等。

(2) 身份验证

由于大多数应用具备访问控制限制,所以确保这些访问控制机制不能被破解或操作未经授权的访问非常重要，这要求用户使用强密码。身份验证凭证必须满足适当的强度，其中包括大写字母、小写字母和数字字符，而且在长度上不能小于8个字符。

（3）会话管理

HTTP最初的设计难以在整个应用持续期间跟踪会话，这推动了HTTP上会话管理功能的开发。例如，通过限制无操作的会话时长，可以避免用户未关闭的浏览器被其他人利用。

（4）输入验证和输出编码

大多数开发的安全性问题是由于不良的输入和输出编码导致的，因此用户提供的数据要通过适当的验证。例如，所有输入必须通过集中的验证控制来加以验证。

（5）异常处理

从严格意义上讲，一个应用不可能完全安全。隐藏详细的应用异常消息或过于具体的错误消息，能够延长攻击应用所需的时间。

（6）加密技术

选择一种满足业务需要、受行业支持的加密算法极其重要。

（7）存储数据

需要假设系统存储的数据会被泄露，因此任何敏感数据都要加密，例如用户名、地址和财务数据等敏感的用户信息。

（8）传输数据

只要软件被实现，就需要传输数据，如果应用在不安全的网络传输敏感的用户信息，那么所有通信内容必须予以加密。

（9）配置管理

新的漏洞每天都会涌现，尽管其中一些问题可通过打补丁的方式加以纠正，但有时需要通过特定的部署措施来同时满足业务要求和安全要求。

4.5.2　安全需求分析方法

安全需求与一般需求的一个不同之处在于：安全需求并不是从使用者的兴趣出发，而是由系统的客观属性所决定的，这也决定了安全需求并不能依赖用户提出和定义。一般来说，使用者希望以最小的代价来实现必要的安全需求。当进行安全需求分析时，除了从用户角度提出的保密性、完整性、可靠性等安全属性以外，还应该从攻击者的角度出发，考虑系统存在的漏洞或开展攻击的途径，这就是误用或滥用案例。

误用或滥用案例是指开发人员以攻击者的视角通过超越正常的思维，并注意意料之外的事件，可以更好地理解怎样开发安全的软件。提出误用或滥用案例最简单和可行的方法是“头脑风暴”，考虑非正规的行为。

例如，开发一个基于Web的工资应用程序，通过头脑风暴，提出以下攻击行为。

- 一个恶意用户，在从Web服务器到客户端的途中，或从客户端到服务器的途中，查看或修改个人工资数据。
- 一个恶意用户，在从Web服务器到COM组件的途中，或从COM组件到服务器的途中，查看或修改个人工资数据。
- 一个恶意用户，直接在数据库中查看或修改个人工资数据。
- 一个恶意用户，查看LDAP认证包，以便他能冒充别人，例如冒充管理员。
- 一个恶意用户，通过改变Web页来丑化Web服务器。

- 一名攻击者通过发送大量 TCP/IP 包,使工资服务器拒绝访问。
- 一名攻击者删除或修改审核日志。
- 一名攻击者使用分布式 DoS 攻击使服务器瘫痪,然后将自己的工资 Web 服务器放在网上,诱使别人来访问自己的假服务器。

在进行头脑风暴时,可以利用"攻击树"来整理思路。攻击树(attack tree)提供了一种正式而条理清晰的方法来描述系统所面临的安全威胁和系统可能受到的多种攻击。攻击树即采用树形结构来表示系统面临的攻击,其中根节点代表被攻击的目标,叶节点表示达到攻击目标的方法。根节点的下级就是叶节点,叶节点的下级依然是叶节点。根节点和叶节点可以有多个分支,每个分支都代表实现该目标的不同方法。分支之间有"或""与""顺序"的关系。图 4-16 是 MySQL 数据库的攻击树(部分)。

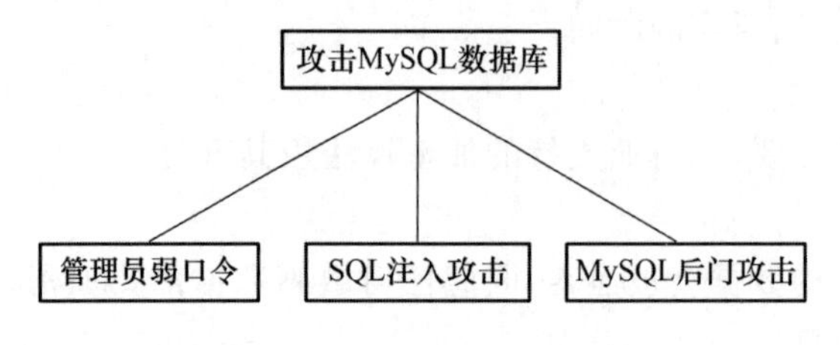

图 4-16　MySQL 数据库的攻击树

4.6　需求文档

4.6.1　用户需求说明书

软件项目的需求文档分为用户需求说明书和软件需求规格说明书。需求分析员对收集到的所有用户的需求信息进行分类整理,消除错误,归纳与总结共性的用户需求,然后形成文档,编写用户需求说明书。对于用户需求说明书要和客户以及相关的行业专家进行共同评审。以前整理的需求记录可以作为附件放在用户需求说明书之后。

用户需求说明书与软件需求规格说明书的主要区别与联系如下。

① 前者主要采用自然语言(和应用域术语)来表达用户需求,其内容相对于后者而言比较粗略,不够详细。

② 后者是前者的细化,更多地采用计算机语言和图形符号来刻画需求,软件需求是软件系统设计的直接依据。

③ 两者之间可能并不是一一映射关系,因为软件开发商会根据产品发展战略、企业当前状况适当地调整产品需求,例如,用户需求可能被分配到软件的数个版本中。软件开发人员应当依据软件需求规格说明书来开发当前产品。

4.6.2　软件需求规格说明书

软件需求规格说明书(Software Requirement Specification,SRS)是需求阶段的产品,它精确地阐述一个软件系统提供的功能、性能和必要的限制条件。软件需求规格说明书是系统设计、编码、系统测试和用户培训的基础。

编写软件需求规格说明书的目的如下。

- 为开发者和客户之间建立协议创立一个基础。对要实现的软件功能做全面的描述,有助于客户判断软件产品是否符合他们的要求。
- 提高开发效率。在软件设计之前通过编写 SRS,周密地对软件进行全面考虑,从而极大地减少后期的返工。由于要对 SRS 进行仔细的审查,所以还可以尽早发现遗漏的需求和对需求的错误理解。
- 为需求审查和用户验收提供了标准。SRS 是需求阶段的产品,在需求阶段结束之前由审查小组对它进行审查。审查通过的 SRS 才能进入设计阶段,用户最后根据 SRS 对软件产品进行验收测试。但是 SRS 中不包括需求验收的过程。
- SRS 是编制软件开发计划的依据。项目经理根据 SRS 中的任务来规划软件开发的进度、计算开发成本、确定开发人员分工,并可由此对关键功能进行风险控制,制订质量保障计划。但是在 SRS 中不包括各种开发计划。
- SRS 是进行软件产品成本核算的基础,可以成为定价的依据。但是 SRS 本身不包括成本计算。
- 便于软件移植。
- 是软件升级的基础。

编写 SRS 的基本要求有两点:一是必须描述软件具备的功能和性能;二是必须用确定的、无二义性的、完整的语句来描述功能和性能。

在 SRS 中必须描述的基本内容如下。

① 产品功能:描述软件要做什么。注意不要写怎么做。

② 产品性能:描述软件功能执行过程中的速度、可使用性、响应时间、各种软件功能的恢复时间、吞吐能力、精度、频率等。

③ 设计限制:软件的表现效果、实现语言、数据库完整性、资源限制、操作环境等方面强加于软件实现过程的限制。

④ 质量属性:包括有效性、高效性、灵活性、安全性、互操作性、可靠性、健壮性、易用性、可维护性、可移植性、可复用性、可测试性和可理解性。

⑤ 外部接口:软件与人、硬件及其他软件的相互关系。

在编写 SRS 时应注意以下几点。

① 在编写 SRS 时不要涉及设计的内容,不要把软件划分成若干个模块,然后给每个模块都分配一个功能。

② 不要描述模块间的信息流或者控制流。

③ 不要设计数据结构。另外,在 SRS 中不要包括软件开发过程方面的描述,不要把软件成本估计、开发进度、软件开发方法、质量保证、验收过程等软件开发合同性事宜的内容放入 SRS 中,这些内容应该写入其他的文档中。

④ 在编写 SRS 时对不确定的因素设置一个待确定标记(To Be Determined, TBD),用这种方法跟踪需求中需要进一步确定的部分。

⑤ 为了使需求便于跟踪和管理,在软件需求规格说明书中对每条需求都应该进行编号,并且编号是固定且唯一的。

在互联网时代,产品类软件成为主流,则将用户需求说明书与软件需求规格说明书合并成产品需求说明或产品需求文档。

4.7 需求验证

4.7.1 需求验证的含义

验证包含两层含义：验证(validation)和确认(verification)。需求验证是指以正确的方式建立需求，包括：

① 需求集是正确的、完备(用户认定的)的和一致的；

② 在技术上是可解决的；

③ 它们在现实世界中是可行的和可验证的。

需求确认是指建立的需求是正确的，即每一条需求都是符合用户原意的。所以，需求验证就是确保以准确的形式建立需求(需求验证)，得到足以作为软件创建基础的需求；此外，需求验证也可确保得到内容语义正确的需求(需求确认)，得到能够准确反映用户意图的需求。

需求验证的主要手段和方法是 review，该词通常被翻译为“评审”。一些专家认为该词的含义应该更接近于“复查”，也就是“再看一遍”的意思。因为汉语中“评审”一词往往具有考察“需求是否通过？好不好？”的意思，所以对 review 的理解很容易在组织和实践中产生偏差。

根据评审的正式化程度可以将评审分为评审会、走查和小组审查几个等级。正式的审查方法是评审大会。另外两种相对正式的评审方法是走查和小组审查。不正式的评审方法是结对审查、同级轮查。

召开评审大会时，评审内容需要记录在案，它包括确定材料、评审员、评审小组对产品是否完整或是否需要进一步工作的判定，以及对所发现的错误和所提出的问题的总结。正式评审小组的成员对评审的质量负责，而开发者则最终对他们所开发的产品质量负责。一般审查1～2次。

小组审查和评审大会的方式比较接近，区别在于小组审查没有评审大会严格。小组审查按照小组的阶段情况分阶段进行审查。

走查(walk through)有“遍历”的意思。通常是 SRS 作者按照文档的页码顺序向参加评审的人员介绍文档的内容，然后大家随时发表意见。一般在实际工作中，将工作产品分发给许多其他的开发人员，粗略看一看和走过场似地检查一遍。走查按照要求应该多次进行，但在实际工作中一般走查都没有进行，因为大家都在写文档，但应该让专职人员考核该工作。

结对审查是一种广义的概念，它包括结对分析、结对设计、结对编码，甚至还包括结对测试等。对于需求开发而言，也可以采取结对分析的方法来提高质量。例如，在需求开发项目中，为了更好地加强需求人员之间的沟通，要求每位参加获取、分析的人员邀请一位同事参与，保证绝大多数需求都至少由 2 个人共同完成。通过这种方式可使需求质量大大提高。当然问题是人力资源投入增大了。

同级轮查可以认为是个人级的评审方法。简单地说，就是需求人员之间私下进行交叉的复查。一般是两位需求人员之间交换文档产物，互相提出意见和建议。或者多位需求人员之间交叉交换文档产物，互相提出意见和建议。尽管这些活动是私下进行的，但是一般企业都会鼓励这种方式，有助于建立企业的良好评审文化。有的企业将轮查作为制度制定，实践表明，这种方式如果能够得到员工的认可，将会大大地提高各类工作效率。

4.7.2 需求验证的内容

需求阶段的产品是软件需求规格说明书，需求的质量体现在需求规格说明书中。用户和开发者从不同角度评审需求规格说明书。在评审过程中要特别关注下面的几点，这几点是软件工程研究人员跟踪大量软件开发实例后，总结出的高质量需求所具备的特征。我们在实际的软件项目中应该牢记这些特点，并将其用来评价自己所做的需求，以提高软件产品的质量。

1. 完整性

完整性体现在两个方面。需求完整性的第一层含义是不能遗漏任何必要的需求，丢失需求经常发生，并且危害极大，而且所丢失的需求通常并不容易被发现。为了避免丢失需求，建议特别关注需求获取的方法，分析员应该注重用户的需求，而不是系统的功能，这也是我们将需求分为用户需求和软件功能需求的原因之一。需求完整性的第二层含义是每一项需求所要完成的任务必须要描述清楚、完整，以使开发人员明白实现这项需求的所有必要信息，使用户能够审查这项需求描述的正确性。一般从不同的维度来检查需求的完整性。

2. 正确性

每项需求都必须准确地反映用户要完成的任务。判断需求的正确性有两种途径。首先由用户来判断。在进行需求调研时系统分析员记录了每项需求的来源和相关的详细信息，根据调研的结果使用自然语言和流程图或用例图等多种方式描述需求。在需求评审时用户和开发人员从不同角度检查需求的正确性。其次系统分析员应该检查每项需求是否与软件的总体目标一致，是否超出了业务需求所定义的软件范围。

3. 可行性

每一个成功的软件系统其解决方案都是可行的，可行性体现在技术可行性、经济可行性、操作可行性。

案例：一个客户提出了下面的需求：在采购设备时不仅要知道供应商提供给他的价格信息，还想知道供应商提供给其他客户的价格信息。这个需求是不可能靠软件系统实现的，除非开发一个商业间谍软件。

在开发应用软件时要坚持使用成熟的技术，著名的 UNIX 操作系统成功的原因之一是尽其可能使用成熟技术和简单结构，这样的系统可靠性高，易于维护。

操作可行性体现在对不同类型的客户提供不同的操作方式，使每类客户都有适合自己特点的操作方式。例如，银行系统的使用者有银行业务人员和银行的客户，对于银行业务人员，要求操作速度快，所以系统为他们提供了键盘命令操作方式。而一般客户不具备计算机操作经验，系统应该针对性地提供图形用户界面和触摸屏操作方式。

4. 必要性

每项需求都应该是客户所需要的，开发人员不要自作主张添加需求。检查需求必要性的方法是将每项需求都回溯至用户的某项输入。

5. 无二义性

我们的目标是不同的人员对需求的理解应该是一致的。一般情况下，描述需求都用自然语言，这很容易引起语言理解上的二义性。避免二义性的另一个有效方法是对需求文档的正规检查，包括编写测试用例和开发原型。

6. 可验证性

每项需求都应该是可验证的。系统分析员在进行需求分析时就要考虑每项需求的可验证性问题,为需求设计测试用例或其他的验证方法。如果需求不可验证,则要认真检查需求的有效性和真实性,一份前后矛盾、有二义性的需求是无法验证的。

4.8 需求管理

4.8.1 需求基线

需求管理包括需求基线、需求变更和需求跟踪3个活动。引入需求基线之后,就会把需求分成两大类:一类是已经开始开发的基线内需求(baseline),另一类是还没有安排开发的待处理需求(backlog)。

基线的内容就是一次开发迭代的工作内容,而一次开发迭代是一个时间盒,它的时间是固定的、相对较短的,建议一次迭代为2~6周。

由于基线中的需求是明确的,所以每次迭代都是一个小型的瀑布型生命周期;通过这样的分解,整个开发工作就被划分成了多个小项目。这种模式更容易使开发人员保持良好的工作节奏。

在每次划分基线时,通常需要完成3个方面的事情:一是确立优先级,确保高优先级、高风险的需求项在尽早的迭代中完成;二是工作量估算,以确保每次迭代的时间安排是紧凑的;三是未完成项的合并,每次迭代还是可能有某些工作未完成,在分配下一次基线时就需要将其考虑进去。

4.8.2 需求变更

需求变更是指在软件需求基线已经确定之后又要添加新的需求或进行较大的需求变动。需求变更的表现形式是多方面的,例如,客户临时改变想法,项目预算增加或减少,客户对功能的需求改变等。在实际项目中,需求变更是经常的事情,不断变更的需求会导致项目陷入混乱、成本费用增加、进度拖延、产品质量低劣等不良后果。但是,几乎所有的项目都会有需求变更,软件工程研究的主要问题之一就是如何降低需求变更的影响,控制需求变更的过程,减小因需求变更带来的风险。否则,如果对需求变更失去控制,就可能导致软件开发失败,下面给出两个需求变更失控的实例。

- **案例1**:某公司组织了一个5人的项目组,有1人负责数据库开发,有4人负责应用程序开发。因为某项需求的变化,数据库开发人员修改了数据库表的内容,但是没有及时将变更通知应用程序开发人员,导致4个人编写了一周的程序全部要重写。
- **案例2**:测试人员在进行产品测试时,发现了大量的问题。经过调查发现是开发人员使用了变更后的软件需求规格说明书,而变更没有通知测试人员,导致测试人员的测试用例和测试结果都无法使用。

那么该如何对待需求变更呢?对于客户提出的变更,如果无论大小都给予解决,客户对此非常满意,然而项目进度却拖得很长,项目一再延期,则不能算作成功。如果对于客户提出的需求变更大多都不予理睬,即使该项目的进度控制得较好,基本能按期完成项目,但是客户对此软件一定不是很满意,感觉自己的需求被忽略了。事实上,客户不满意,则项目就不算成功。

1. 需求变更的原因

需求变更的原因主要还是前期需求定义和获取工作存在问题,包括以下几个方面。

① 合同签订马虎。销售人员签订合同时没有对客户需求认真对待。销售为使客户能够快速地签订合同,往往草率决定和片面同意客户提出的各种需求。

② 调研时没有深入理解客户需求。实际上,在开发前的需求调研分析阶段,项目组成员和客户的深入交流是减少频繁需求变更的关键阶段之一。但是双方的误解通常使需求交流难以进行。

③ 没有明确的需求变更管理流程,就会使需求变更变得泛滥。并不是所有的变更都要修改,也不是所有变更都要立刻修改,需求变更管理的目的是决定什么类型的变更需要修改和什么时候修改。

④ 没有让客户知道需求变更的代价是需求变更泛滥的根本原因。变更都是有代价的,应该评估变更的代价和对项目的影响,要让客户了解需求变更的后果。

2. 需求变更控制

实践证明,需求变更控制非常重要,软件开发双方必须确定变更控制过程,建立变更控制委员会,在需求变更控制时进行变更影响分析,之后跟踪变更影响的产品,并跟踪每项需求的状态。变更控制委员会应该由项目经理、软件产品计划或管理部门的代表、开发部门的代表、测试和质量保障部门的代表、文档制作部门的代表、技术支持部门的代表、配置管理部门的代表、用户方代表组成。

需求变更控制的基本步骤如下。

(1) 通过一个合适的渠道接受一项需求变更请求,注意,所有的变更都要发送到统一的位置,有专人管理,对每项变更都赋予一个唯一的编号。

(2) 变更控制委员会评估申请的变更,分析变更需求的理由是否充分,以及变更的技术可行性,估计实现变更的代价和可能产生的影响。下面的需求变更问题可能会有助于变更控制委员会的工作。变更控制委员会的成员可以参考需求变更问题,考虑是否批准变更申请。需求变更问题:

① 变更的内容与系统目标有冲突吗?

② 变更的需求在系统业务需求范围之内吗?

③ 变更的需求需要改变硬件环境吗?

④ 变更的需求需要改变软件环境吗?

⑤ 变更的需求在实现上存在技术障碍吗? 攻克技术障碍需要的人员、时间有保障吗?

⑥ 请列出在项目当前的状态下接受变更的影响矩阵。

⑦ 申请的变更与软件需求规格说明书中描述的需求有冲突吗? 如果有冲突,请申请者详细解释冲突的原因。

⑧ 如果拒绝变更会导致项目不成功吗?

⑨ 如果拒绝变更会对用户业务有重大影响吗?

⑩ 所申请的需求变更是第一次吗? 如果一项需求发生多次变更,则应该讨论原因,并且考虑拒绝变更,直到彻底分析清楚变更的目的、内容,将待确定的问题明确之后再考虑接受变更。

⑪ 如果接受变更会有什么风险?

⑫ 申请的变更对质量属性有影响吗?

⑬ 开发人员现有的技能可以满足变更的技术要求吗?

⑭ 实现和测试变更需要额外的工具吗？对环境有什么要求？

⑮ 实现变更对软件执行顺序、依赖性有影响吗？

⑯ 变更是否要求开发原型？开发原型的工作量是多少？

⑰ 变更涉及哪些部门的需求，是否需要征求其他部门的意见？

⑱ 接受变更后，浪费了多少以前做的工作？

⑲ 申请的变更导致软件产品成本增加多少？（包括添加硬件设备和软件环境的费用）

⑳ 变更对市场的影响，对用户培训和维护支持的影响？

㉑ 变更有专人负责吗？

㉒ 有变更风险控制计划吗？

㉓ 如果将变更放入下一个版本会有什么后果？

(3)分析需求变更可能影响的软件元素。下面给出一个模板，用户可以参照该模板检查需求变更影响的软件元素。需求变更影响的软件元素如下。

① 列出变更影响的数据库表和文件。举例列出需要变更、添加和删除的信息结构和信息项。

② 列出变更影响的系统设计元素，包括数据流程图、数据实体关系图、数据字典、处理说明、类和对象定义、类的方法、过程或函数。分别列出要更改、添加和删除的内容。

③ 确认对开发文档、用户文档、培训文档、联机文档和管理文档的更改。

④ 确认需要变更的源程序。

⑤ 确认需要变更的单元测试、集成测试、系统测试和验收测试方案。

⑥ 确认需要更改的软、硬件环境。

⑦ 确认项目管理计划、质量保证计划、配置管理计划、风险控制计划的合理性。

⑧ 确认变更对系统接口的影响。

(4) 根据上面的结果，仔细填写一份需求变更影响分析报告表和需求变更工作量统计表，然后需求变更控制委员会作出是否采纳变更的决策。

(5) 一旦决定变更，应该及时通知所有相关的人员，最后，要按一定的程序来实施需求变更。

4.8.3 需求跟踪

在实际项目开发中，一些看起来很简单的需求变更在实现时往往会花费大量的时间，下面是一个很好的实例。

案例：在一次项目检查例会上，项目经理问一名开发人员："你本周的工作计划完成了吗？"这名开发人员回答："我没有按计划完成我的工作，因为用户打电话要我增加一个由入库单到合同单的确认功能，我原来认为这件事情比较简单，就没有让他申请需求变更。而我在添加这项功能的过程中意识到相关联的地方太多，一会这里有问题，一会那里有问题，越来越乱，我自己都被搞晕了。"

这个例子说明需求变更一定要履行需求变更控制程序，同时也说明对每项需求进行跟踪管理的重要性。

需求跟踪是指跟踪一个需求使用期限的全过程。需求跟踪包括编制每项需求同系统元素之间的联系文档，这些元素包括其他类型的需求、其他设计部件、源程序模块、测试用例、帮助文件、文档等。需求跟踪为我们提供了由需求到产品实现整个过程的查阅能力，能够将每项需求从最基础的业务需求→用户需求→功能需求或非功能需求一直追踪下来，也可以沿这条路径反方向回溯到业务需求。建立这种跟踪关系链可以清楚每个需求对应的软件产品部件，以及每个部件是满足哪个需求的。如果不能把一个设计模块、代码段、测试回溯到一项需求上，则说明在软件产品中可能有一段多余的内容，或者是在软件需求规格说明书上遗漏了一项需求描述。

需求跟踪的作用如下。

- 跟踪关系链可以保证需求都被应用，避免丢失需求。
- 有助于进行需求变更影响分析，确保不会丢失受影响的系统元素。
- 完整的需求跟踪信息有助于系统的维护。可以方便地列出要维护的功能，以及它在系统中所处的位置。
- 可以跟踪项目的进展，记录项目的当前状态。
- 有助于重复使用系统元素。
- 系统元素之间的关系文档化，改变以往项目组织机构对关键开发人员的依赖性，加强对文档的依赖。
- 有助于软件的调试和测试。因为代码、需求和测试用例之间建立了关联，一旦出现错误，可以很快地发现问题，并纠正错误。

需求跟踪有两种方式。

① 正向跟踪。检查软件需求规格说明书中的每个需求是否都能在后继工作成果中找到对应点。

② 逆向跟踪。检查设计文档、代码、测试用例等工作成果是否都能在软件需求规格说明书中找到出处。

正向跟踪和逆向跟踪合称为“双向跟踪”。无论采用何种跟踪方式，都要建立与维护需求跟踪矩阵(即表格)。需求跟踪矩阵保存了需求与后继工作成果的对应关系。

需求跟踪矩阵是一种主要管理需求变更和验证需求是否得到了实现的有效工具，它可以反映每个需求变化所影响的功能需求、设计元素、模块代码、测试用例和开发文档。表 4-4 展示了需求跟踪矩阵的一部分，这个表说明每个功能性需求向后连接一个特定的使用实例，向前连接一个或多个设计元素、代码元素和测试元素。设计元素可以是模型中的对象，例如数据流图、关系数据模型中的表单或对象类。代码元素可以是类中的方法，源代码文件名、过程或函数。加上更多的列项就可以拓展到与其他工作产品关联，例如在线帮助文档。包括越多的细节就越花时间，但同时很容易得到相关联的软件元素，在做变更影响分析和维护时就可以节省时间。

表 4-4 需求跟踪矩阵

用　例	功能需求	设计元素	代　码	测试实例
UC-28 UC-29	Catalog. query. sort catalog. query. import	DFD-12 DFD-08	Catalog. sort() Catalog. import() Catalog. validate()	Search. 7 Search. 8 Search. 8 Search. 13 Search. 14

需求跟踪矩阵可以定义各种系统元素类型间的一对一、一对多、多对多关系。允许在一个表单元中填入几个元素来实现这些特征。下面给出一些可能的分类。

- 一对一：一个代码模块应用一个设计元素。
- 一对多：多个测试实例验证一个功能需求。
- 多对多：每个用例导致多个功能性需求，而一些功能性需求常拥有几个使用实例。

习　题

1. 常见的需求有哪些错误？
2. 需求工程包括哪些活动？并简要说明其内容。
3. 什么是功能性需求？什么是非功能性需求？
4. 对功能需求的要求是什么？
5. 非功能需求存在什么问题？
6. 需求获取的常用方法有哪些？
7. 用户需求规格和软件需求规格的区别是什么？
8. 需求分析的流程是什么？
9. 如何给不同的功能确定优先级？
10. 需求验证从哪几个方面进行？
11. 需求变更的原因是什么？
12. 需求变更管理的流程是什么？
13. 需求跟踪的实现方法有哪些？
14. 画出图书馆借书系统的实体-关系图。
15. 画出网上购物网站中订单的状态转换图。

第 5 章 面向对象分析

5.1 面向对象开发

5.1.1 结构化开发方法的不足

结构化开发方法经过多年的应用和完善,大大地改进了人们开发软件的过程,对缓解软件危机起到了重要的作用。但是,该方法仍然存在以下问题。

① 由于开发人员对用户需求的理解存在偏差,这使开发完成的软件与用户的实际需求有差别,不能满足用户的需要。另外一种情况是由于软件开发周期较长,使得最终开发出的软件满足用户的初始需求,而不满足用户的最终需求。或者说,开发出的软件不能适应用户需求的变化,软件的可扩充性和稳定性不能满足要求。

② 软件维护困难。结构化方法的核心思想是将整个软件按功能分解为一个个处理模块,每个模块都完成一个基本功能,多个模块组合在一起实现整个系统的功能。由于软件设计的问题,一些模块之间的耦合可能比较紧密,这样就会使一个模块的修改对系统其他部分的影响比较大,使得维护系统比较困难。

③ 软件的可复用性较差。软件复用是指一个软件不经修改或稍加改动就能够多次使用,显然软件复用是软件开发人员追求的最高境界。用结构化开发方法开发的软件除了一些接口简单的数学函数外,其他软件的可复用性一般都比较差。

④ 软件开发效率低下。用结构化开发方法开发软件时受需求变化的影响非常大,导致在软件开发过程中不断返工。一旦返工,修改的副作用将会波及整个系统,严重时可能会导致项目失败。另外,用传统方法开发的软件其可复用性很差,所以,使得软件的生产效率比较低。

5.1.2 面向对象开发方法

面向对象(Object-Oriented, OO)开发方法是一种把面向对象的思想应用于软件开发过程中,指导开发活动的系统方法,是建立在“对象”概念基础上的方法学。

OO 开发方法起源于面向对象的编程语言(OOPL)。20 世纪 60 年代中后期,人们在 Simula 语言中提出了对象的概念。20 世纪 70 年代,Smalltalk 语言诞生,它取 Simula 的类为核心概念。Xerox 公司经过对 Smautalk72、Smautalk76 进行持续不断的研究和改进,于 1980 年推出 Smalltalk80。它在系统设计中强调对象概念的统一,引入对象、对象类、方法、实例等概念和术语,采用动态联编和单继承机制。正是通过 Smalltalk80 的研制与推广应用,人们注意到面向对象方法所具有的模块化、信息封装与隐蔽、抽象性、继承性、多样性等独特之处，这些优异特性为研制大型软件，提高软件可靠性、可重用性、可扩充性和可维护性提供了有效的手段和途径。

面向对象方法学的出发点和基本原则是，尽可能地模拟人类习惯的思维方式，使开发软件的方法与过程尽可能地接近人类认识世界、解决问题的过程。

客观世界是由客观世界中的实体及实体相互间的关系构成的。计算机软件开发是指借助某种程序设计语言，用计算机解决客观世界中的问题。其方法是把客观世界中的实体抽象为问题域中的实体，通过程序对实体施加某种处理，用处理结果去映射客观世界中问题的解。我们称计算机中的实体为解空间对象。通常，客观世界中的实体既有静态属性又有动态行为，然而传统语言提供的解空间对象实质上仅是描述实体属性的数据，必须在程序中从外部对其施加操作，才能模拟它的行为。而实际上，数据以及对数据施加的处理是密不可分的，面向对象方法将数据与对数据的处理封装在一个统一体中，外界不需要知道这些数据如何被处理，只需要发消息请求对象执行它的某些操作。

面向对象方法不再把程序看成工作在数据上的一系列过程或函数的集合，让软件开发者自己定义解空间对象，并且把软件系统作为一系列离散的解空间对象集合。这些解空间对象彼此通过发送消息相互作用，从而得出问题的解，这样程序就是相互协作而又彼此独立的对象集合。每个对象都是一个微型程序，都有自己的数据、操作、功能和目的。

面向对象分析和设计解决了两个经典问题。

- 问题一：传统的分析和设计方法将数据模型和处理模型分离。处理模型和数据模型实际上是描述解决一个问题的两个方面，但是建立两个模型使得系统分析人员很难检查它们的一致性和正确性。
- 问题二：如何从系统分析平滑地过渡到系统设计。在传统的分析方法中，分析模型是系统分析员与用户交流的工具，通常是数据流程图，而在设计阶段使用的模型是设计人员与编程人员交流的工具，通常使用的是软件结构图和数据关系图。分析模型到设计模型之间存在着模型的转变，但是转变工作既不规范，又容易引入新的错误。面向对象分析将分析模型和设计模型统一，所使用的符号统一，设计模型是分析模型的完善和扩充。因此，系统分析员、用户、编程人员、测试人员都使用相同的模型。

5.1.3 面向对象常用概念

1. 对象

对象是面向对象方法学中使用最普遍的概念，对象既可以是具体物理实体的抽象，也可以是人为的概念，或者是任何有明确边界和意义的东西。客观世界中的实体通常是丰富多彩的，既有静态属性，又有动态行为，所以，在面向对象的分析和设计中将描述一个对象的静态属性与描述对象动态行为的操作封装在一起，形成一个统一体。

对象有以下特点。

① 对象是以数据为中心的。对象的操作是针对属性变化的要求来设计的，操作的结果往往与对象当前的属性有关。

② 对象是主动的。对象的属性通常是由该对象自己的操作改变的，为了完成某个操作，必须由其他对象向该对象发送消息，对象响应消息时，按照消息模式找出与之匹配的操作，并且执行该操作来处理对象的私有属性。

③ 实现了数据封装。描述对象属性信息的数据被封装在对象内部，外部对象不必了解其数据结构和具体的实现细节，只需要知道对象提供哪些公共操作。

④ 对象本质上具有并行性。不同的对象各自独立地处理自身的数据，彼此通过发送消息完成通信。

⑤ 模块的独立性好。对象的内部包括数据与处理数据的操作，因此，对象内部各种元素彼此结合得很紧密，对象之间的联系比较少，符合高内聚、低耦合的设计原则。

2. 类

类是对具有相同属性和相同操作对象的抽象，通常用类名、类的属性、类的操作三方面的内容来定义一个类。

3. 消息

消息是由发送对象发送给接收对象的一个操作请求，发送方发出命令和参数，接收方执行操作，执行结束后将控制权返回给发送方，同时送回某些结果。通常，一个消息由三部分组成。

- 对象名：接收消息的对象。
- 消息名：要求接收对象完成的操作。
- 参数：执行操作时的参数或者操作返回的结果。

4. 方法

方法是对象操作的实现，方法描述了对象中操作的算法和响应消息的方式。

5. 继承

在面向对象的技术中，继承是指子类自动地共享其父类中定义的属性和操作的机制。继承使得相似的对象可以共享程序代码和数据结构，从而大大地减少了程序的冗余信息。

6. 多态性

多态反映对象多种形态的能力。在面向对象技术中，多态性是指在类的不同层次上可以使用相同方法名。当对象接收到发送给它的消息时，对象根据所属的类，动态选择在该类中定义的实现算法。

7. 重载

有两种重载：函数重载和运算符重载。函数重载是指在同一作用域内若干个参数特征不同的函数可以使用相同的函数名。运算符重载是指同一个运算符可以施加在不同类型的操作数上面。重载进一步提高了面向对象程序的灵活性和可读性。

5.2　统一建模语言

5.2.1　面向对象分析方法

自 20 世纪 80 年代以来，已经出现了几十种面向对象分析方法，其中，Booch 方法、OMT 方法、Coad/Yourdon 方法和 OOSE 方法在业界得到了广泛认可。每种方法都有一套自己的描述符号和实现过程，每种方法都支持 3 种基本的活动：识别对象和类，描述对象和类之间的关系，通过描述每个类的功能定义对象的行为。

1. Booch 方法

Booch 是面向对象方法最早的倡导者之一，他提出了面向对象软件工程的概念。Booch

93 方法比较适合系统的设计和构造。

Booch 方法可分为逻辑设计和物理设计,其中逻辑设计包含类图文件和对象图文件,物理设计包含模块图文件和进程图文件,用以描述软件系统结构。

① 类图。描述类与类之间的关系。

② 对象图。描述实例和对象间传递消息。

③ 模块图。描述构件。

④ 进程图。描述进程分配处理器的情况。

Booch 方法也可划分为静态模型和动态模型。其中静态模型表示系统的构成和结构,动态模型表示系统执行的行为。动态模型包含时序图和状态转换图。

① 时序图。描述对象图中不同对象之间的动态交互关系。

② 状态转换图。描述一个类的状态变化。

Booch 方法的实施过程如下。

① 在一定抽象层确定类。在问题域中,找出关键的对象和类。

② 确定类和对象的含义。从外部研究类,并研究对象之间的协议。

③ 定义类与对象的关系。

④ 实现系统中的类与对象。

⑤ 说明类的界面与实现。

2. OMT 方法

Rumbaugh 等人提出了对象建模技术(Object Model Technology, OMT), OMT 方法采用面向对象的概念,并且引入一套独立的图形符号。这种方法用对象模型、动态模型、功能模型和用例模型共同完成对整个系统的建模。对象模型描述对象的静态结构和它们之间的关系。动态模型描述系统随时间的变化及行为。功能模型主要描述系统内部数据值的变换。

OMT 方法将开发过程分为 4 个阶段。

① 分析阶段。基于问题和用户需求的描述建立模型。分析阶段的产品有:

- 问题描述;
- 对象模型=对象图+数据词典;
- 动态模型=状态图+全局事件流图;
- 功能模型=数据流图+约束。

② 系统设计。结合问题域的知识和目标系统的体系结构,将目标系统分解为子系统。

③ 对象设计。基于分析模型和求解域中的体系结构等添加的实现细节,完成系统设计。主要产品包括细化的对象模型、细化的动态模型、细化的功能模型。

④ 实现。将设计转换为特定的编程语言或硬件,同时保持可追踪性、灵活性和可扩展性。

3. Coad/Yourdon 方法

Coad/Yourdon 方法即著名的 OOA/OOD 方法,它是最早面向对象的分析和设计方法之一。该方法简单、易学,适合面向对象技术的初学者使用,但由于该方法在处理能力方面的局限,目前已很少使用。Coad/Yourdon 方法严格地区分了面向对象分析阶段与面向对象设计阶段。在面向对象分析阶段,该方法利用 5 个层次的活动定义系统的行为、输入、输出。这 5 个层次的活动包括:

- 发现类及对象。描述如何发现类及对象,从应用领域开始识别类及对象,形成整个应用的基础。

- 识别结构。该阶段分为两个步骤：第一，识别一般结构与特殊结构，分析类的层次结构；第二，识别整体结构与部分结构，描述一个对象如何成为另一个对象的一部分，以及多个对象如何组装成更大的对象。
- 定义主题。主题由一组类和对象组成，用于将类及对象模型划分为更大的单位，便于理解。
- 定义属性。定义类的属性。
- 定义服务。定义对象之间的消息连接。

经过5个层次的活动后，产生的结果是一个五层次的问题域模型，包括主题、类及对象、结构、属性和服务5个层次。

4. OOSE方法

Jacobson于1994年提出了OOSE方法，其最大特点是面向用例(use-case)，并在用例的描述中引入外部角色的概念。用例的概念是精确描述需求的重要武器，用例贯穿于整个开发过程，包括对系统的测试和验证。

需求分析和设计密切相关，需求分析阶段的活动包括定义潜在的角色(角色指使用系统的人及与系统互相作用的软、硬件环境)，识别问题域中的对象和关系，基于软件需求规格说明和角色的需要发现用例，详细描述用例。在需求分析阶段，开发人员识别类、属性和关系。关系包括继承、关联、组成(聚集)和通信。定义用例、识别设计对象这两个活动共同完成行为的描述。OOSE方法还将对象区分为语义对象(领域对象)、界面对象(用户界面对象)和控制对象(界面对象和领域对象之间的控制)。

设计阶段包括两个主要活动。第一个活动是从用例的描述中发现设计对象，并描述对象的属性、行为和关联。第二个活动是把用例的行为分派给对象。

OOSE方法的两大贡献是提出了用例和交互图的概念。用例描述了用户对于系统的使用情况，是从使用者的角度来确定系统功能的。在开发各种模型时，用例是贯穿00SE活动的核心，描述了系统的需求及功能。用例提供了很好的需求分析策略和描述手段，弥补了以前面向对象需求分析中的缺陷。交互图对一组相互协作的对象在完成一个用例时执行的操作及它们之间传递的消息和时间顺序做了更精确的描述。

5.2.2 UML简介

典型面向对象开发方法的共同特点是以图形作为主要的描述方式，但在基本概念、具体的描述、符号表示等方面仍然有所差异，各具特色，这极大地妨碍了用户之间的交流。从20世纪90年代中期开始，为使面向对象的开发方法获得更快的发展，人们开始尝试将各种方法统一起来。

1994年10月J. Rumbaugh和G. Booch首先共同合作把他们的OMT方法和Booch方法统一起来，1995年推出了一个称为UM (Unified Method)的统一方法(0.8版)。随后，Jacobson加入，并采用他的用例思想，在1996年，他们推出了统一建模语言(Unified Modeling Language, UML)0.9版。1997年11月7日UML 1.1版被OMG正式批准为基于面向对象技术的标准建模语言。

UML是第一个统一的可视化建模语言，已成为国际软件界广泛承认的标准，应用领域很广泛，可用于商业建模(business modeling)、软件开发各个阶段的建模，也可用于其他类型的系统。它是一种通用建模语言，具有创建系统的静态结构和动态行为等多种结构模型的能力，并具有可扩展性和通用性，适合多种、多变结构的建模。

UML的价值在于它综合并体现了世界上面向对象方法实践的最好经验，支持用例驱动(use case driven)，以架构为中心(architecture-centric)，递增(incremental)和迭代(iterative)地进行软件开发。因此，在世界范围内，至少在很长一段时间内，UML是面向对象技术领域内占主导地位的标准建模语言。

UML的特点如下。

(1) 统一标准

UML统一了面向对象的主要流派Booch、OMT和OOSE等方法中的基本概念，已成为国际对象管理组织的正式标准，并提供了标准的面向对象模型元素的定义和表示。统一标准有利于面向对象方法的应用和发展。

(2) 面向对象

UML还吸取了面向对象技术领域中其他流派的长处。UML考虑了各种方法的符号表示，删掉了大量易引起混乱的、多余的和极少使用的符号，也添加了一些新符号，可以说是集面向对象技术的众家之长。

(3) 可视化、描述能力强

系统的逻辑模型或实现模型都能用UML的可视化模型清晰地表示，UML对系统的描述能力强，模型蕴涵的信息丰富，可用于复杂软件系统的建模。

(4) 独立于开发过程

UML是系统建模语言，独立于开发过程。

(5) 易掌握、易用

由于UML的概念明确，建模表示法简洁，图形结构清晰，所以UML易于使用。

标准建模语言的重要内容可以由下列5类图(共10种图形)来定义。

第一类是用例图，从用户角度描述系统功能，并指出各功能的操作者。

第二类是静态图(static diagram)，包括类图、对象图和包图。

- 类图描述系统中类的静态结构，不仅定义系统中的类，表示类之间的联系，如关联、依赖、聚合等，也包括类的内部结构(类的属性和操作)。类图描述的是一种静态关系，在系统的整个生命周期都是有效的。
- 对象图是类图的实例，使用与类图几乎完全相同的标识。它们的不同点在于对象图显示类的多个对象实例，而不是实际的类。一个对象图是类图的一个实例。由于对象存在生命周期，因此对象图只能在系统某一时间段存在。
- 包图由包或类组成，表示包与包之间的关系。包图用于描述系统的分层结构。

第三类是行为图(behavior diagram)，描述系统的动态模型和组成对象间的交互关系，包括状态图和活动图。

- 状态图描述类的对象所有可能的状态以及事件发生时状态的转移条件。通常，状态图是对类图的补充。实际上并不需要为所有的类画状态图，仅为那些有多个状态、其行为受外界环境的影响并且发生改变的类画状态图。
- 活动图描述满足用例要求所要进行的活动以及活动间的约束关系，有利于识别并行活动。

第四类是交互图(interactive diagram)，描述对象间的交互关系，包括顺序图和协作图。

- 顺序图显示对象之间的动态合作关系，它强调对象之间消息发送的顺序，同时显示对象之间的交互。

- 协作图描述对象间的协作关系,协作图跟顺序图相似,显示对象间的动态合作关系。除显示信息交换外,协作图还显示对象以及它们之间的关系。如果强调时间和顺序,则使用顺序图;如果强调上下级关系,则选择协作图。这两种图合称为交互图。

第五类是实现图(implementation diagram),包括构件图和部署图。

- 构件图描述构件的结构及各构件之间的依赖关系。一个构件可能是一个资源代码部件、一个二进制部件或一个可执行部件。它包含逻辑类或实现类的有关信息。构件图有助于分析和理解构件之间的相互影响程度。
- 部署图定义系统中软硬件的物理体系结构。它可以显示实际的计算机和设备(用节点表示)以及它们之间的连接关系,也可显示连接的类型及组件之间的依赖性。

5.3　用例建模

5.3.1　用例与执行者/参与者

1992 年 Jacobson 提出了用例的概念及可视化的表示方法,即用例图,受到了 IT 界的欢迎,其被广泛应用到了面向对象的系统分析中。用例驱动的系统分析与设计方法已成为面向对象系统分析与设计方法的主流。

用例建模技术是从用户的角度来描述系统功能需求的,在宏观上给出模型的总体轮廓。通过对典型用例的分析,使开发者能够与用户进行充分交流,有效地了解和获取用户需求。

UML 的用例模型一直被推荐为识别和获取需求的首选工具。它的建立是系统开发者和用户反复讨论的结果,表明开发者和用户对需求规格达成共识。同时它驱动需求分析之后各阶段的开发工作,不仅在开发过程中保证系统所有功能的实现,而且被用于验证和检测所开发的系统,从而影响到开发工作的各个阶段和 UML 的各类模型。

用例模型由若干个用例图构成,在 UML 中构成用例图的主要元素是用例和执行者及它们之间的联系。

1. 用例

用例是系统提供的功能块,它揭示人们如何使用系统。从本质上讲,一个用例是用户与计算机之间的一次典型交互作用。在 UML 中,用例被定义成系统执行的一系列动作(功能)。在结构化的方法中,我们将功能逐步分解成系统能够处理的模块。而在面向对象的方法中,我们关心的是用户要系统完成什么,用户要告诉系统什么信息,系统要返回给用户什么信息。每个用例都应该表示用户与系统间的完整事务,用例通常要用动词或短语命名,以描述用户看到的最终结果。

用例有以下特点。

- 用例捕获某些用户可见的需求,实现一个具体的用户目标。
- 用例由执行者激活,并提供确切的值给执行者。
- 用例可大可小,但它必须是对一个具体用户目标实现的完整描述。

图 5-1 描述了自动售货机系统的用例图,自动售货机系统由 3 个主要的用例组成:售货、供货、取货款(图 5-1 中的自动售货机图片仅为增加直观性)。它们也描述了自动售货机系统

的主要功能。

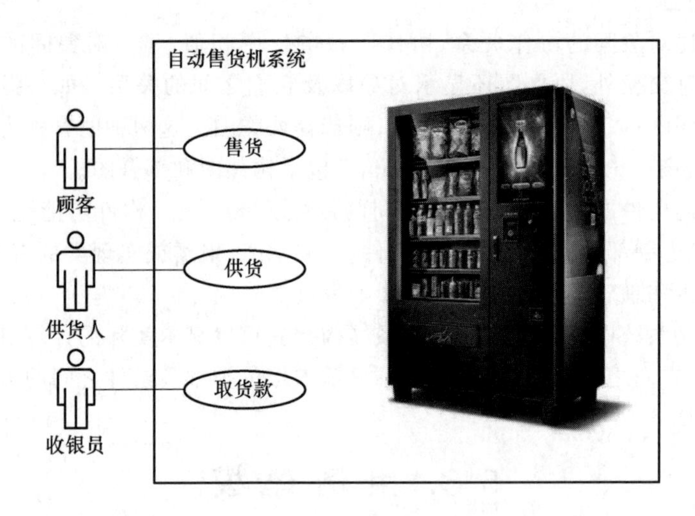

图 5-1 自动售货机系统的用例图

显然，确定执行者和用例是建立用例模型的关键，如何确定用例呢？回答以下问题能帮助我们确定用例。

① 与系统实现有关的主要问题是什么？

② 系统需要哪些输入/输出？这些输入/输出从何而来？到哪里去？

③ 执行者需要系统提供哪些功能？

④ 执行者是否需要对系统中的信息进行读、创建、修改、删除或存储？

每个用例都应该有一个相关的说明，描述该用例的作用。例如，自动售货机系统的售货用例说明：售货——顾客投入钱币，选择所购商品，自动售货机系统检查该商品的数量及价格，并找零。

用例的说明要简短清晰，但是要包括使用该用例的各类用户及其使用目的。

2. 执行者/参与者

执行者/参与者是指与系统交互的人或物，其图形化的表示是一个类似人的图形符号。用不带箭头的线段将执行者与用例连接到一起，表示两者之间交换信息，称为联系。执行者触发用例，并与用例进行信息交换。一个执行者可与多个用例联系，一个用例也可与多个执行者联系。对同一个用例而言，针对不同的执行者有着不同的作用。

执行者有 3 种：系统使用者（即用户）、外部系统、时间。

① 第一种执行者是系统使用者，它是最重要的角色，例如，在 ATM 系统中的系统使用者有 ATM 系统的客户、ATM 系统的维护人员。参与者不是指人或事物本身，而是表示人或事物当时所扮演的角色。例如，李明负责 ATM 系统的维护，工作中他是维护人员的角色。但是当他取钱时，他的角色是客户。

② 第二种执行者是外部系统，例如，ATM 系统要与银行的信息系统相连，用于维护每位客户的信用信息，也就是说 ATM 系统与银行信息系统相连并进行信息交互，银行信息系统就是外部系统。

③ 第三种执行者是时间（或时钟）。时间可以激发用例。例如，ATM 系统可能在每天夜里运行一些模块，进行各个银行之间的账务清算。时间触发系统中的某个用例。由于时间不在我们的控制之内，因此，将它也视为参与者。

面对一个大系统，要列出所有用例的清单常常十分困难。比较可行的方法是先列出所有参与者的清单，再对每个参与者列出用例，问题就会变得比较容易。

案例：在自动售货机系统的用例中，要完成售货，必须有顾客和供货人参与，否则就不能完成销售，此外，自动售货机虽是自动收款，但要有专门的收银员取出所收货款。因此，自动售货机系统的执行者是顾客、供货人和收银员。

如何确定执行者是画用例图的重要问题，首先要与系统的用户进行广泛而深入的交流，明确系统的主要功能，以及使用系统的用户责任等。此外，还可以通过回答以下问题来确定执行者。

① 谁使用系统的主要功能（主执行者）？

② 谁需要从系统获得对日常工作的支持和服务？

③ 谁需要维护管理系统的日常运行（副执行者）？

④ 系统需要控制哪些硬件设备？

⑤ 系统需要与其他哪些系统交互？

⑥ 谁需要使用系统产生的结果（值）？

5.3.2　用例关系

在用例图中除了执行者与用例之外，还必须描述用例之间的关系。用例之间存在以下几种关系。

1. 泛化（generalization）关系

泛化关系代表一般与特殊的关系，类似继承。在用例泛化中，子用例表示父用例的特殊形式，子用例继承了父用例的行为和属性，也可以增加新的行为和属性或覆盖父用例中的行为。

案例：一个销售系统中的预订用例，当我们详细考虑这个需求时，就会发现“预订”是一个抽象概念，实现时则要分为电话预订和网上预订。电话预订和网上预订就是预订这个用例的子用例，如图 5-2 所示。

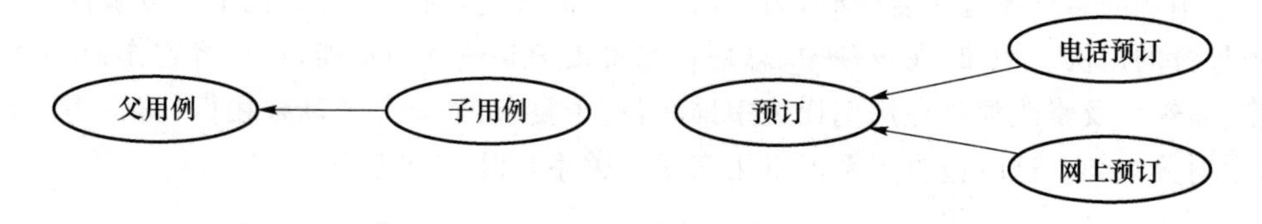

图 5-2　用例泛化关系

2. 包含（include）关系

一个用例（基用例、基本用例）可以包含其他用例（包含用例）具有的行为，并把它所包含的用例行为作为自身用例的一部分，这被称为包含关系。在 UML 中，包含关系表示为虚线箭头加≪包含≫，箭头从基本用例指向包含用例。≪包含≫本质上是一种使用关系，当一个用例包含另一个用例时，这两个用例之间就构成了使用关系。用例包含关系如图 5-3 所示。

图 5-3　用例包含关系一

图 5-4 显示从一个较大的用例 A 中抽取一部分较小的功能作为一个较小的用例 B，则较

大用例剩余部分构成的用例(A-B)在工作时要使用较小的用例 B。将用例 B 从用例 A 中提取出来作为一个单独用例的作用是用例 B 可以被多个其他用例所使用。

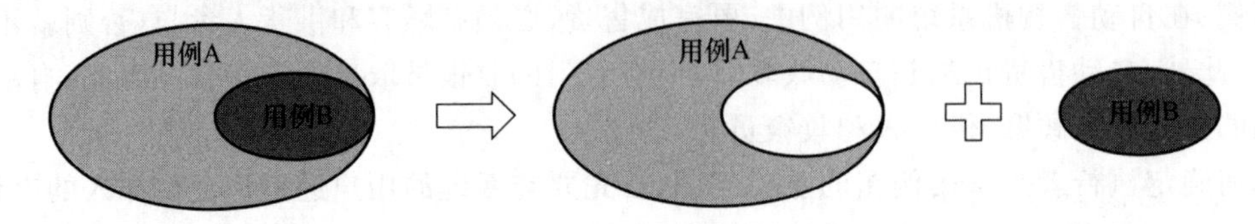

图 5-4　用例包含关系二

包含关系的典型应用就是复用。

案例:在自动售货机系统中供货与取货款这两个用例的开始动作都是打开机器,而它们最后的动作都是关闭机器。因此,将开始动作抽象为"打开机器"用例,将最后动作抽象为"关闭机器"用例,则供货用例与取货款用例在执行时必须包含这两个用例,如图 5-5 所示。

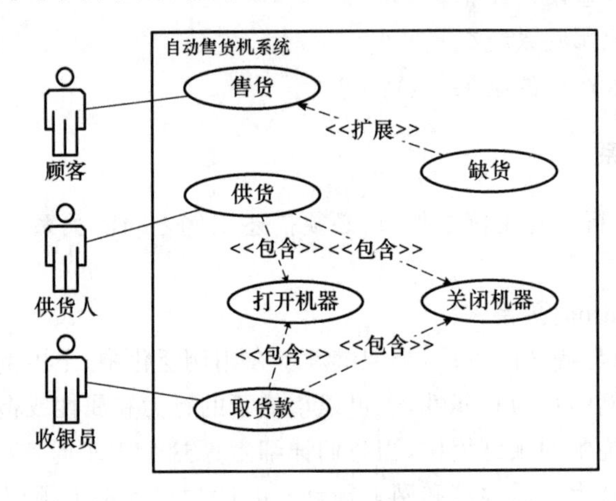

图 5-5　自动售货机系统

当某用例的事件流过于复杂时,为了简化用例的描述,我们也可以把某一段事件流抽象成一个被包含的用例。例如,在业务中,总是存在着维护某信息的功能,如果将它作为一个用例,那新建、编辑以及修改都要在用例详述中描述,过于复杂;如果分成新建用例、编辑用例和删除用例,则划分太细。这时包含关系可以用来厘清关系,如图 5-6 所示。

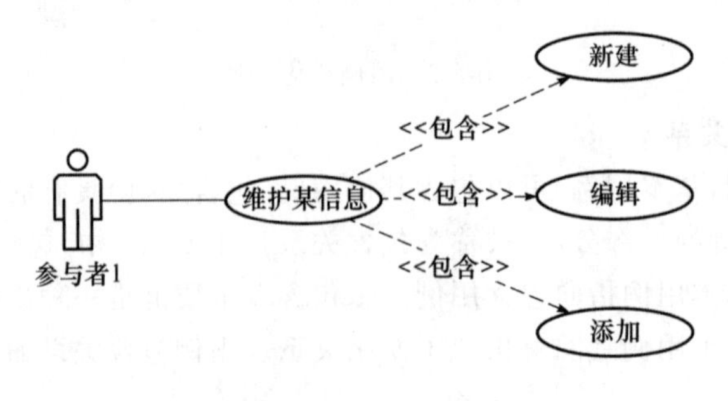

图 5-6　包含关系

3. 扩展(extend)关系

扩展将基本用例中一段相对独立并且可选的动作,用扩展用例加以封装,再让它从基本用例中声明的扩展点(extension point)上进行扩展,从而使基本用例行为更简练、目标更集中。

基本用例通常是一个独立的用例，一个扩展用例是对基本用例在对某些扩展点功能的增加。扩展关系可以有控制条件，当用例执行到达一个扩展点时，控制条件决定是否执行扩展。因此扩展关系可处理事件流的异常或者可选事件。基本用例不知道扩展的任何细节。扩展关系与包含关系的区别是：没有扩展用例，基本用例是完整的。

案例：汽车租赁系统用例图（部分）。基本用例是“还车”，扩展用例是“交纳罚金”。如果一切顺利，汽车可以被归还，那么执行“还车”用例即可。但是如果超过了还车的时间或汽车受损，按照规定客户要交纳一定的罚金，这时就不能执行提供的常规动作。因此可以在用例“还车”中增加扩展点，即特定条件为超时或损坏，如果满足条件，将执行扩展用例“交纳罚金”。如图 5-7 所示，箭头指向的用例为被扩展的用例，称为基本用例；箭头出发的用例为扩展用例。

图 5-7　扩展关系

4. 执行者与用例的关系

关联关系表示参与者和用例之间的通信。在 UML 中，关联关系用直线或箭头表示。如果参与者启动了用例，箭头指向用例；如果参与者利用了用例提供的服务，箭头指向参与者。如果二者是互动的，则是直线。

案例：棋牌馆管理系统用例模型局部。棋牌馆管理系统的主要功能：以 Internet 的形式向客户提供座位预订的服务，并且如果暂时无法获取座位的信息，允许客户进入“等候队列”，当有人退订之后及时通知客户。另外，该系统还将为总台服务员提供座位安排以及结账的功能，要求能够支持现金和银行卡两种结账方式。

分析：① 客户通过 Internet 启动“预订座位”用例，在“预订座位”用例的执行过程中，将“检查座位信息”（被包含用例），如果没有空闲的座位或满意的座位，可以选择进入等候队列，这样就将启动扩展用例“处理等候队列”。

② 总台服务员在客户到棋牌馆时，启动“安排座位”用例，在执行过程中，将启动被包含用例“检查座位信息”。

③ 当客户要离开棋牌馆时，总台服务员将启动“处理结账”用例，并且定义了两种“收款”用例，一个是“处理现金结账”，另一个是“处理银行卡结账”，而后一个用例将通过与外部系统“银联 POS 系统”交互来完成。

该用例图（图 5-8）中存在包含关系和扩展关系。

- 包含关系：用例预订座位就包含用例检查座位信息。被包含的用例（此例中的检查座位详情）不是孤立存在的，它仅作为某些包含它的更大基本用例（此例中的预订座位、安排座位）的一部分出现。
- 扩展关系：用例处理等候队列就是对用例预订座位的一个扩展。处理等候队列并不是在每次预订座位的时候都会发生。基本用例是可以独立于扩展用例存在的，只是在特定的条件下，它的行为可以被另一个用例的行为所扩展。

5.3.3　用例建模

建立系统用例模型的过程就是对系统进行功能需求分析的过程，用例建模的过程如图 5-9 所示。

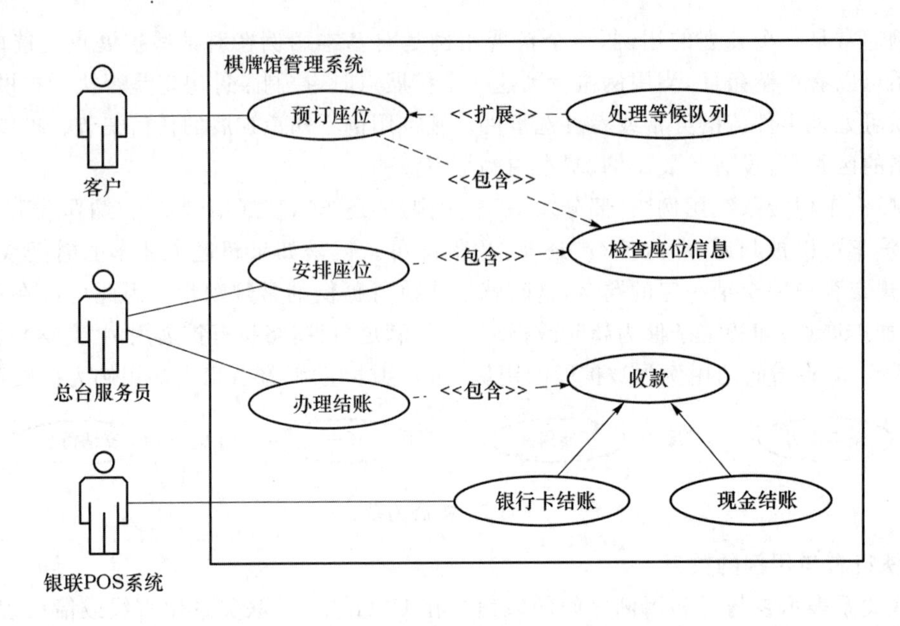

图 5-8　棋牌馆管理系统用例图

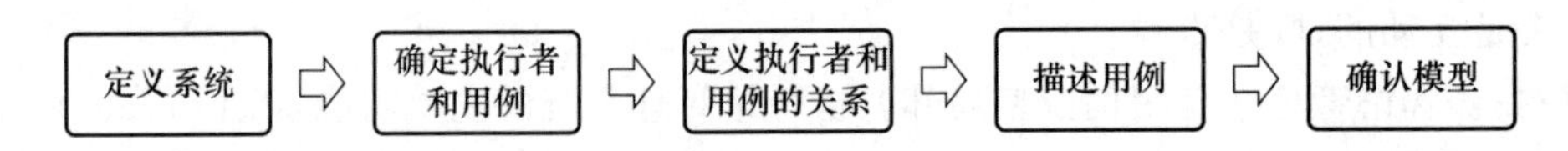

图 5-9　用例建模的过程

① 定义系统:确定系统范围,获取、分析系统功能需求。

② 确定执行者和用例:执行者通常是使用系统功能的外部用户或系统,用例是一个子系统或系统的一个独立、完整功能。

③ 定义执行者和用例的关系:确定各模型元素之间的关联、包含、扩展及泛化等关系。

④ 描述用例:对用例进行详细说明。表 5-1 显示了用例描述的内容。

⑤ 确认模型:确认用例模型与用户需求的一致性,通常由用户与开发者共同完成。

表 5-1　用例描述的内容

项　目	描述的内容
ID	用例的标识
名称	对用例内容的精确描述,体现了用例所描述的任务
参与者	描述系统的参与者和每个参与者的目标
触发条件	标识启动用例的事件,可能是系统外部的事件,也可能是系统内部的事件,还可能是正常流程的第一个步骤
前置条件	用例能够正常启动和工作的系统状态条件
后置条件	用例执行完成后的系统状态条件
正常流程	在常见和符合预期的条件下,系统与外界的行为交互序列
扩展流程	用例中可能发生的其他场景
特殊需求	和用例相关的其他特殊需求,尤其是非功能性需求

案例:医院病房监护系统用例图。4.4.8 节介绍了医院病房监护系统的用户需求,采用 UML 对该场景进行用例建模。根据分析,首先识别参与者或角色,进一步分析可以识别出本系统的 4 个角色:值班护士、医生、病人、标准病征信号库。

角色:病人。
角色职责:提供病征信号。
角色职责识别:负责生成、实时提供各种病征信号。

角色:医生。
角色职责:对病人负责,负责处理病情的变化。
角色职责识别:
① 需要系统支持以完成其日常工作;
② 对系统运行结果感兴趣。

角色:值班护士。
角色职责:负责监视病人的病情变化。
角色职责识别:
① 使用系统主要功能;
② 对系统运行结果感兴趣。

角色:标准病征信号库。
角色职责:负责向系统提供病征信号的正常值。
角色职责识别:
① 负责保持系统正常运行;
② 与系统交互。

通过分析可以初步识别出系统的用例为中央监护、病征监护、提供标准病征信号、病历管理、病情报告管理。ICU 监护系统高层用例图见图 5-10。

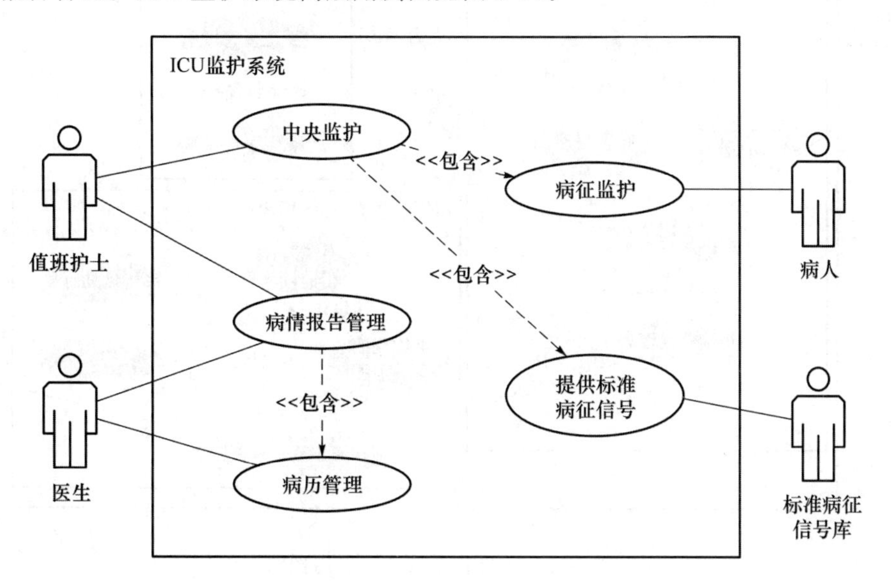

图 5-10　ICU 监护系统高层用例图

对其中的中央监护用例、病征监护用例、病历管理用例和病情报告管理用例进一步分析后,可以得到进一步分解后的用例,见图 5-11。

案例:图 5-12 展现了手机打车软件中发起打车申请的用例图。

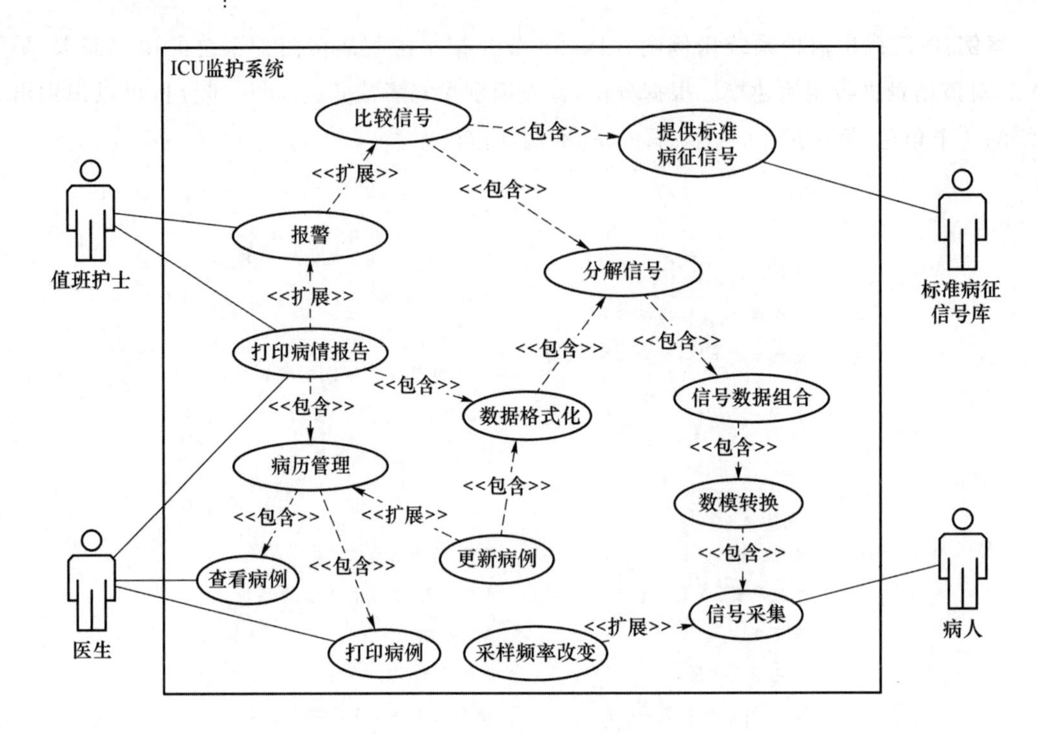

图 5-11　ICU 监护系统用例图

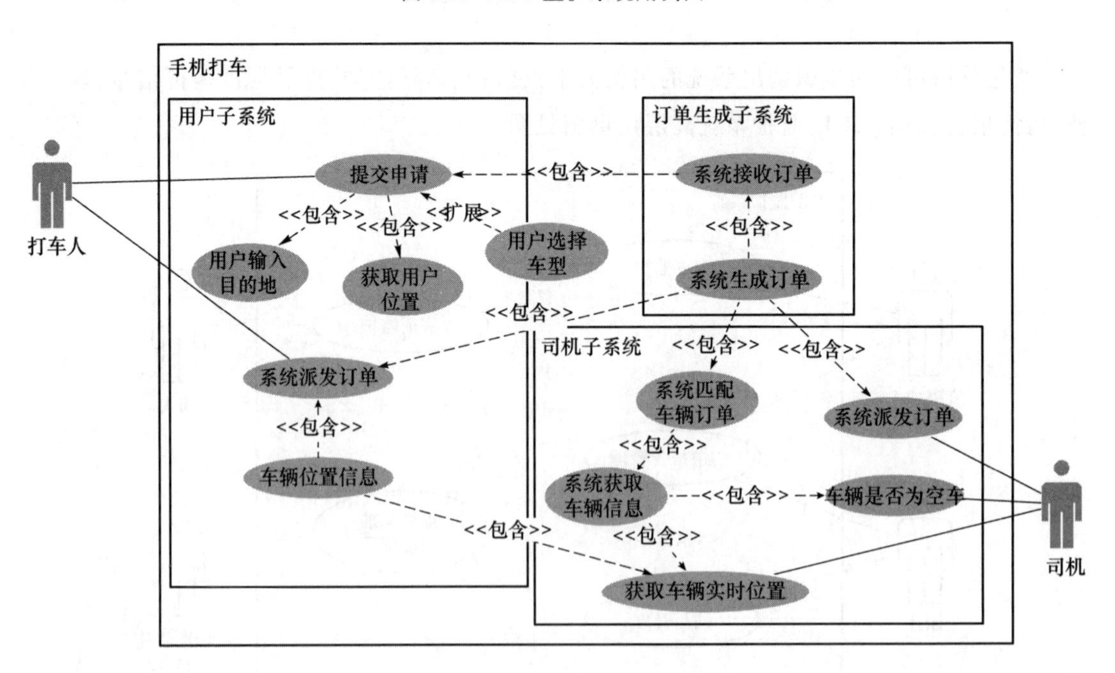

图 5-12　手机打车软件高层用例图

5.4　行为模型:活动图

5.4.1　活动图概述

活动图是一种用于描述系统行为的模型视图,它可用来描述过程(业务过程、工作流、事件流等)中的活动及其迁移。简单地讲,活动图是"面向对象的流程图"。

活动图的特点如下。

① 从系统任务的观点来看,系统的执行过程是由一系列有序活动组成的。活动图可以有效地描述整个系统的流程,即活动图描述的是系统的全局动态行为。

② 系统任务中存在大量的并发活动,只有活动图是唯一能够描述并发活动的 UML 图。

③ 活动图还描述了系统中各种活动的执行顺序,刻画了一个方法中所要进行的各项活动的执行流程。

④ 活动图能够充分刻画不同参与者之间的交互行为。

活动图能够附加在用例、类、接口、组件等建模元素中,以描述该元素的行为。

活动图的作用如下。

(1) 描述用例的行为

活动图对用例描述尤其有用,它可建模用例的工作流,显示用例内部和用例之间的路径;它也可以向读者说明需要满足什么条件用例才会有效,以及用例完成后系统保留的条件或者状态。

(2) 理解工作流程

活动图对理解业务处理过程十分有用。可以画出描述业务工作流的活动图与领域专家进行交流,明确业务处理操作是如何进行的,将会有怎样的变化。

(3) 描述复杂过程的算法

在这种情况下使用的活动图不过是 UML 版的程序流程图,常规的顺序、分支过程在活动图中都能得到充分的表现。

总之,活动图的应用非常广泛,它既可用来描述操作(类的方法)的行为,也可以描述用例和对象之间的工作过程,并可用于表示并行过程。活动图显示动作及其结果,着重描述操作实现中完成的工作以及用例或对象内部的活动。在状态图中状态的变迁通常需要事件的触发,而活动图中一个活动结束后将立即自动进入下一个活动。

5.4.2　活动图元素

构成活动图的模型元素有活动、状态、转移、决策、分岔、联结、泳道、操作、对象流等,其中活动是活动图的核心元素。

1. 活动

活动是构成活动图的核心元素,用来指示要完成某项工作的动作或表示工作流的步骤,是具有内部动作的状态,由隐含的事件触发活动的转移。活动的解释依赖作图的目的和抽象层次,在概念层描述中,活动表示要完成的一些任务;在说明层和实现层中,活动表示类中的方法。

活动用圆角矩形框表示,框内标注活动名,如图 5-13 所示。在确定活动名称时应该恰当地命名,选择准确描述所发生动作的几个词。例如,Save File 或者 Create New Document 就是比较恰当的活动名称,而 Run 或者 Update 对读者而言是不完整的名称。

图 5-13 活动的样式

2. 状态

状态通常使用一个指示系统当前状态的单词或者短语来标识。例如,Stopped 是一个状态,而 stop 则是一个活动。状态的标记符与活动类似,也是带圆角的矩形。UML 包含两个特殊状态,即开始状态和结束状态。开始状态以实心黑点表示,结束状态以带有圆圈的实心点表示,如图 5-14 所示。

开始状态　结束状态

图 5-14 开始状态和结束状态

注意: 每一个活动图只能有一个开始状态,但是可以有多个结束状态。

3. 转移

转移描述由于隐含事件引起的活动变迁,即转移可以连接各活动及特殊活动(初态、终态、判断、同步线)。

转移描述活动和状态之间的关系,用来指示从一种状态到另一种状态的控制流,也可以显示活动之间或者状态之间的控制流。转移的标记符是带开放箭头的实线,可标注执行该转移的条件,无条件标注表示顺序执行,如图 5-15 所示。

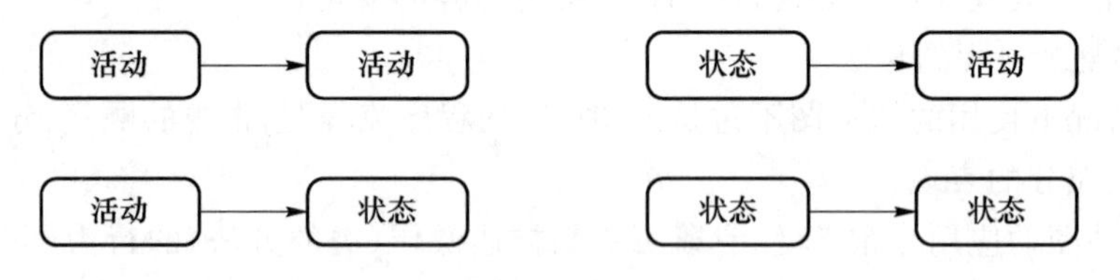

图 5-15 活动与状态之间的转移

4. 决策

决策是指基于判断条件选择控制流继续的方向。决策的 UML 符号是一个小菱形标记符,然后从这里再按条件控制分支转移到满足条件的活动,如图 5-16 所示。

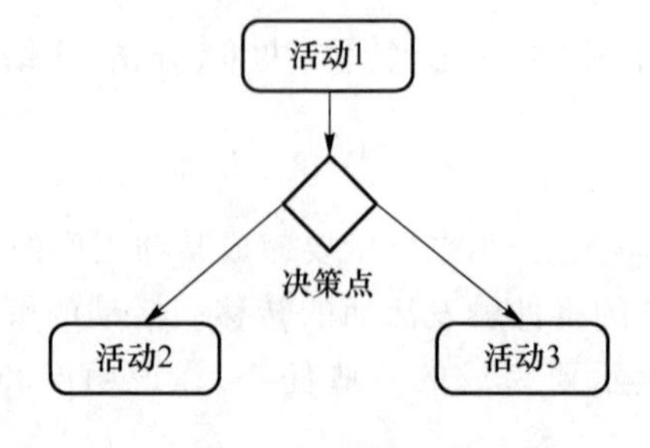

图 5-16 决策点

5. 分岔和联结

分岔用来表示并行活动的分支处理，联结用来把并行活动汇集到同步处理。

分岔和联结在 UML 中的表示方法相似，都用粗黑线表示。分岔具有一个转移入口，以及两个或者多个转移出口。分岔描述单向处理控制流分成了多个控制流。联结与此相反，联结具有两个或者多个转移入口，只有一个出口。联结描述了不同的处理控制流合并到一起形成一个单向处理，如图 5-17 所示。

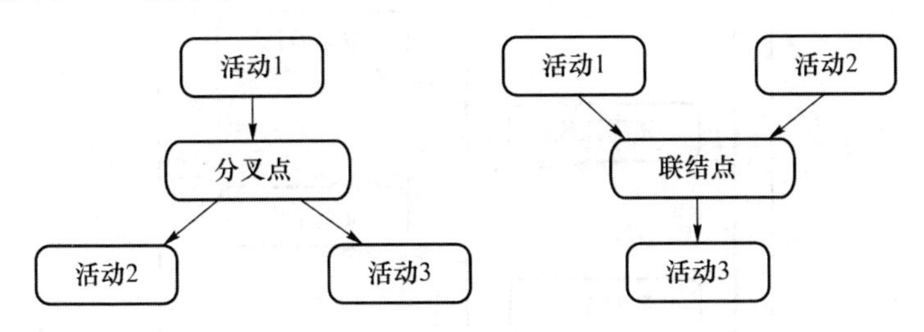

图 5-17　同步条

如果一个处理在其他处理之前到达了联结点，它将会等待，直到所有的处理都准备好之后才会向联结传递控制权。图 5-18 所示的例子演示了分岔中的一个处理时间长于另一个的情况。当然，这完全是由每一个处理中的活动数假定的。由于我们不知道每一个活动有多长，因此不能保证哪一个首先完成。为此，我们在让用户访问应用程序之前插入了一个联结，以便确保两个独立的处理彼此连接在一起。

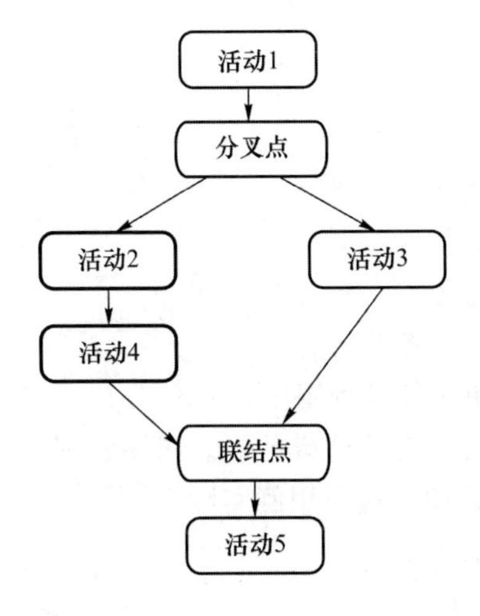

图 5-18　分叉与联结图例

6. 泳道

活动图描述了要执行的活动和顺序，但并没有描述这些活动是由谁来完成的，泳道(swim-lane)进一步描述完成活动的对象，并聚合一组活动，因此泳道也是一种分组机制。泳道可以使活动图非常整洁，因为它们在很大程度上增强了活动图的可读性。

将一张活动图划分为若干个纵向矩形区域，每个矩形区域都称为一个泳道，包括若干活动，在泳道顶部标注的是完成这些活动的对象。图 5-19 的示例显示了在学校教务系统中教师和网站之间交叉转移控制流的活动图。如果没有泳道，该活动图就无法说明教师使用了登录、选择课程、录入成绩活动，网站进行了登录验证、提取学生、写入成绩活动。

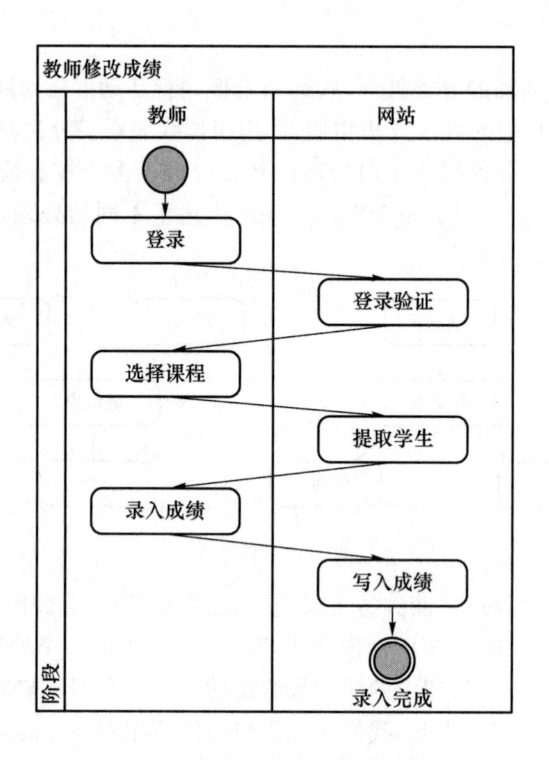

图 5-19　教师登录成绩泳道图示例

5.4.3　创建活动图

创建活动图共有 5 个任务。

① 标识需要活动图的用例。

② 建模每一个用例的主路径。

③ 建模每一个用例的从路径。

④ 添加泳道来标识活动的事务分区。

⑤ 改进高层活动并添加更多活动到图中。

在创建活动图之前,需首先确定要建模什么。图 5-20 所示的教师更新成绩用例是一组较大用例的一部分,我们就从它开始。这个用例实际上使用了 3 个用例,不仅有更新成绩用例,还有保存成绩和加载成绩用例。

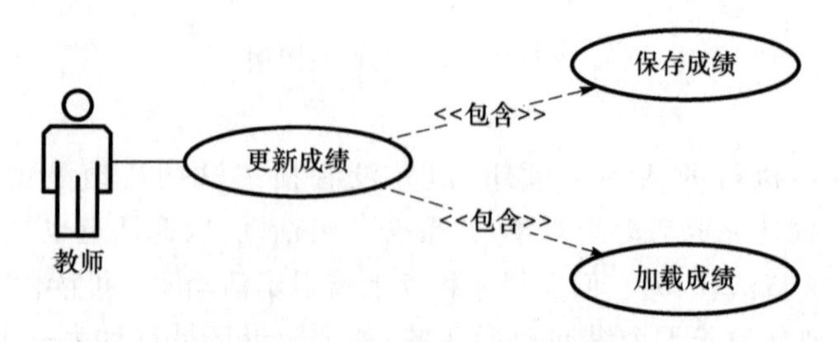

图 5-20　教师更新成绩用例

① 在开始创建用例的活动图时,往往先建立一条明显的路径执行工作流,然后从该路径进行扩展,如图 5-21 所示。该路径仅考虑用例的正常活动路径(登录、选择学生、加载分数、修改分数、保存修改等活动过程),没有考虑任何错误和判断的路径。

② 考虑用例其他可能的工作流情况。如处理错误，或者是执行其他活动。

③ 添加泳道。泳道对于提高活动图的可读性非常有益，在本例中也不例外。在活动图建模这一步中，可把活动图分成两个泳道，如图 5-22 所示。第一个泳道是教师，第二个泳道是网站。教师是用例的参与者，而网站是提供后台功能的泛化组件。

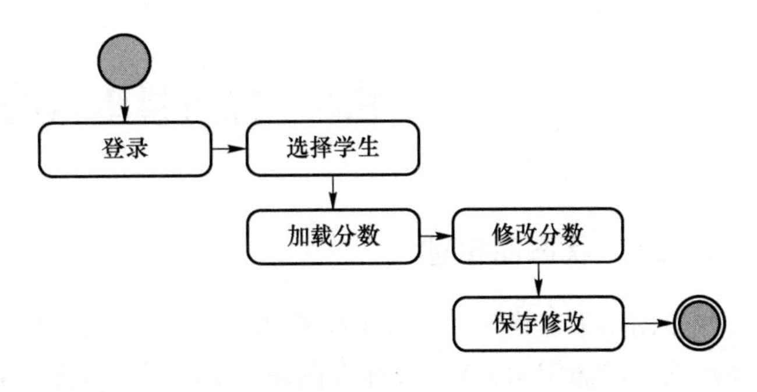

图 5-21　活动图主路径

这里，我们将再一次向活动图添加更多的细节。加载学生名单时需要同时加载第一次选课的学生和重修的学生。同时我们还需要考虑可能的出错，如登录失败，在本例中，我们要添加状态以便指示现在处于哪一个转折点。在验证了教师的身份之后，把状态设置为登录成功或者登录失败，在加载学生信息之后，把状态设置为提取成功，如图 5-22 所示。活动图建模的最后一步强调了反复建模的观点，继续添加更多的细节。

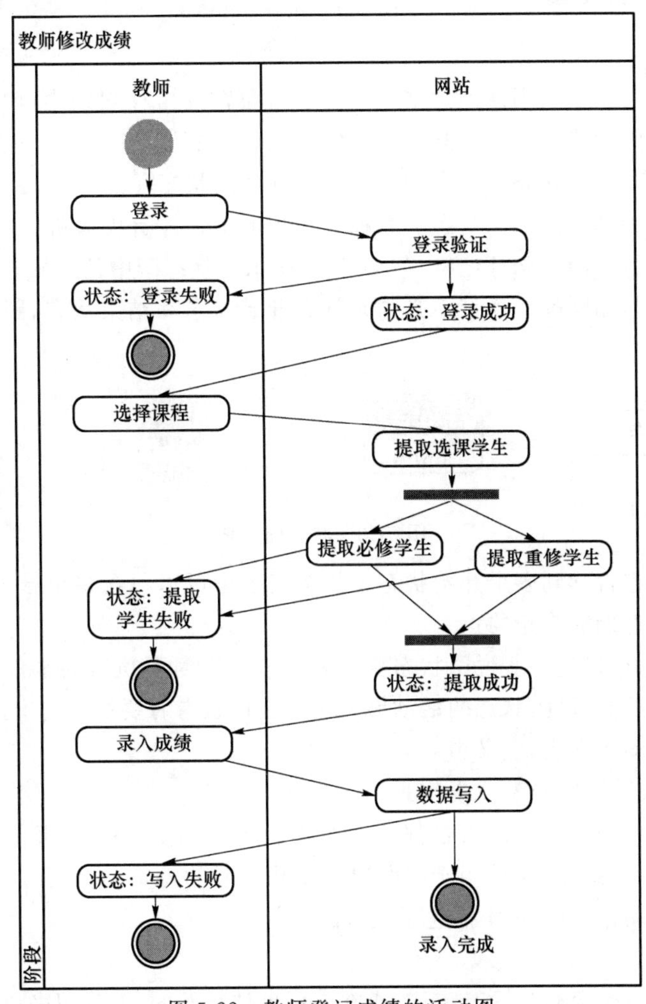

图 5-22　教师登记成绩的活动图

5.5 行为模型:状态图

5.5.1 状态图概述

状态图用来建模对象是如何响应事件并引起状态改变的,以及展示对象从创建到删除的生命周期。状态定义为对象、行为在某一个时刻的快照或者转折点。例如,计算机的状态可以定义为开机、启动、工作中、空闲、关机和离线等。状态图的任务就是用来描述一个对象所处的可能状态以及状态之间的转移,并给出状态变化序列的起点与终点。

状态图除了可以用于描述对象接收事件时触发的行为状态外,还可以用于许多其他情况,例如复杂用例的状态进展情况。可建模状态图的对象有类、用例、子系统、整个系统。

在一般系统中,不需对每个类都创建状态图。当一个类实例(对象)有多种状态,每种状态中的行为表现又不相同时,则可创建状态图。

5.5.2 状态图元素

1. 状态

状态是对象执行了一系列活动的结果。一个对象在其生存周期中可具有多种状态,通常每种状态都具有时间的稳定性。当某个事件发生后,对象的状态将发生变化。状态图中定义的状态有初态、终态、基本状态。状态图中有 3 种独立的状态标记符。

基本状态显示为圆角矩形。状态的名称放在矩形中。开始状态和结束状态标记符是指示模型的开始和结束状态的特殊标记符,如图 5-23 所示。状态图中的开始状态和结束状态的标记符和活动图中的是相同的。模型不必同时具有开始状态和结束状态,因为模型可以总是运行,从不停止。

图 5-23 状态图元素

状态图中可以包含 0 到多个开始状态。状态图中也可以包含多个结束状态,每一个结束状态都表示一个模型能够终止的点。

在基本状态中,可以进一步说明状态变量和在该状态时要执行的事件和动作。状态变量表示状态图所显示的类属性,状态的活动域列出了在该状态时要执行的事件和动作,即响应事件的内部动作或活动的列表,定义为:

事件名(参数表[条件])/动作表达式

UML 预设了 3 个标准事件,而且都是无参数事件。Entry(进入)事件用于指明进入该状态时的特定动作;exit(退出)事件用于指明退出该状态时的特定动作;do(执行)事件用于指明在该状态时执行的动作。图 5-24 描述了飞机的飞行状态。

2. 转移与事件

一个对象的状态改变称为状态转移,通常是由事件触发的,事件用来指示是什么导致了模型中状态的改变。事件通常在从一个状态到另一个状态的转移路径上直接指定。事件是激发状态迁移的条件或操作。在 UML 中，有 4 类事件。

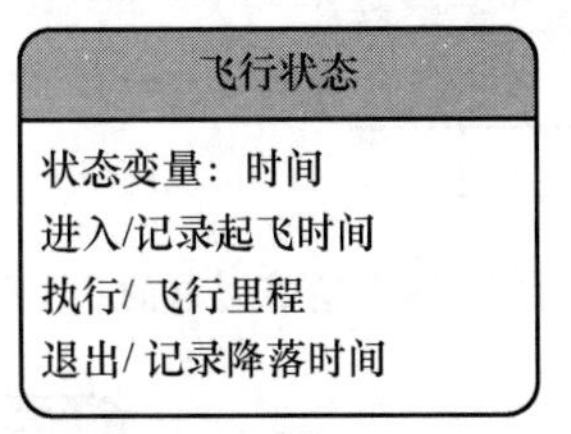

图 5-24　飞机的飞行状态

① 条件变为真，表示状态迁移条件满足。

② 收到来自外部对象的信号(signal)，表示为状态迁移上的事件特征，也称为消息。

③ 收到来自外部对象某个操作中的一个调用，对象用状态的转换而不是用固定的处理过程实现操作。

④ 状态迁移上的时间表达式。在状态图中，一般应标出触发转移的事件表达式。如果转移上未标明事件，则表示在原状态的内部活动执行完毕后自动触发转移。

图 5-25 的示例演示了手机屏幕状态的转移，包括不同的事件类型。

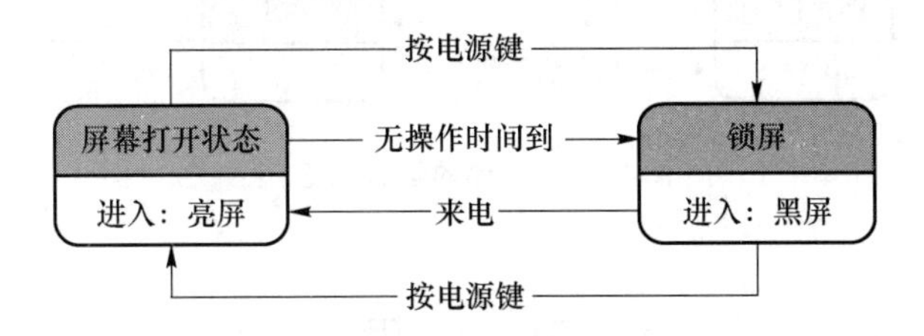

图 5-25　手机屏幕状态的转移

3. 条件

条件用来描述状态转移的前提，事件用来指示什么触发了转移，动作用来说明当转移发生时会产生什么情况。事件、条件和动作是转移的 3 个选项，其定义格式见图 5-26。该图描述的信息是“如果条件为真，当事件发生时，将执行动作，并立即进入状态 B”。

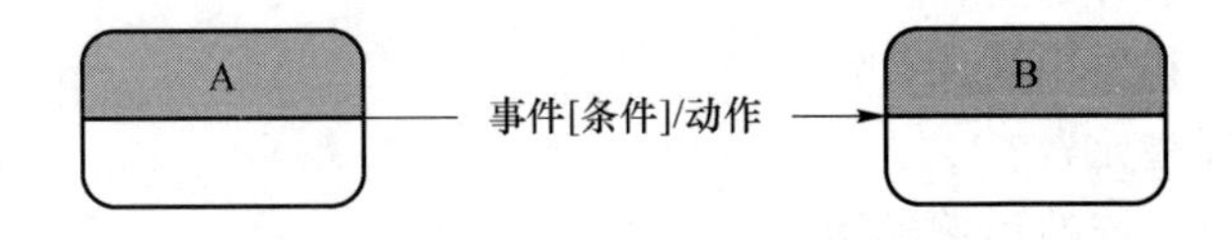

图 5-26　转移的条件

条件说明状态转移必须要满足的前提。条件一般为一个布尔表达式。图 5-27 所示为图书馆借阅卡的状态转移。

4. 决策点

决策点为建模状态图提供了方便，通过在中心位置分别转移到各自的方向，从而提高了状态图的可视性。

5. 状态图中使用同步条

同步条是为了说明并发工作流的分岔与联合。

案例：建立电梯的运行状态图，如图 5-28 所示。

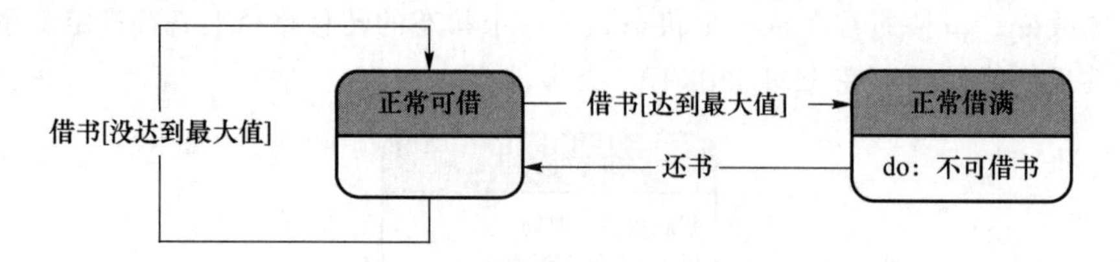

图 5-27　图书馆借阅卡的状态转移

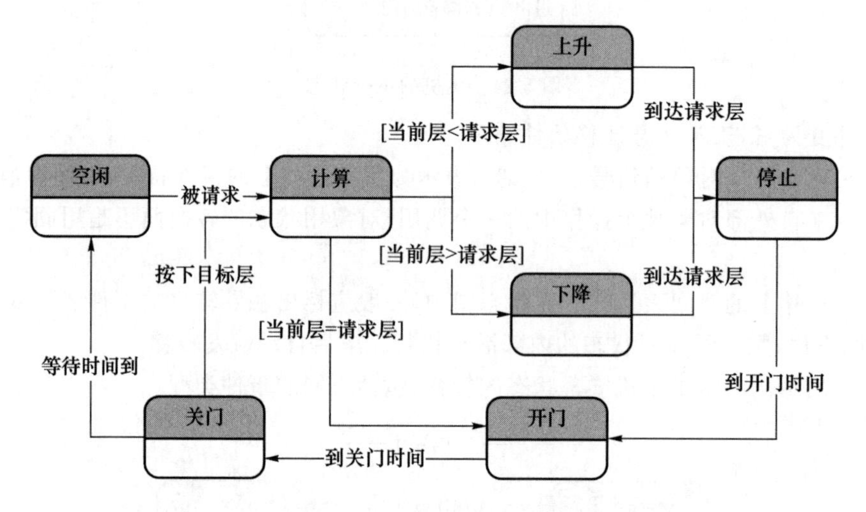

图 5-28　电梯的运行状态图

习　　题

1. 面向对象分析和设计解决了哪两个经典问题？
2. 如何确定用例？
3. 如何确定执行者？
4. 用例之间的关系有哪些？
5. 活动图的特点和作用是什么？
6. 活动图包括哪些元素？
7. 画出网上订票系统的用例模型。
8. 画出网上订票的活动图。
9. 分析打印机的状态并画出打印机的状态图。
10. 完善手机打车软件用例图，补充到达目的地后相关用例。

第 6 章

软件总体设计

6.1 软件设计

6.1.1 软件设计概述

需求分析阶段工作的主要目标是获得用户的需求，分析为满足用户的需求，系统应该做什么。在明确了用户的需求和系统为满足这些需求而必须具有的功能之后，下一步就要着手设计软件，使设计的软件能够实现这些功能。如果说需求分析是确定软件“做什么”，那么设计阶段就是确定软件“怎么做”。软件设计是一个迭代的过程，通过软件设计将用户的需求变为实现软件的“蓝图”。最初，蓝图只描述软件的整体框架，随着设计活动的深入，后续对软件的描述不断细化，形成一个可以实施的软件设计文件。

软件设计的目标是对将要实现的软件系统的体系结构、系统的数据、系统模块间的接口以及所采用的算法给出详尽的描述。因此软件设计是开发阶段最重要的步骤，它是软件开发过程中质量得以保证的关键步骤。设计提供了软件的表示，使得软件的质量评价成为可能。同时，软件设计又是将用户要求准确地转换成最终软件产品的唯一途径。此外，软件设计是后续开发步骤及软件维护工作的基础。如果没有设计，只能建立一个不稳定的系统，如图 6-1 所示。只要出现一些小小的变动，就会使得软件垮掉，而且难于测试。

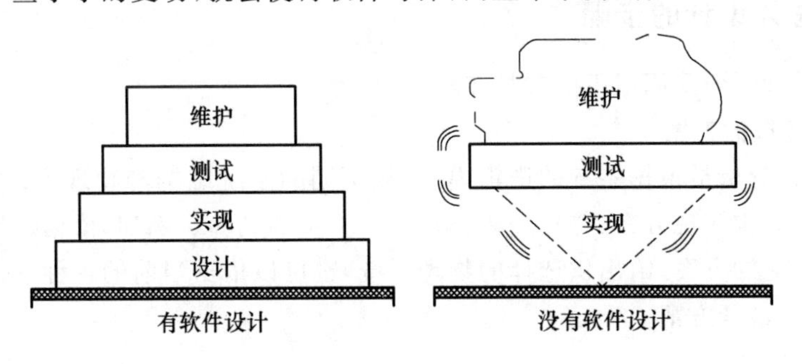

图 6-1　软件设计的重要性

需求分析模型中的每一个成分都提供了建立设计模型所需的信息。软件设计的信息流如图 6-2 所示。根据用数据、功能和行为模型表示的软件需求，采用某种设计方法进行数据设计、软件结构设计、接口设计和过程设计。数据设计将实体-关系图中描述的对象和关系，以及数据词典中描述的详细数据内容转换为数据结构的定义。软件结构设计定义软件系统各主要成分之间的关系。接口设计根据数据流图定义软件内部各成分之间、软件与其他协同系统之间及软件与用户之间的交互机制。过程设计则是把结构成分转换成软件的过程性描述。在编码步骤，根据这种过程性描述，生成源程序代码，然后通过测试最终得到完整有效的软件。

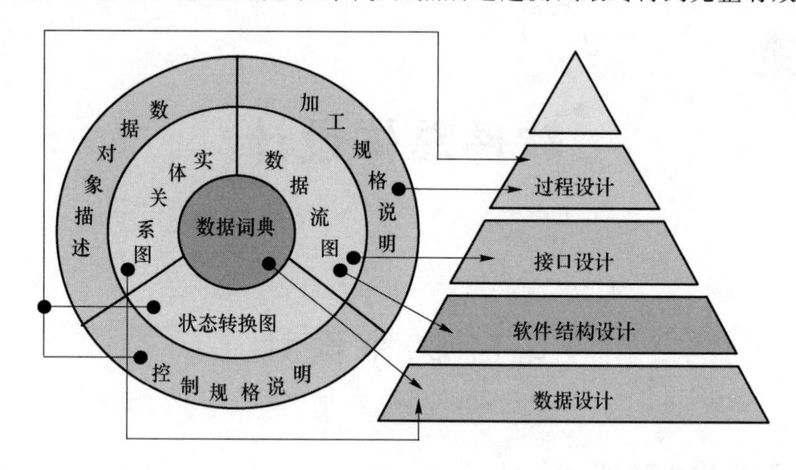

图 6-2　将分析模型转换为软件设计

软件设计方法可以分为结构化程序设计和面向对象的程序设计。结构化设计方法面向数据或数据流进行设计，面向数据的设计方法基于数据结构进行设计，面向数据流的设计是基于系统行为的设计，也称为过程驱动的设计。

对于软件设计，设计者不可能一次就完成完整的软件设计，所以软件设计是一系列迭代步骤的过程。软件设计可以分为软件总体设计（概要设计）和详细设计两个阶段。与此同时要做的另一个工作是测试设计。

总体设计也称为结构设计、概要设计或高层设计。软件结构设计主要是仔细地分析需求规格说明，研究开发产品的模块划分，形成具有预定功能的模块组成结构，表示出模块间的控制关系，并给出模块之间的接口。软件结构设计中的输出是模块列表和如何连接它们的描述。

详细设计也称为（模块）过程设计或底层设计。详细设计是指为结构设计中的各个模块设计过程细节，确定模块所需的算法和数据结构等。

6.1.2　总体设计的步骤

软件总体设计一般采用以下的典型步骤。

1. 设计供选择的方案

在设计阶段，分析员根据系统的逻辑模型，从不同的系统结构和物理实现角度考虑，给出各种可行的软件结构实现方案，并且分析比较各个方案的利弊。例如，依据数据流图中处理的分组得到各种可能的方案，给出供选择的物理系统，也可以依据当前的各种软件结构方式进行分析，确定合理的最佳方案。

2. 选取合理的方案

按照低成本、中等成本和高成本将可供选择的方案进行分类，然后根据系统的规模和目标以及成本/效益分析、系统进度计划等综合分析并对比各种合理方案的利弊，推荐一个最佳的方案，征求用户的意见。对于分析员提交的最佳方案，用户和有关技术专家认真地进行审查。如果确认该方案确实符合需要且在现有的条件下能够实现，才能进入结构设计阶段。

3. 功能分解和设计软件结构

对于大型系统，由于内部结构比较复杂，不利于设计，分析员（组）很难在一开始就从全局角度考虑软件的结构，因此，可采用“逐步分解”的方法，将系统分解成多个子系统，然后对每个子系统进行结构设计。

4. 数据库设计

对于需要使用数据库的应用领域，分析员（组）在分析阶段在对系统数据所做的分析的基础上，进一步设计数据库。数据库设计包括模式设计、子模式设计、完整性和安全性设计以及设计优化等。

5. 制订软件设计测试计划

在软件设计的早期阶段考虑软件测试问题是非常必要的，有利于提高软件的可测试性。在后面的章节中将详细地介绍软件测试的有关内容。

6. 编制设计文档

在总体设计阶段结束时，应该提供以下相应的文档。

- 总体设计说明书（包括系统实现方案和软件模块结构）。
- 测试计划（包括测试方案、策略、步骤和结果等）。
- 用户手册（根据总体设计阶段的结果对需求分析阶段的用户手册进一步进行修改）。
- 详细的实现计划（包括系统目标、总体设计、数据设计、处理方式设计、运行设计和出错设计等）。
- 数据库设计结果（包括使用的数据库简介、模式设计和物理设计等）。

7. 审查和复审

对设计的结果包括设计文档进行严格的技术审查和复审。

6.2 软件模块化设计

6.2.1 软件模块

对于一个大软件，由于其控制路径多，涉及范围广，变量多及其总体复杂性高，其相对于一个较小的软件不容易被人们理解。在解决问题的实践中，如果把两个问题结合起来作为一个问题来处理，其复杂性大于将这两个问题分开考虑时的复杂性之和。因此，把一个大而复杂的问题分解成一些独立易于处理的小问题，解决起来就容易得多，如图 6-3 所示。

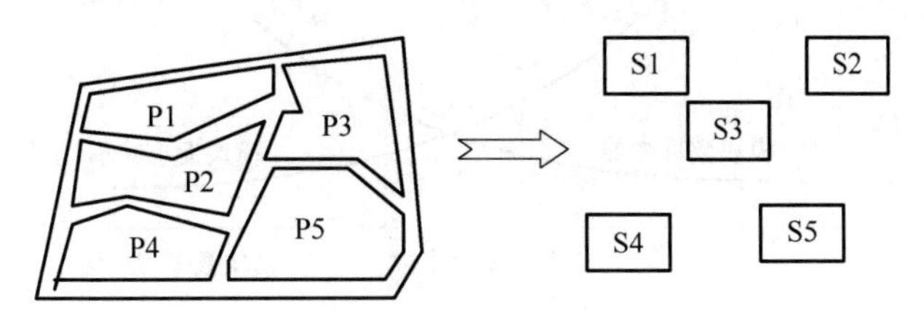

图 6-3　将复杂问题分解成简单的个体

基于上述考虑，把问题/子问题（功能/子功能）的分解与软件开发中的系统/子系统或者系统/模块对应起来，就能够把一个大而复杂的软件系统划分成易于理解和实现的模块式结构。

模块化就是把程序划分成若干个模块的过程,每个模块都完成一个子功能,把这些模块集合起来组成一个整体,可以完成指定的功能,满足问题的要求。

设函数 $C(X)$ 定义问题 X 的复杂程度,函数 $E(X)$ 确定问题 X 需要的工作量。

对于两个问题 P_1 和 P_2,如果 $C(P_1) \gg C(P_2)$,显然 $E(P_1) > E(P_2)$。根据人类解决问题的经验,一个有趣的规律是

$$C(P_1+P_2) > C(P_1)+C(P_2)$$

综合考虑得

$$E(P_1+P_2) > E(P_1)+E(P_2)$$

模块是数据说明、可执行语句等程序对象的集合,它是单独命名的而且可以通过名字来访问,如过程、函数、子程序、宏等,模块又称为组件。它一般具有如下 3 个基本属性。

① 功能:描述该模块实现什么功能。

② 逻辑:描述模块内部怎么做。

③ 状态:该模块使用时的环境和条件。

在描述一个模块时,还必须按模块的外部特性与内部特性分别描述。模块的外部特性是指模块的模块名、参数表,以及给程序以至整个系统造成的影响。而模块的内部特性则是指完成其功能的程序代码和仅供该模块内部使用的数据。

对于模块的外部环境(例如需要调用这个模块的上级模块)来说,只需要了解这个模块的外部特性就足够了,不必了解它的内部特性。而在软件设计阶段,通常是先确定模块的外部特性,然后再确定它的内部特性。

模块化方法带来了许多好处。一方面,模块化设计降低了系统的复杂性,使得系统容易修改;另一方面,模块化推动了系统各个部分的并行开发,从而提高了软件的生产效率。

实际上,如果模块是相互独立的,模块变得越小,每个模块需要的工作量越低;但当模块数增加时,模块间的联系也随之增加,把这些模块连接起来的工作量也随之增加。如图 6-4 所示,当模块数量过多时,模块之间的连接成本增加,整个软件开发的成本上升,因此需要找到合适的模块规模。

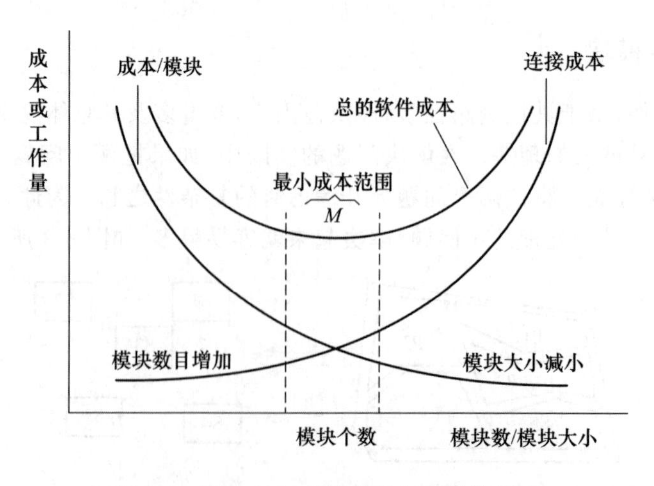

图 6-4 模块大小、模块数目与费用的关系

6.2.2 抽象

在考虑一个复杂问题时,最自然的办法就是分解,分解成小问题就容易分析了。但是,分解需要抽象的支持。因为复杂的问题涉及多方面的问题和细节,如果全部细节都考虑,容易使我们不能清楚地发现和解决主要问题,必然导致给出不合理的解决方案。

在现实世界中一定事物、状态或过程之间总存在着某些相似的共性,把这些相似的方面集中和概括起来,暂时忽略它们之间的差异,这就是抽象。抽象要抓住主要问题,隐藏细节,这样才容易分解。

对软件进行模块设计的时候,可以有不同的抽象层次。比如,当我们开始考虑需求时,首先与用户使用业务描述语言和领域术语来交谈,主要目的是了解用户的动机,然后使用用例和场景等方法得到用户的基本要求,最后使用各种建模方法描述和理解用户的真正需要。在最高的抽象层次上,可以使用问题所处环境的语言描述问题的解法。在较低的抽象级上,将提供更详细的解决方案说明。

当我们在不同的抽象级间移动时,会试图创建过程抽象和数据抽象。

- 过程抽象。在软件工程过程中,从系统定义到实现,每进展一步都可以看作对软件解决方案抽象化过程的一次细化。在软件计划阶段,软件被当作整个计算机系统中的一个元素来看待。在软件需求分析阶段,用"问题所处环境中为大家所熟悉的术语"来描述软件的解决方法。而在从概要设计到详细设计的过程中,抽象化的层次逐渐降低。当产生源程序时到达最低的抽象层次。
- 数据抽象。对实际的人、物、事和概念进行人为处理,抽取所关心的共同特性,忽略非本质的细节,并把这些特性用各种概念精确地加以描述。数据抽象与过程抽象一样,允许设计人员在不同层次上描述数据对象的细节。例如,可以定义一个 Car 数据对象,并将它规定为一个抽象数据类型,用它的构成元素(如轮子)来定义它的内部细节。此时,数据抽象 Car 本身是由另外一些数据抽象构成的。而且在定义 Car 抽象数据类型之后,就可以引用它来定义其他数据对象,而不必涉及 Car 的内部细节。

抽象是人类解决复杂问题的基本方法之一。只有抓住事物的本质,才能准确地分析和处理问题,找到合理的解决方案。

6.2.3 逐步求精

逐步求精也称为逐步细化,是一种自顶向下的设计策略。将软件的体系结构按自顶向下方式,对各个层次的过程细节和数据细节逐层进行细化,直到用程序设计语言的语句能够实现为止,从而最后确立整个体系结构。最初的说明只是概念性地描述了系统的功能或信息,但并未提供有关功能的内部实现机制或有关内部结构的任何信息。设计人员对初始说明仔细推敲,进行功能细化或信息细化,给出实现的细节,划分出若干成分。然后再对这些成分实行同样的细化工作。逐步求精是一个细化的过程,从高抽象级上定义的功能陈述或数据描述开始,然后在这些原始陈述上持续丰富越来越多的细节,直至形成程序设计语言编写的语句。

抽象和求精是互补的概念。抽象使得设计人员能够明确说明过程和数据,而同时忽略底层细节,求精实际上是细化过程,在设计过程中揭示底层细节。二者一起帮助设计人员在设计演化中构造出完整的设计模型。

6.2.4 信息隐蔽

如何分解一个软件结构才能得到最佳的模块组合？信息隐蔽是实现软件模块化的一个设计标准。信息隐藏原则指出：应该这样设计和确定模块，使得每个模块的实现细节对于其他模块来说是隐蔽的。就是说，模块中所包含的信息（包括数据和过程）对于不需这些信息的模块来说，是不能访问的。

通常有效的模块化可以通过定义一组独立的模块来实现，这些模块相互间的通信仅使用对于实现软件功能来说是必要的信息。抽象帮助我们确定组成软件的过程（或信息）实体，通过信息隐蔽，则可定义和实施对模块的过程细节和局部数据结构的访问限制。

由于一个软件系统在整个软件生存期内要经过多次修改，所以在划分模块时要采取措施，使得大多数过程和数据对软件的其他部分是隐蔽的。这样在将来修改软件时，偶然引入错误所造成的影响就可以局限在一个或几个模块内部，不至于波及软件的其他部分。

6.2.5 模块独立性

模块独立性是模块化、抽象、信息隐蔽等概念的直接结果，也是模块化结构是否合理的标准。所谓模块的独立性，是指软件系统中每个模块只涉及软件要求的具体子功能，而和软件系统中其他的模块关联性较小。例如，一个模块只具有单一的功能且与其他模块没有太多的联系，那么，我们则称此模块具有模块独立性。

模块独立性体现了有效的模块化，有两大优点：

① 独立性高的模块易于开发和项目管理；

② 独立性高的模块易于测试和维护。

因此，模块独立性是一个良好设计的关键，而良好设计又是决定软件质量的关键。一般采用两个准则度量模块独立性，即模块间的耦合性和模块的内聚性。

内聚是模块功能强度（一个模块内部各个元素彼此结合的紧密程度）的度量。模块独立性比较强的模块应是高内聚、低耦合的模块。

1. 耦合性

耦合是模块之间互相连接紧密程度的度量。它取决于各个模块之间接口的复杂程度、调用模块的方式以及哪些信息通过接口。

一般模块之间可能的连接方式有 7 种，构成耦合性的 7 种类型。

(1) 非直接耦合

如果两个模块之间没有直接关系，它们之间的联系完全是通过主模块的控制和调用来实现的，这就是非直接耦合。这种耦合的模块独立性最强。

(2) 数据耦合

如果一个模块访问另一个模块，只是通过参数交换信息，且交换的信息只是数据（不是控制参数、公共数据结构或外部变量），则称这种耦合为数据耦合。数据耦合是松散的耦合，模块之间的独立性比较强。

(3) 标记耦合

模块间通过参数传递复杂的数据结构，就是标记耦合。高级语言的数组名、记录名、文件名等这些名字即标记，其实传递的是这个数据结构的地址，而不是简单变量。事实上，这些模块共享了某一数据结构，这要求这些模块都必须清楚该记录的结构，并按结构要求对记录进行操作。

（4）控制耦合

如果一个模块通过传送开关、标志、名字等控制信息，明显地控制选择另一模块的功能，就是控制耦合，如图 6-5 所示。这种耦合的实质是在单一接口上选择多功能模块中的某项功能。因此，对被控制模块的任何修改，都会影响控制模块。另外，控制耦合也意味着控制模块必须知道被控制模块内部的一些逻辑关系，这些都会降低模块的独立性。

（5）外部耦合

一组模块都访问同一全局简单变量，而不是同一全局数据结构，而且不是通过参数表传递该全局变量的信息，则称为外部耦合。外部耦合引起的问题类似于公共耦合，区别在于在外部耦合中不存在依赖一个数据结构内部各项的物理安排。外部耦合包括两个模块，它们共享通信协议或者设备接口。

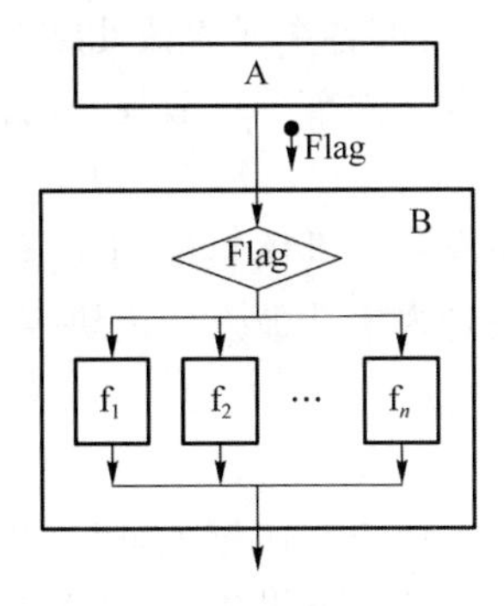

图 6-5　控制耦合

（6）公共耦合

若一组模块都访问同一个公共数据环境，则它们之间的耦合就称为公共耦合。公共的数据环境可以是全局数据结构、共享的通信区、内存的公共覆盖区等。

公共耦合的复杂程度随耦合模块的个数增加而显著增加。如图 6-6 所示，若只是两个模块之间有公共数据环境，则公共耦合有两种情况：松散公共耦合和紧密公共耦合。只有在模块之间共享的数据有很多，且通过参数表传递不方便时，才使用公共耦合。

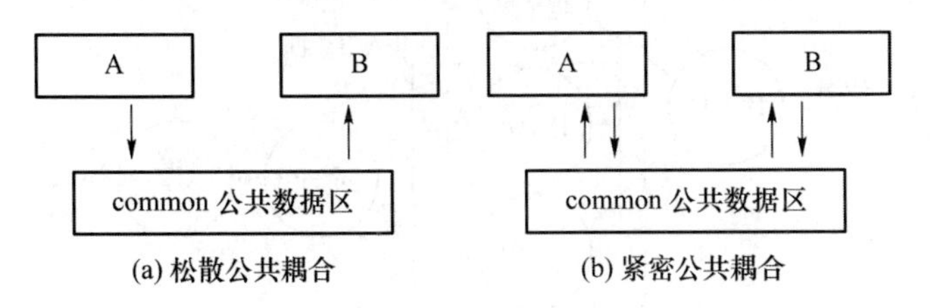

图 6-6　公共耦合

（7）内容耦合

如果一个模块直接访问另一个模块的内部数据，或者一个模块不通过正常入口转到另一个模块内部，或者两个模块有一部分程序代码重叠，或者一个模块有多个入口，则两个模块之间就发生了内容耦合。在内容耦合的情形下，被访问模块的任何变更，或者用不同的编译器对它进行再编译，都会造成程序出错。这种耦合也称为“病态耦合”，是模块独立性最弱的耦合，应避免出现。

图6-7显示了7种类型耦合性从弱到强的过程,也是模块独立性由强到弱的过程。实际上,开始时两个模块之间的耦合不只是一种类型,而是多种类型的混合。这就要求设计人员进行分析、比较,逐步加以改进,尽量使用数据耦合,少使用控制耦合,限制使用公共耦合,不使用内容耦合,以提高模块的独立性。

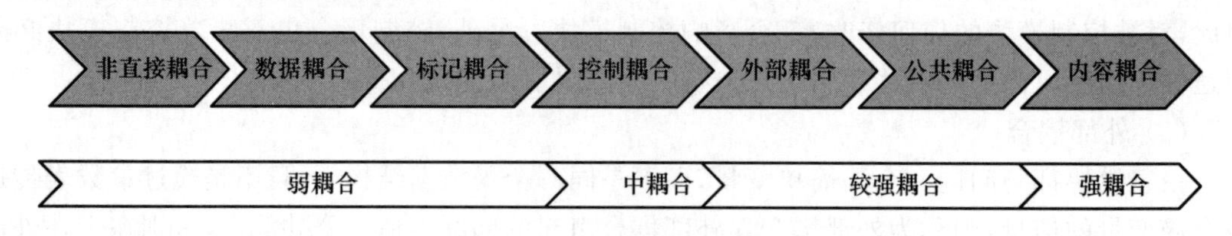

图6-7 模块独立性由强到弱

2. 内聚性

内聚是模块功能强度(一个模块内部各个元素彼此结合的紧密程度)的度量。一个内聚程度高的模块(在理想情况下)应当只做一件事。一般模块的内聚性分为7种类型。

(1) 功能内聚

一个模块中各个部分都是为完成一项具体功能而协同工作,紧密联系,不可分割,则该模块为功能内聚模块。功能内聚模块是内聚性最强的模块。但是,在软件项目中,并不是每个模块都要设计成只完成一个功能。

(2) 顺序内聚

如果一个模块内处理元素和同一功能密切相关,而这些处理元素必须顺序执行,则称为顺序内聚。通常各个处理都在同一数据结构上操作,一个处理元素的输出是另一个处理元素的输入。

(3) 通信内聚

如果一个模块内各功能部分都使用了相同的输入数据,或产生了相同的输出数据,则称为通信内聚模块。通常,通信内聚模块是通过数据流图来定义的,如图6-8所示。

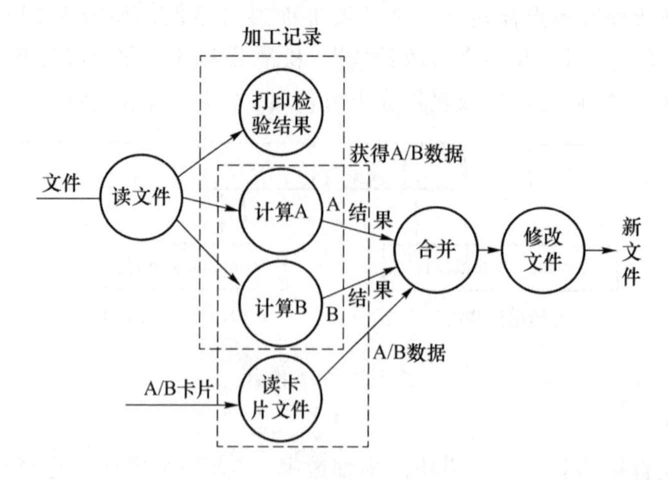

图6-8 通信内聚模块

(4) 过程内聚

使用流程图作为工具设计程序的时候,常常通过流程图来确定模块划分。把流程图中的某一部分划出组成模块,就得到了过程内聚模块。这类模块的内聚程度比时间内聚模块的内聚程度更强一些。

过程内聚中的处理元素必须以特定的次序执行，其各组成功能由控制流连接在一起，实际是若干个处理功能的公共过程单元。从执行次序上看，过程内聚和顺序内聚比较相似，其区别在于顺序内聚是数据流从一个处理元流到另一个处理元，而过程内聚是控制流从一个动作流到另一个动作。

(5) 时间内聚

时间内聚又称为经典内聚。这种模块大多为多功能模块，但要求模块中的各个功能必须在同一时间段内执行，例如初始化模块、终止模块、故障处理模块。时间内聚模块比逻辑内聚模块的内聚程度又稍高一些。在一般情形下，各部分可以任意的顺序执行，所以它的内部逻辑更简单。

(6) 逻辑内聚

这种模块把几种相关的功能组合在一起，每次被调用时，由传送给模块的控制参数来确定该模块应执行哪一种功能。逻辑内聚模块比巧合内聚模块的内聚程度要高，因为它表明了各部分之间在功能上的相关关系。

(7) 巧合内聚

巧合内聚也称为偶然内聚。如果一个模块是由完成若干毫无关系(或关系不大)的功能处理元素偶然组合在一起的，则称为巧合内聚。它是内聚程度最低的模块，缺点是模块的内容不易理解，不易修改和维护。

模块的内聚性也是系统模块化设计中的一个关键因素。图 6-9 显示了 7 种类型内聚性由强到弱的过程，也是模块独立性由强到弱的过程。人们总是希望一个模块的内聚性向高的方向靠。

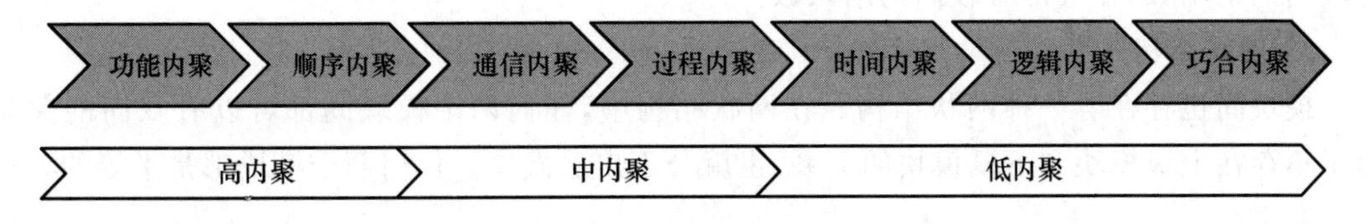

图 6-9　模块独立性由强到弱

模块之间的连接越紧密，联系越多，耦合性就越高，而其模块独立性就越弱。一个模块内部各个元素之间的联系越紧密，则它的内聚性就越高，相对地，它与其他模块之间的耦合性就会降低，而模块独立性就越强。因此，模块独立性比较强的模块应是高内聚低耦合的模块。在实践中，力求高内聚，通常中等程度的内聚也是可以的，效果和高内聚差不多，但低内聚不要使用。从模块间耦合性讲，尽量使用弱耦合，少用中耦合，限制较强耦合，完全不用强耦合。

6.3　软件结构与优化

6.3.1　软件结构

软件结构是构成软件各模块的组织方式。软件模块之间可以有多种关系，一般可表示为层次结构和网状结构两种。

1. 层次结构

层次结构如图 6-10 所示。

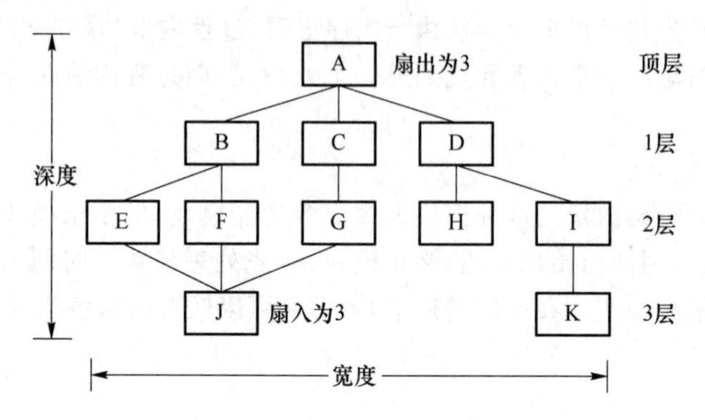

图 6-10　层次结构

衡量模块层次结构的有关指标如下。

① 深度:软件结构中控制的层数,表示软件结构中从顶层模块到最底层模块的层数,粗略标志系统的大小和复杂程度。

② 宽度:软件结构内同一层次上模块总数的最大值,表示控制的总分布。

③ 扇出数:指一个模块直接控制下属的模块个数,扇出实际上是对问题解的分解,典型系统的平均扇出为 3 或 4。

④ 扇入数:指一个模块直接被调用的模块个数。

一个好模块层次结构的形态准则是:顶部宽度小,中部宽度大,底部宽度次之,在结构顶部有较高的扇出数,在底部有较高的扇入数。

2. 网状结构

模块间也存在着一种网状结构。在网状结构中,任何两个模块间都可以有双向的关系。由于不存在上级模块和下属模块的关系,也就分不出层次来。任何两个模块都是平等的,没有从属关系。

图 6-11 所示是网状结构。分析比较树状结构和网状结构的特点后可以看出,网状结构模块间可以任意直接调用,使得整个结构十分复杂,当软件发生故障时,查找错误将会非常麻烦,不容易找出出错的模块,这与原来划分模块便于项目管理和维护的目的矛盾。所以在实际的软件开发中,人们通常采用树状结构,而不采用网状结构。为了能采用树状结构,需要加强模块的独立性。

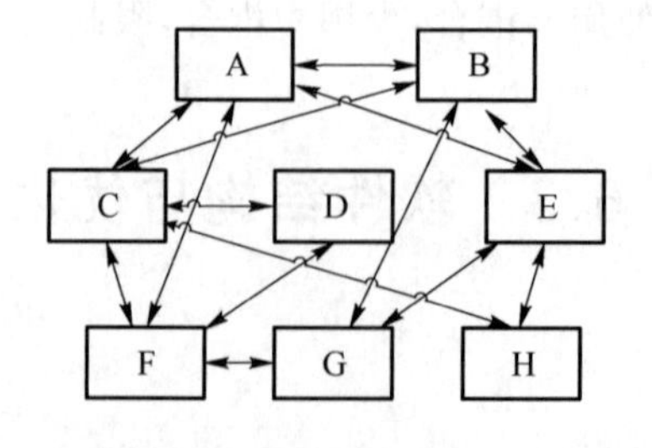

图 6-11　网状结构

6.3.2　模块设计优化

软件项目的目标是开发一个能满足所有功能和性能需求,并能满足设计质量要求的软件。软件的结构设计和模块化都是为了满足这个目标,但是不代表采用模块化的软件设计就一定能满足目标。软件的模块化设计除了要达到“正确”目标外,还必须进行优化,以满足性能要求和质量要求。优良的模块化设计往往又能导致程序设计的高效。

人们在长期开发软件的实践中积累了丰富的经验,总结出了以下软件模块化设计的优化策略。

① 改进软件结构,提高模块独立性。通过模块的分解或合并,力求降低耦合度,提高内聚性。模块功能应该可以预测,但也要防止模块功能过分局限。图 6-12 中 Q2 模块和 Q1 模块有相似的代码(阴影部分表示),则把 Q1 和 Q2 中相同的部分分离出来,形成一个单独的模块 Q;如果 Q1 模块去掉 Q 的代码后规模很小,可并入 X 中;如果 Q2 模块去掉 Q 之后的 Q2′也很小,可并入 Y 中。

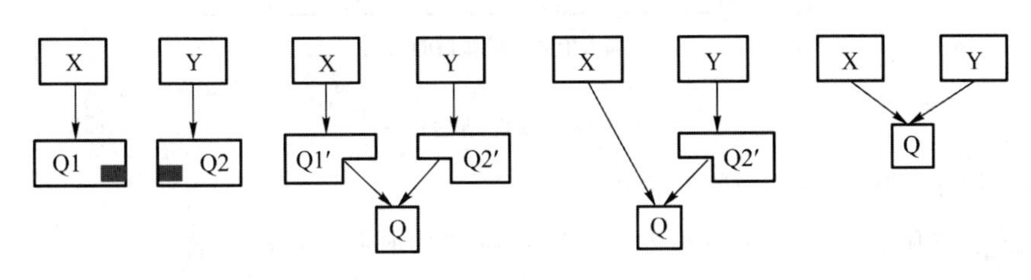

图 6-12　模块合并优化

② 在满足模块化要求的前提下尽量减少模块数量,在满足信息需求的前提下尽可能减少复杂的数据结构。

③ 模块规模应适中。经验表明,一个模块的规模不应过大。一般做法是,对过大的模块应进行分解,但不应降低模块的独立性。模块规模过小,会增加系统调用该模块的代价,而且模块数目过多将使系统接口复杂,可以进行适当的合并。功能单一的模块具有高内聚性,但是如果任意限制局部数据结构的大小,过分限制控制流中可做的选择或外部接口的模式,模块功能就过分局限,使用范围过分狭窄,缺乏灵活性和可扩充性。

④ 软件结构的深度、宽度、扇入数和扇出数都要适当。

- 程序结构的深度:程序结构的层次数称为结构的深度。结构的深度在一定意义上反映了程序结构的规模和复杂程度。如果层数过多,应该适当调整分解程度。
- 程序结构的宽度:宽度数量应控制在 7±2 (普遍认为的人类智力限度值)。
- 模块的扇入和扇出:一般来讲,平均扇出数是 3～5。扇入则定义为调用(或控制)一个给定模块的模块个数。多扇出意味着需要控制和协调许多下属模块。多扇入的模块通常是公用模块。一般来说,扇入数大 (称为高扇入)是好的,但是不能违背模块独立性原理,单纯追求高扇入。

软件结构优化的原则:通过中间模块,减少扇出,增加扇入。

软件结构优化如图 6-13 所示。

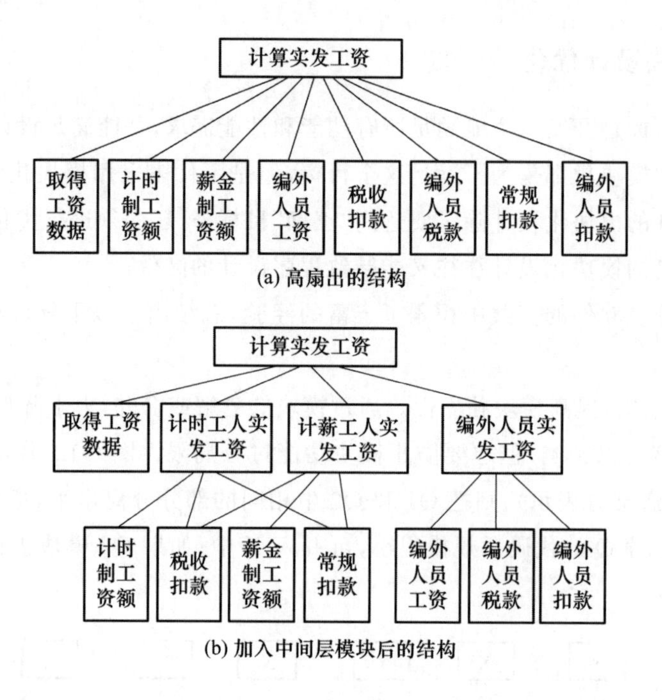

图 6-13　软件结构优化

⑤ 模块的作用域应该在控制域之内。

- 模块的作用域——受该模块内一个判定影响的所有模块的集合。
- 模块的控制域——模块本身以及所有直接或间接从属于它的模块集合。

在一个好的设计系统中，所有受影响的模块应该都属于作出判定的那个模块，最好是局限于作出判定的那个模块自身以及它的直属下级模块。而且软件的判定位置离受它控制的模块越近越好。在设计过程中，发现模块的作用范围不在其控制范围之内，可以用图 6-14 所示的方法改进：a. 上移判定点；b. 下移受判定影响的模块。

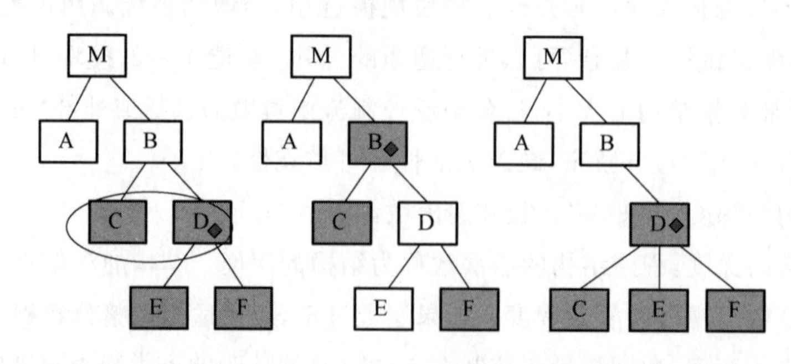

图 6-14　模块作用域和控制域（假设 C 受 D 中判断的影响）

⑥ 力求降低模块接口的复杂程度，设计单入口、单出口的模块。单入/出口的模块易于理解，也容易维护。

模块接口复杂是发生错误的一个主要原因。应该仔细设计模块接口，使得信息传递简单，并且和模块的功能一致。接口复杂或者不一致是强耦合、弱内聚的表现。应该按照模块的独立性原则，重新分析设计这个模块接口。

6.4　总体设计工具

6.4.1　HIPO 图

HIPO(Hierarchy plus Input/Processing/Output)图是美国 IBM 公司 20 世纪 70 年代发展起来的表示软件系统结构的工具。它既可以描述软件总的模块层次结构——H 图(层次图),又可以描述每个模块输入/输出数据、处理功能及模块调用的详细情况——IPO 图。HIPO 图是以模块分解的层次性以及模块内部输入、处理、输出三大基本部分为基础建立的。

1. H 图

H 图用于描述软件的层次结构,矩形框表示一个模块,矩形框之间的直线表示模块之间的调用关系,但是未指明调用顺序。图 6-15 是层次图的一个例子,最顶层的方框代表工资管理系统的主模块,它调用下层模块并完成工资管理的全部功能;第二层的每个模块都控制完成工资管理的一个主要功能,例如"工资计算"模块通过调用它的下属模块可以完成计算应发工资、计算扣款和计算实发工资,最终计算最后所得。

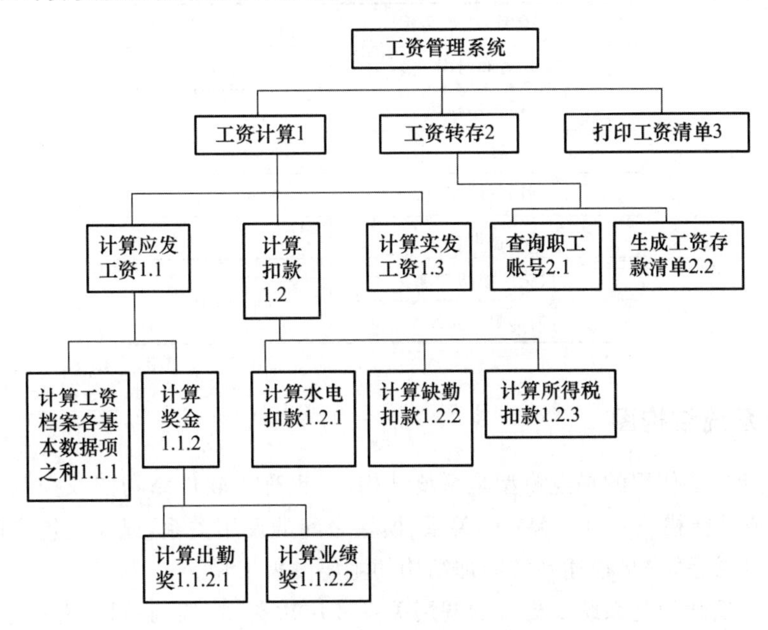

图 6-15　工资管理系统 H 图

为了方便对每个模块都进行说明,可以对除最顶层方框外的所有方框加编号。加编号时,可以采用如 1→1.1→1.1.1 的层次编号法。

2. IPO 图

H 图只说明了软件系统由哪些模块组成及其控制层次结构,并未说明模块间的信息传递及模块内部的处理。因此对一些重要模块还必须根据数据流图、数据字典及 H 图绘制具体的 IPO(Input/Processing/Output)图。在图 6-16 中,左边的框是输入框,其中列出有关的输入数据;中间的框是处理框,其中列出主要的处理次序;右边的框是输出框,其中列出产生的输出数据。另外,使用箭头线指出数据通信的情况。可见,IPO 图使用的符号既少又简单,能够方便地描述输入数据、数据处理、输出数据之间的关系。

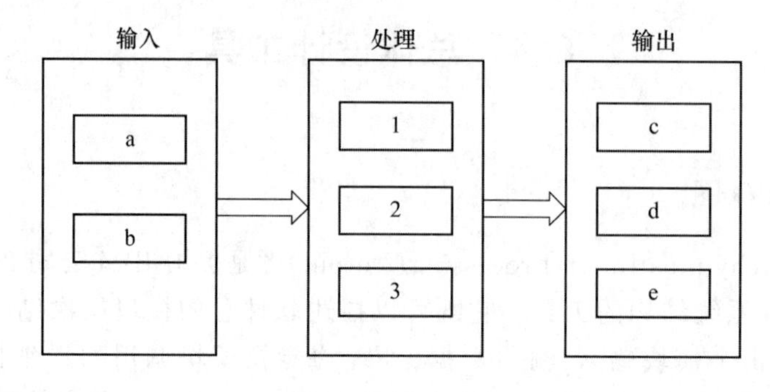

图 6-16　IPO 图

值得强调的是，HIPO 图中的每张 IPO 图内都应该明显地标出它所描绘的模块在 H 图中的编号，以便跟踪了解这个模块在软件结构中的位置。IPO 图仅能模块地表示输入和输出，有时一个任务的完成需要调用其他模块，IPO 图则不能表示这种关系。为此人们设计了改进的 IPO 表，如表 6-1 所示，可以更加详细地说明这个模块被谁调用，以及是调用哪个模块完成任务的。

表 6-1　改进的 IPO 表

系统名称/模块名称	
作者和时间	
上层调用模块	
输入	
调用下层模块	
输出	
模块所做的处理	
局部数据元素	

6.4.2　系统结构图

结构化设计方法使用的描述模型是系统结构图，也称为软件结构图或控制结构图。它表示一个系统（或功能模块）的层次分解关系、模块之间的调用关系，以及模块之间数据流和控制流信息的传递关系，它是描述系统物理结构的主要图表工具。

系统结构图反映的是系统中模块的调用关系和层次关系，谁调用谁，有一个先后次序（时序）关系，所以系统结构图既不同于数据流图，也不同于程序流程图。在系统结构图中的有向线段表示调用时程序的控制从调用模块移到被调用模块，并隐含了当调用结束时控制将交回给调用模块。

系统结构图是对软件系统结构总体设计的图形显示。在需求分析阶段，已经从系统开发的角度出发，把系统按功能逐次分割成层次结构，使每一部分都完成简单的功能且各个部分之间又保持一定的联系，这就是功能设计。在设计阶段，基于这个功能的层次结构把各个部分组合起来形成系统。

1. 系统结构图中的模块

在系统结构图中不能再分解的底层模块为原子模块。如果一个软件系统的全部实际加工

(数据计算或处理)都由底层的原子模块来完成,而其他所有非原子模块仅执行控制或协调功能,这样的系统就是完全因子分解的系统。如果系统结构图是完全因子分解的,就是最好的系统。一般地,在系统结构图中有 4 种类型的模块,如图 6-17 所示。

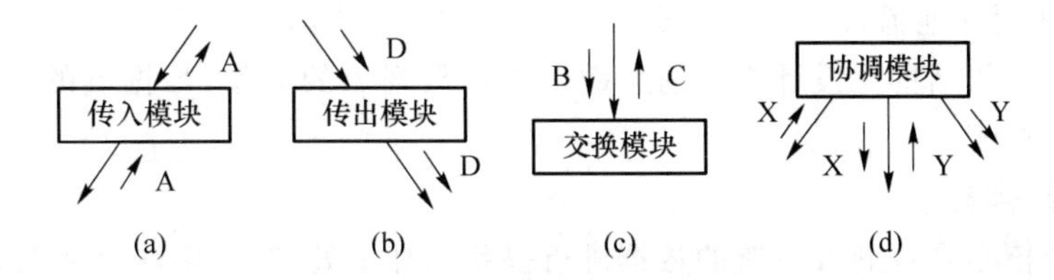

图 6-17　系统结构图的 4 种模块类型

- 传入模块:从下属模块取得数据,经过某些处理,再将其传送给上级模块。
- 传出模块:从上级模块获得数据,进行某些处理,再将其传送给下属模块。
- 变换模块:即加工模块,它从上级模块取得数据,进行特定的处理,将其转换成其他形式,再传送回上级模块。大多数计算模块(原子模块)都属于这一类。
- 协调模块:对所有下属模块进行协调和管理的模块。在系统的输入/输出部分或数据加工部分可以找到这样的模块。在一个好的系统结构图中,协调模块应在较高层出现。

在实际系统中,有些模块属于上述某一类型,还有一些模块是上述各种类型的组合。

2. 系统结构图中的模块调用关系

模块间的调用采用有向线从调用模块指向被调用模块。在模块间调用的有向线可以携带数据信息和控制信息,称为模块间接口的表示。在一些系统结构图中可以省略数据信息和控制信息。

结构化程序设计中模块间只存在顺序、选择和循环 3 种调用关系,其中选择调用和循环调用的关系可以用图 6-18 表示。对于顺序关系,如果一个模块有多个下属模块,这些下属模块的左右位置与它们的调用次序有关,一般先调用的排在左边。例如,在用结构化设计方法依据数据流图建立起来的变换型系统结构图中,主模块的所有下属模块按逻辑输入、中心变换、逻辑输出的次序自左向右一字排开,左右位置不是无关紧要的。

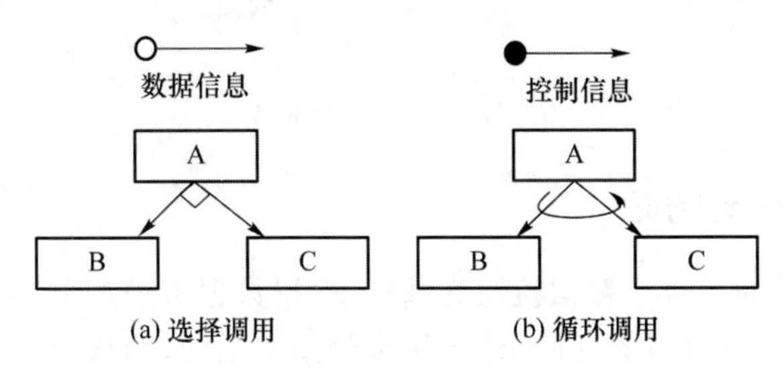

图 6-18　选择调用和循环调用

6.5　结构化总体设计

6.5.1　数据流类型

结构化设计方法是在模块化、自顶向下细化、结构化程序设计等程序设计技术基础上发展起来的。结构化设计方法适合软件系统的总体设计，它是从整个程序的结构出发，突出程序模块的一种设计方法。结构化设计方法用系统结构图来表达程序模块之间的关系。由于数据流图和系统结构图之间有着一定的联系，因此结构化设计方法便可以和需求分析中采用的结构化分析(SA)方法很好地衔接。

基于数据流图的结构化设计方法的关键是确定数据流的类型，数据流的类型分变换型数据流和事务型数据流。

1. 变换型数据流

软件系统的核心是对输入系统的数据进行一系列加工处理，产生输出数据，这一过程可看作变换处理。变换型数据流的工作过程大致分为 3 步，即取得数据、变换数据和输出数据，如图 6-19 所示，这 3 步反映了变换型数据流的基本思想。变换数据是数据处理过程的核心工作，而取得数据只不过是为它做准备，输出数据则是对变换后的数据进行后处理。变换型数据流也称为变换流。

图 6-19　变换型数据流

2. 事务型数据流

事务型数据流的特点是存在一个事务中心，根据事务类型从多个加工路径中选择一个加工路径，然后给出结果。这种根据数据流特点选择不同处理路径的数据流就是事务型数据流，如图 6-20 所示，也叫作事务流。其中，输入数据流在事务中心做出选择，激活某一种事务处理加工流程。

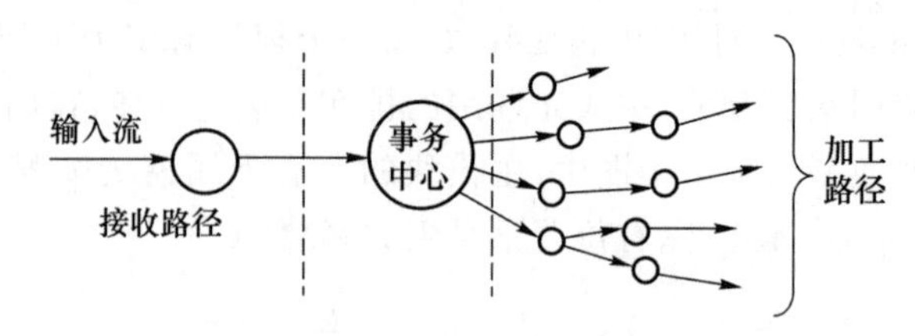

图 6-20　事务型数据流

6.5.2　结构化设计方法

面向数据流的结构化设计以数据流图为基础，根据数据流类型分成变换流设计和事务流设计。但是无论是哪一种类型的设计，设计的步骤基本相同，结构化总体设计步骤流程如图 6-21 所示。

结构化总体设计的步骤如下。

① 首先研究、分析和审查数据流图。从软件需求规格说明中弄清数据流加工的过程，检查有无遗漏或不合理之处，对于发现的问题及时解决并修改。

② 根据数据流图决定问题的类型。数据处理问题典型的类型有变换型和事务型，针对两种不同的类型分别进行分析和处理。

③ 由数据流图推导出系统的初始结构图。如果是变换流，确定输入流和输出流的边界，输入流的边界和输出流的边界之间就是变换流，也称为“变换中心”。如果是事务流特征，则可

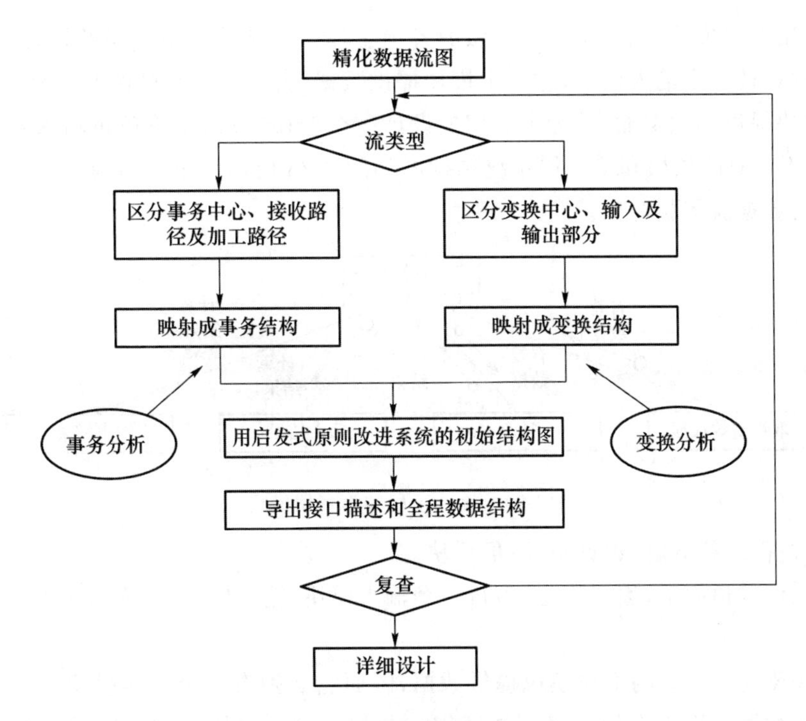

图 6-21　结构化总体设计步骤流程

确定一个接收分支和一个发送分支,其中发送分支包含一个"事务中心"和各个事务动作流。

④ 利用一些启发式原则来改进系统的初始结构图,直到得到符合要求的结构图为止。

⑤ 描述模块功能、接口及全局数据结构,修改和补充数据字典。

⑥ 复查,如果出现错误,转入第二步修改完善,否则进入详细设计,同时制订测试计划。

6.5.3　变换流映射

变换型数据流的基本形式包括取得数据、变换数据、输出数据,系统结构图的第一层由输入、中心变换和输出三部分组成。

一个变换型数据流如图 6-22 所示,其变换流设计包括以下步骤。

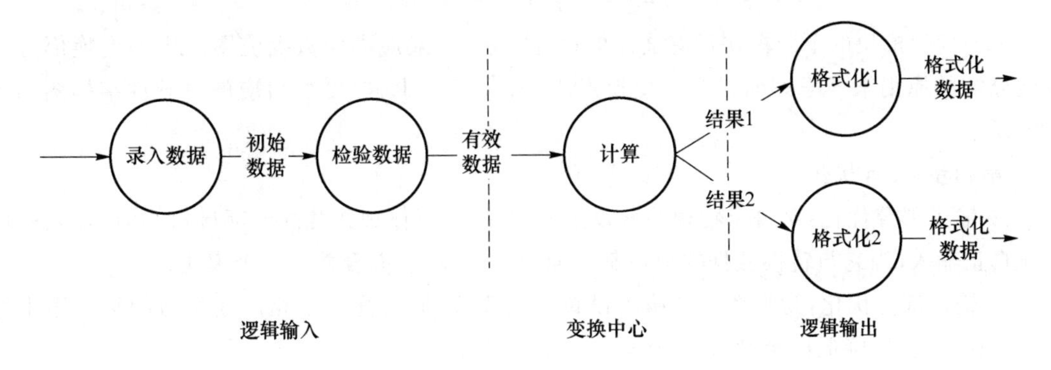

图 6-22　变换型数据流案例

第一步:确定数据流图中的变换中心、逻辑输入、逻辑输出。

第二步:进行一级分解,设计顶层和第一层模块。

首先设计主模块,用程序名字为它命名,将它画在与中心变换相对应的位置上。作为系统的顶层，它调用下层模块，完成系统所要做的各项工作。系统结构第一层的设计方针：为每一个逻辑输入都设计一个输入模块，它为主模块提供数据；为每一个逻辑输出都设计一个输出模块，它将主模块提供的数据输出；为中心变换设计一个变换模块，它将逻辑输入转换成逻辑输出。图 6-22 所对应的顶层和第一层系统结构图如图 6-23 所示。第一层模块与主模块之间传送的数据应与数据流图相对应。

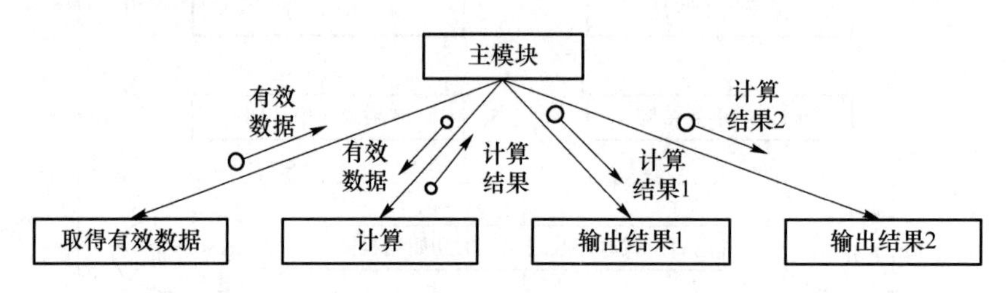

图 6-23　设计顶层和第一层模块

第三步：进行二级分解，设计中、下层模块。

这一步工作自顶向下，逐层细化，为每一个输入模块、输出模块、变换模块设计它们的下属模块。

输入模块要向调用它的上级模块提供数据，因而它必须有两个下属模块：一个接收数据；另一个把这些数据变换成它的上级模块所需的数据。输出模块从调用它的上级模块接收数据，用以输出，因而也应当有两个下属模块：一个将上级模块提供的数据变换成输出的形式；另一个将它们输出，如图 6-24 所示。

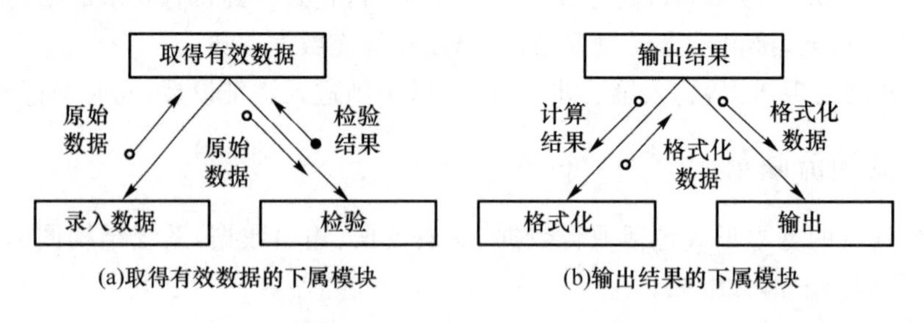

图 6-24　设计中、下层模块

中心变换模块的下层模块没有通用的设计方法，一般应参照数据流图的中心变换部分和功能分解的原则来考虑如何对中心变换模块进行分解。图 6-22 所对应的总软件结构图如图 6-25 所示。

第四步：设计优化。

① 输入部分优化：对每个物理输入设置专门模块，以体现系统的外部接口，其他输入模块并非真正输入，当它与转换数据的模块都很简单时，可将它们合并成一个模块。

② 输出部分优化：为每个物理输出设置专门模块，同时注意把相同或类似的物理输出模块合并在一起，以降低耦合度，提高初始结构图的质量。

③ 变换部分优化：根据设计准则，对模块进行合并或调整。

如本例，在输出结果的下属模块中，存在两个输出模块，经判断这两个模块内容功能相似，则将这两个模块合并为一个模块，优化后的系统结构图如图 6-26 所示。

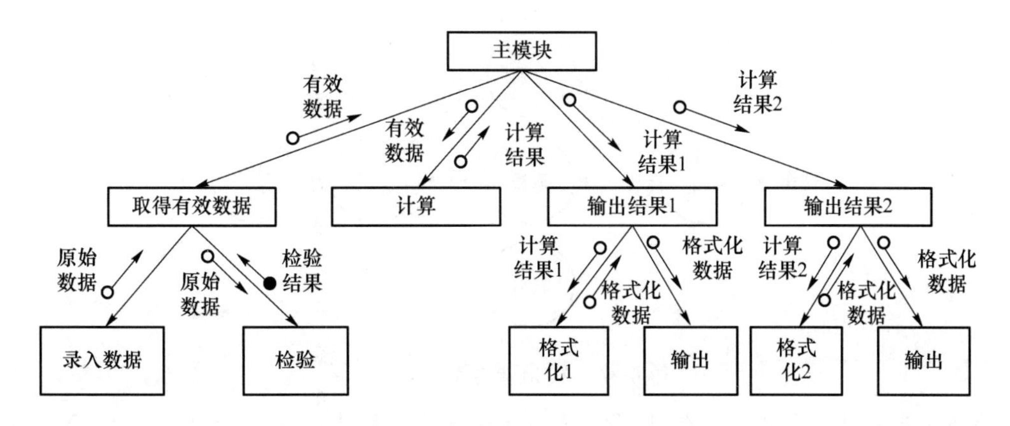

图 6-25　变换型的系统结构图

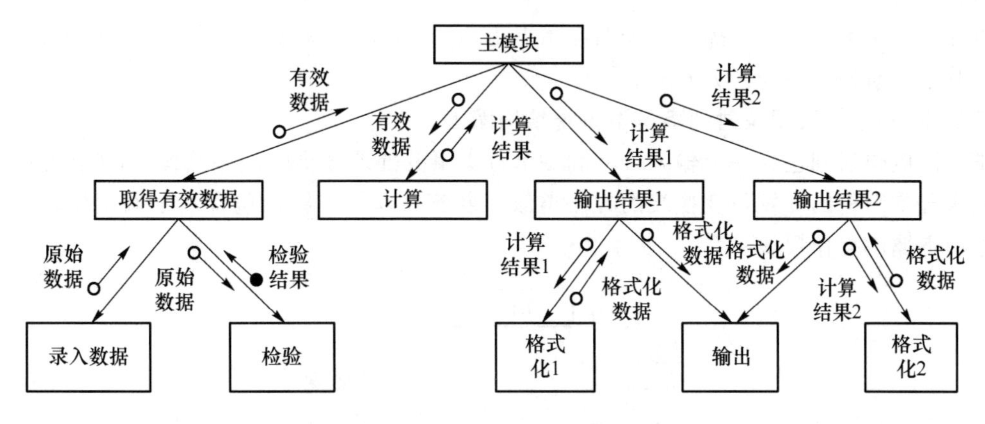

图 6-26　优化后的系统结构图

6.5.4　事务流映射

事务型数据流图所对应的系统结构图就是事务型系统结构图。事务流设计的要点是把事务流映射成包含一个接收分支和一个事务处理分支的软件结构。接收分支的映射方法和变换流设计映射中输入结构的方法相似，即从事务中心的边界开始，把沿着接收流通路的处理映射成一个模块。事务处理分支结构包含一个事务中心模块（或调度模块）和它下层的各个动作模块。事务中心模块按所接受的事务类型，选择某一个事务处理模块执行。各个事务处理模块都是并列的，依赖一定的选择条件，分别完成不同的事务处理工作。数据流图的每一个事务流路径应映射成与其自身信息流特征相一致的结构。每个事务处理模块可能要调用若干个操作模块，而操作模块又可能调用若干个细节模块。不同的事务处理模块可以共享一些操作模块，同样，不同的操作模块又可以共享一些细节模块。

ATM 上的软件是一个典型的具有事务流特征的程序。用户在输入银行卡密码后，可以选择下一步的操作，ATM 会根据用户的选择，执行一系列银行业务服务，如存款、取款、转账、查询等。下面设计 ATM 软件，其局部数据流图如图 6-27 所示。

案例：ATM 事务流映射。ATM 系统结构应分解为接收分支与调度处理两部分。调度处理确定事务类型，包括以下步骤。

第一步：识别事务源和事务中心。

利用数据流图和数据词典，从问题定义和需求分析的结果中，找出各种需要处理的事务。

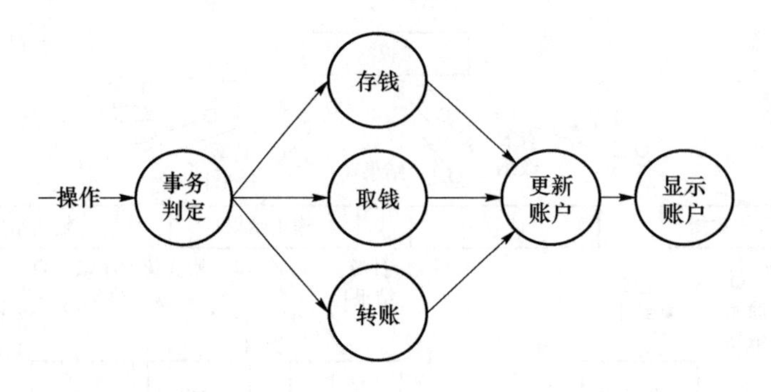

图 6-27　ATM 事务型数据流

通常,事务来自物理输入装置。有时,设计人员还必须区别系统的输入、中心加工和输出中产生的事务。

事务中心通常位于几条操作路径的起始点上,可以从数据流图上直接找出来。输入路径必须与其他所有操作路径区分开来。

第二步:将数据流图映射到事务型系统结构图上。

事务流应映射到包含一个输入分支和一个分类事务处理分支的程序结构上,如图 6-28 所示。输入分支结构的开发与变换流的方法类似。事务处理分支结构包含一个调度模块,它调度和控制下属的操作模块。

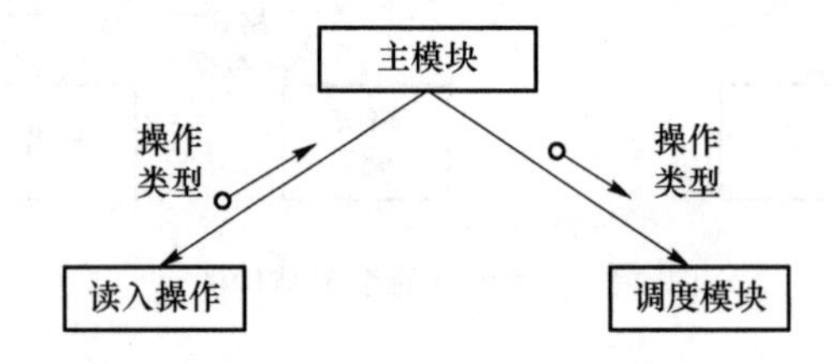

图 6-28　一个输入分支和一个分类事务处理分支

第三步:分解和细化该事务结构和每一条操作路径的结构。

每一条操作路径的数据流图都有自己的信息流特征,可以是变换流,也可以是事务流。与每一条操作路径相关的子结构都可以依照前面介绍的设计步骤进行开发。在事务分析的过程中,如果不同事务的一些中间模块可由具有类似的语法和语义的若干个底层模块组成,则可以把这些底层模块构造成公用模块,如图 6-29 所示。

第四步:利用一些启发式原则来改进系统的初始结构图。

在设计当前模块时,先把这个模块的所有下层模块定义成"黑箱",并在系统设计中利用它们,暂时不考虑它们的内部结构和实现方法。在这一步定义好的"黑箱",由于已确定了它们的功能和输入、输出,在下一步就可以对它们进行设计和加工。这样又会导致更多的"黑箱"。最后,全部"黑箱"的内容和结构应完全被确定。这就是我们所说的自顶向下、逐步求精的过程。使用"黑箱"技术的主要好处是使设计人员可以只关心当前的有关问题,暂时不必考虑进一步的琐碎、次要细节,待进一步分解时才去关心它们的内部细节与结构。

6.5.5　混合结构分析

一般而言,一个大型的软件系统是变换型结构和事务型结构的混合结构。通常利用以变换分析为主,以事务分析为辅的方式进行软件结构设计。

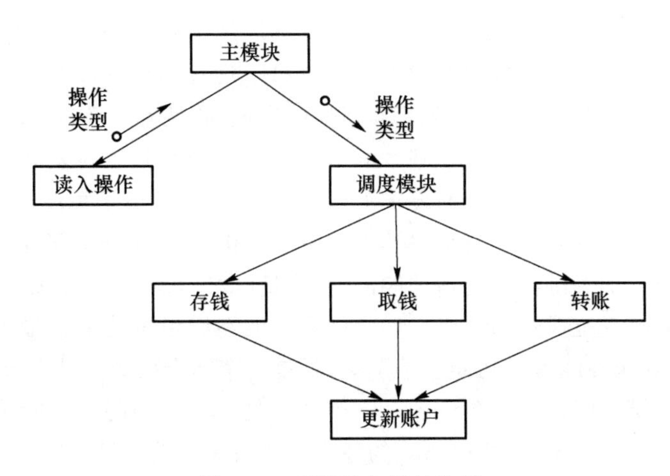

图 6-29　系统的初始结构图

在系统结构设计时，首先利用变换分析方法把软件系统分为输入、中心变换和输出 3 个部分，设计上层模块，即主模块和第一层模块，然后，根据数据流图各部分的结构特点，适当地利用变换分析或事务分析，即得到初始系统结构图的一个方案。

6.6　软件体系结构

6.6.1　软件体系结构概述

“软件体系结构”一词在软件工程领域中有着广泛的应用，但迄今为止还没有一个被大家所公认的定义。

Mary Shaw 和 David Garlan 认为软件体系结构是软件设计过程中的一个层次，这一层次超越计算过程中的算法设计和数据结构设计。软件体系结构问题包括总体组织和全局控制，通信协议，同步，数据存取，给设计元素分配特定功能，设计元素的组织、规模和性能，在各设计方案间进行选择等。软件体系结构处理算法与数据结构之上关于整体系统结构设计和描述方面的一些问题有：全局组织和全局控制结构，关于通信、同步与数据存取的协议，设计构件功能定义，物理分布与合成，设计方案的选择、评估与实现等。

“软件体系结构”一词表明其描述的不是一个软件元素，而是一组软件元素之间的组织和协作关系，并且这些软件元素可分布在不同物理位置上，通过网络协议相互通信。软件体系结构指定了系统的组织结构和拓扑结构，并且显示了系统需求和构成系统元素之间的对应关系，提供了一些设计决策的基本原理。

“软件体系结构”和“软件架构”对应的英文单词都是“software architecture”，即它们是意义完全相同的两个中文单词用语。在使用它们时往往带有一种习惯上的差异，通常学术上用“软件体系结构”较多，在软件系统设计上用“软件架构”较多，如在软件公司里，有“软件架构师”的职位，但很难听到“软件体系结构师”的说法。

面向对象技术、可视化编程技术、组件技术，以及强大软件工具的支持使得原来实现起来很复杂、很耗费精力的软件实现技术变得非常简单，并且在某些环境下，可以不编程序代码，或编很少的程序代码，就可实现一个界面美观、可靠性高的软件。

此外，软件的规模和复杂性越来越大，软件运行环境越来越复杂，使得人们把软件开发的主要精力放在了软件运行基础环境的考虑、软件开发环境的配置、软件开发总体方案的制订、软件架构模式的选择、不同环境中软件元素间通信的实现、软件安装及运行环境的配置等事关全局的问题上。即软件设计已经从关心基本的结构和算法转移到了对宏观结构的认识上；从关注功能的实现转移到了对综合性能的要求上，软件架构的设计成了关注的重点。

软件架构设计应遵循的基本策略是关键需求决定架构，其余需求验证架构。

影响软件架构设计的关键需求包括功能需求、质量(属性)需求、商业需求 3 类。

关键的功能指影响系统成败的功能。如考试系统的在线考试功能是最关键的功能，其他功能无论多么完善，如果在线考试功能过不了关，就是一个不合格的考试系统。

有的系统围绕关键性能进行架构设计。电信系统是 7×24 小时不间断运行的系统，短暂停机就可能对生产造成重大影响，所以系统的稳定性是最关键的质量特性。

商业需求指软件系统开发和应用方面的商业考虑，它关注包括客户群、企业现状、未来发展、预算、立项、开发、运营、维护在内的整个软件生命周期涉及的商业因素，包括商业层面的目标、期望和限制。

有多种软件体系结构的划分方式，我们主要介绍集中式体系结构和基于网络的体系结构。

6.6.2 集中式体系结构

根据各子系统相互间共享数据的模式，整个系统的结构可分为集中式的仓库模型、分布式结构等几大类。

仓库模型也称为容器模型，是一种集中式的模型。在这种结构模型中，应用系统用一个中央数据仓库来存储各子系统共享的数据，各子系统可以直接访问这些共享数据。每个子系统都可以有自己的私有数据库。为了共享数据，所有的子系统都是紧密耦合的，并且围绕中央数据仓库，如图 6-30 所示。

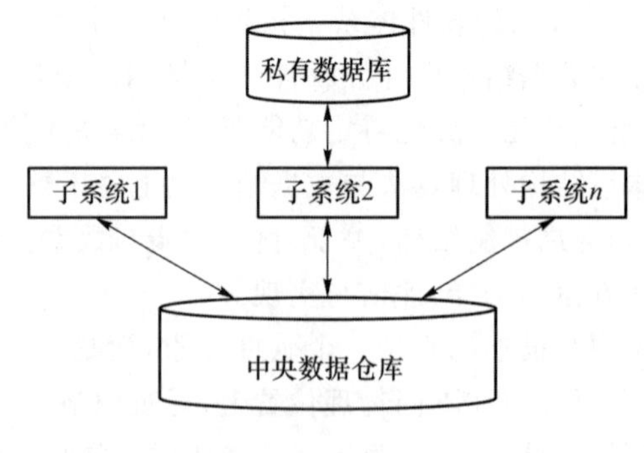

图 6-30 仓库结构

仓库模型的主要优点：

① 数据由某个子系统产生，并且被存储到仓库中，以便为另外一些子系统共享；

② 由于中央集中控制，共享数据能得到有效的管理，各子系统之间不需要通过复杂的机制来传递共享数据；

③ 一个子系统不必关心其他的子系统是怎么使用它产生的数据；

④ 所有的子系统都拥有一致的基于中央数据仓库的数据视图，如果新子系统也采用相同的规格，那么它将比较容易集成到系统中。

但这种系统也有明显的缺陷：

① 虽然共享数据得到了有效的管理，但随之而来的问题是各子系统必须有一致的数据视图，以便能共享数据，换句话说，就是各子系统之间为了能共享数据，必须走一条折中的路线，这不可避免地影响了整个系统的性能；

② 一个子系统发生了改变，它产生的数据也可能发生结构上的改变，这就有可能导致其他子系统不能正确读取新的数据；

③ 中央数据仓库和各子系统的私有数据库必须有相同的关于备份、安全、访问控制和恢复的策略，这可能会影响子系统的效率；

④ 集中式的控制使数据和子系统的分布变得非常困难，甚至成为不可能。

仓库模型的特点决定了应用的范围，一般来说，命令控制系统、CAD 系统采用这种结构。

6.6.3 基于网络的体系结构

仓库模型的特点是各种功能集中在一起，一般情况下，所有的功能都在一台硬件主机系统中完成会使主机系统处理器的压力很大。随着网络技术的发展，人们试图将应用的不同部分分散到不同的计算机上，并通过网络互相协作，这样出现了基于网络的分布式结构。

常见的分布式系统包括分布式计算、客户-服务器模型、多层应用模型、分布式对象结构。

1. 分布式计算

随着网络技术的飞速发展和迅速普及，让网络中更多的计算机来参与计算成为一种非常有吸引力的选择。在网络环境中，多台计算机通过某种网络协议连接在一起，以共享资源，而每台主机都拥有不同的计算能力。充分挖掘并且利用这些主机的能力可以提高整个网络的计算能力，且代价较小。

分布式计算是利用互联网上计算机中央处理器的闲置处理能力来解决大型计算问题的一种计算科学。

一些本身非常复杂但是适合划分为大量的、更小的计算片断的问题被提出来。分布式计算服务端程序负责将计算问题分成许多小的计算部分，然后把这些部分分配给许多联网参与计算的计算机进行并行处理。客户端接收计算任务并开始计算，得到计算结果之后提交给服务端，最后服务端将这些计算结果综合起来，得到最终的结果。

2. 客户机-服务器模型

客户机-服务器模型也称为 Client/Server 结构(C/S 模型)，主要组成部分是：

① 一组给其他子系统提供服务的单机服务器；

② 一组向服务器请求服务的客户机；

③ 一个连接客户机和服务器的网络。

客户机必须知道可用服务器的地址和它们所提供的服务，并通过远程调用获取服务器提供的服务。

C/S 结构的应用都由 3 个相对独立的逻辑部分组成：用户界面、应用逻辑和数据访问。用户界面部分实现与用户交互；应用逻辑部分进行具体运算和数据处理；数据访问部分完成数据查询、修改、更新等数据访问任务。这 3 部分的逻辑关系如图 6-31 所示。

图 6-31 3 种逻辑之间的关系

在两层 C/S 模型中,应用系统的 3 种逻辑被分散到客户端和服务器端之中,但是有 3 种不同的分散方式,如图 6-32 所示。

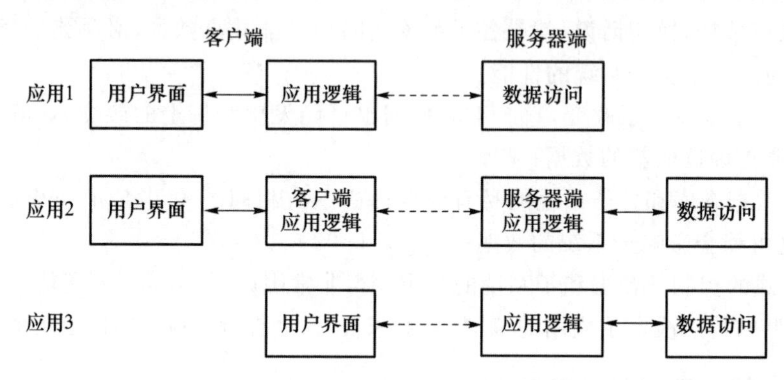

图 6-32　应用系统 3 种逻辑的不同分散方式

在 C/S 模型应用 1 结构中,客户端程序负责用户界面和应用逻辑部分,工作比较重,这种结构往往被称为胖客户端结构,一般的数据库应用都属于这种结构。在 C/S 模型应用 3 结构中,服务器承担了更多的工作,而客户端的工作就变得非常简单,这种结构称为瘦客户端结构,浏览器/服务器结构就是瘦客户端结构。不过,为了减轻服务器的工作量,越来越多的 B/S 应用中包含一些可以迁移的代码,例如包含在网页中的客户端脚本,这些代码可以在客户端执行,这样客户端也要处理一部分的应用逻辑。这种 B/S 结构实际上介于胖客户端和瘦客户端结构之间,就如图 6-32 中 C/S 模型应用 2 的结构。

由于两层 C/S 架构客户端和服务器的功能相对来说比较单一,所以两端的维护和升级也比集中式结构简单。但是由于一般服务器端程序既处理应用逻辑,又处理数据访问,服务器端承担的工作较多,因此 C/S 架构不适用多用户、多数据库、非安全的网络环境。

3. 多层应用模型

多层应用模型是两层 C/S 模型的扩展。在这种模型中,为了弥补两层 C/S 结构的缺陷,应用逻辑部分被分离出来成为单独的一层中间层,有时为了满足应用的需要,甚至分离成多层。这些中间层由一些完成应用业务功能的分布式对象组件构成,这些对象组件实现从实际的业务中提取出来的业务规则。这样,客户端和服务器将会只聚焦在自己所负责的用户界面和数据访问工作上,从而变得更加单纯。应用中最复杂的逻辑处理部分,将由中间的多个业务逻辑层负责,它们完成具体的业务处理,其中包含分布处理、负载平衡、业务逻辑、持久性和安全性等技术。

常见的三层结构应用为浏览器/应用服务器/数据服务器结构,如图 6-33 所示,在这种结构中,客户应用是一个通用的浏览器,它完成网页的显示和客户端脚本的运行。应用服务器响应客户的网页访问请求,运行服务端脚本,如果有数据访问请求,则访问数据服务器。数据服务器响应数据请求并返回结果。

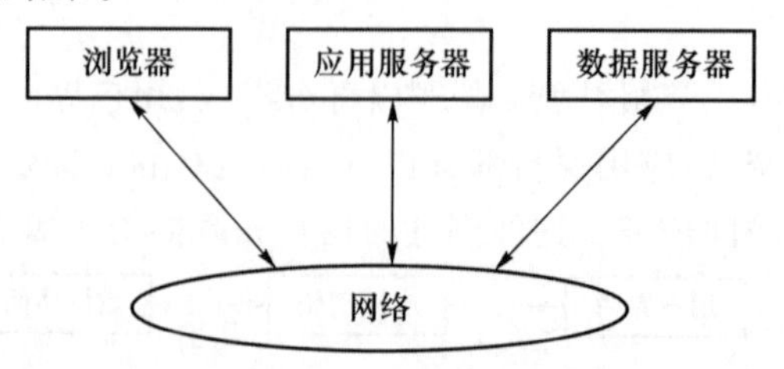

图 6-33　浏览器/应用服务器/数据服务器结构

4. 分布式对象结构

在C/S模型中，客户和服务器的地位是不平等的，客户只能向服务器提出服务请求，而服务器不能向客户提出服务请求，同时服务器之间可以互相提供服务。另外，客户一般要知道服务器在网络上的具体位置，如IP地址。相反，服务器则不需要知道客户的具体位置。这种差别在一定程度上限制了系统的灵活性和可扩展性。

解决问题的方法是采用分布式对象结构，在这种结构中，服务的提供者是被称为“对象”的系统组件。每个对象的地位在逻辑上都是平等的，它们可以互相为对方提供所需的服务。在这种情况下，提供服务的对象就是服务器，而提出服务请求的对象就是客户。为了能够提供服务，每个对象都有一个服务接口。

分布式对象结构的另一个重要特点是对象可能分布在网络的各个节点上。而不是集中在某一台硬件服务器上。为了将分散的对象提供的服务联合，“软件总线”式的中间件起了关键的作用。分布式对象之间通过中间件进行无障碍通信。

上面提到的软件总线中间件的正式名称是对象请求代理(Object Request Broker，ORB)。在ORB的作用下，我们可以不必顾虑系统中各部分应用是用C＋＋还是Java语言开发的，或者运行的软硬件平台有什么不同。ORB保证了系统通信的透明性，系统的各部分被无缝地集成在一起。目前流行的ORB技术标准有3种：CORBA、COM和EJB。

习　　题

1. 什么是软件结构？有哪几种？
2. 简述总体设计的步骤。
3. 什么是模块的影响范围？什么是模块的控制范围？它们之间应该建立什么关系？
4. 模块化要遵循哪些原则？
5. 模块分解时，是否将系统分解得非常细，得到的功能模块越多越好呢？为什么？
6. 模块的外部特性和内部特性分别包括哪些内容？
7. 衡量模块独立性的两个标准是什么？请分别说明。
8. 内聚包括哪几种？分别指什么？
9. 模块的耦合性由低到高分为哪些？
10. 简述结构化程序设计方法的基本要点。
11. 简述软件结构设计优化准则。
12. 变换分析设计与事务分析设计有什么区别？
13. 画出手机打车软件的系统结构图。
14. 画出公交一卡通刷卡软件的系统结构图。

第 7 章 软件详细设计

7.1 详细设计

从软件开发的工程化观点来看，在使用程序设计语言编制程序以前，需要对所采用算法的逻辑关系进行分析，设计出全部必要的过程细节，并给予清晰的表达，使之成为编码的依据，这就是详细设计的任务。

详细设计也叫作过程设计或程序设计，它不同于编码或编程。在过程设计阶段，要决定各个模块的实现算法，并精确地表达这些算法。前者涉及所开发项目的具体要求和对每个模块规定的功能；后者需要给出适当的算法描述，为此应提供详细设计的表达工具。

详细设计的过程：

① 确定每个模块的算法，选择适当工具表达算法执行过程；

② 确定每一个模块的数据结构；

③ 为每一个模块设计一组测试用例；

④ 编写详细设计说明书；

⑤ 设计评审。

7.2 结构化程序设计

结构化程序设计的理念是在 20 世纪 60 年代由 Dijkstra 等人提出并加以完善的，他指出“可以从高级语言中取消 GOTO 语句”“程序的质量与程序中所包含的 GOTO 语句的数量成反比”。1966 年 Bohm 和 Jacopini 证明了只用 3 种基本的控制结构就能实现任何单入口、单出口的程序。

结构化程序一般只需要用 3 种基本的逻辑结构就能实现，这 3 种基本逻辑结构是顺序结构、选择结构和循环结构，如图 7-1 所示。只允许使用顺序、IF-THEN-ELSE 分支和 DO-WHILE 型循环这 3 种基本控制结构，称为经典的结构化程序设计。还允许使用 DO-CASE 多分支结构和 DO-UNTIL 循环结构，称为扩展的结构化程序设计。如果再加上允许使用 LEAVE（或 BREAK）结构，称为修正的结构化程序设计。

扩展的结构化程序设计中的 DO-UNTIL 循环结构和 DO-CASE 多分支结构如图 7-2 所示。

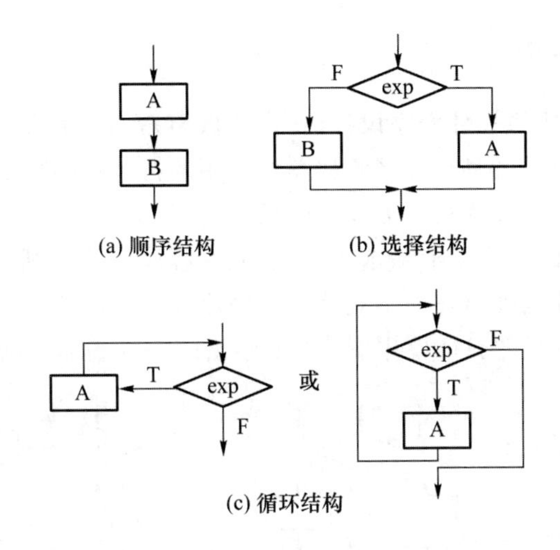

图 7-1　3 种基本逻辑结构

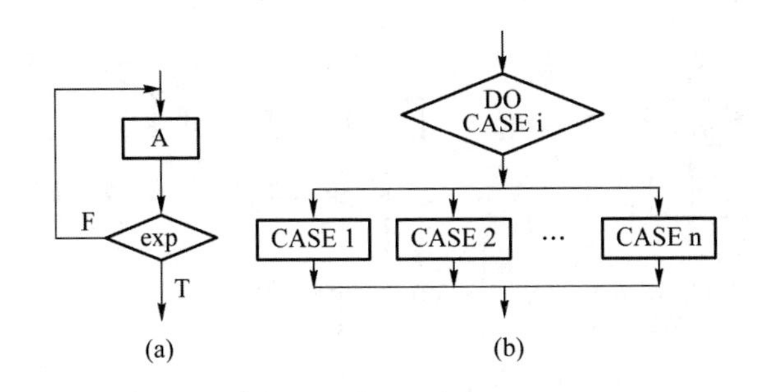

图 7-2　扩展的结构化程序设计

结构化程序设计应遵循的基本原则如下。

(1) 采用自顶向下、逐步求精的模块化方法设计程序

用自底向上的程序设计方法编写出的程序往往局部结构较好，而整体结构不佳，有时会导致程序设计不理想或失败。自顶向下、逐步求精的模块化方法符合人们解决复杂问题的普遍规律，整体结构清晰、合理，可以提高软件开发的成功率和生产率。

(2) 由全局到局部、由整体到细节的逐步求精过程

开发出的软件具有良好的层次结构，更易于人们的阅读和理解。

(3) 限制或不使用 GOTO 语句

大量的资料数据表明：软件产品的质量与软件中 GOTO 语句的数量成反比。不使用 GOTO 语句使得程序的静态结构和动态执行情况较为接近，对于错误的诊断和纠正比较容易。

7.3　详细设计工具

表达过程规格说明的工具叫作详细设计工具，它可以分为 3 类：图形工具、表格工具和语言工具。

7.3.1 程序流程图

程序流程图独立于任何一种程序设计语言，比较直观、清晰，易于学习掌握。但程序流程图也存在一些严重的缺点。例如，程序流程图所使用的符号不够规范，常常使用一些习惯性用法，特别是表示程序控制流程的箭头可以不受任何约束，随意转移控制。这些现象显然是与软件工程化的要求相背离的。为了消除这些缺点，应对程序流程图所使用的符号做出严格的定义，不允许人们随心所欲地画出各种不规范的程序流程图。例如，为使用程序流程图描述结构化程序，必须限制程序流程图只能使用图 7-3 所给出的 5 种基本控制结构。

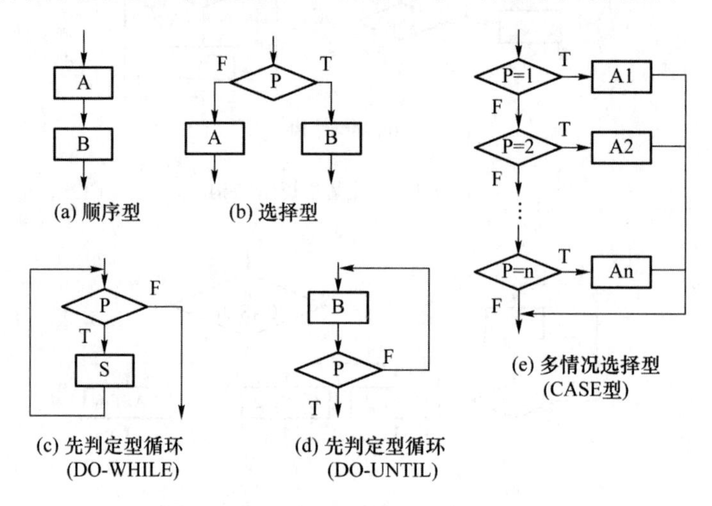

图 7-3 程序流程图的基本控制结构

任何复杂的程序流程图都应由这 5 种基本控制结构组合或嵌套而成。作为上述 5 种控制结构相互组合和嵌套的实例，图 7-4 给出了一个程序流程图。图 7-4 中增加了一些虚线构成的框，目的是便于读者理解控制结构的嵌套关系。显然，这个程序流程图所描述的程序是结构化的。

从 20 世纪 40 年代末到 70 年代中期，程序流程图一直是软件设计的主要工具。它的主要优点是对控制流程的描绘很直观，便于初学者掌握。由于程序流程图历史悠久，为广泛的人所熟悉，因而尽管它有种种缺点，许多人建议停止使用它，但至今仍在广泛使用着。不过，总的趋势是越来越多的人不再使用它了。

程序流程图的主要缺点如下。

① 程序流程图本质上不是逐步求精的好工具，它诱使程序员过早地考虑程序的控制流程，而不去考虑程序的全局结构，对于提高大型系统的可理解性作用甚微。

② 程序流程图中用箭头代表控制流，因此程序员不受任何约束，可以完全不顾结构化程序设计的精神，随意转移控制。

③ 不易表示数据结构。

7.3.2 N-S 图

Nassi 和 Shneiderman 提出了一种符合结构化程序设计原则的图形描述工具，叫作盒图，也叫作 N-S 图。为表示 5 种基本控制结构，人们在 N-S 图中规定了 5 种图形构件，参看图 7-5。

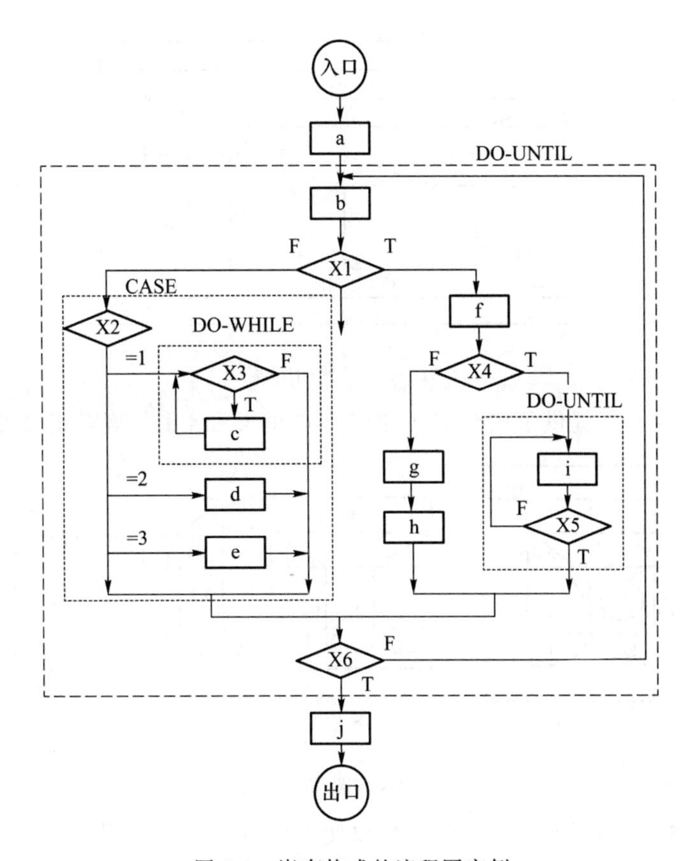

图 7-4　嵌套构成的流程图实例

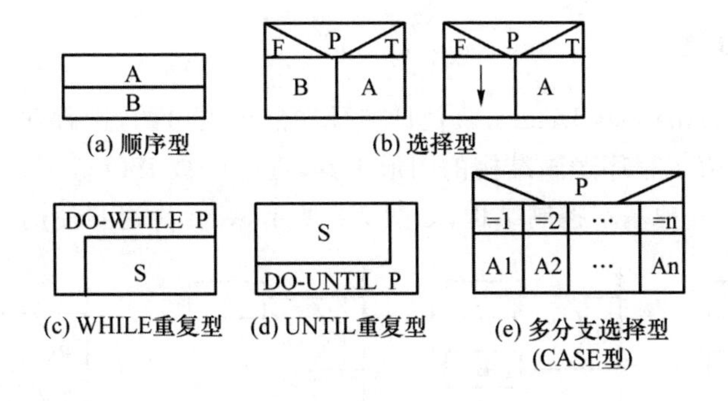

图 7-5　N-S 图的 5 种基本控制结构

为说明 N-S 图的使用，仍用图 7-4 给出的实例，将它用 N-S 图表示，如图 7-6 所示。如前所述，任何一个 N-S 图都是前面介绍的 5 种基本控制结构相互组合与嵌套的结果。当问题很复杂时，N-S 图可能很大。

N-S 图的优点如下。

① 功能域(一个特定控制结构的作用域)明确，可以从盒图上一眼就看出来。

② 没有箭头，不允许随意转移控制，不可能任意转移控制。

③ 很容易确定局部和全程数据的作用域。

④ 很容易表现嵌套关系，也可以表示模块的层次结构。

N-S 图的缺点是随着程序内嵌套的层数增多，内层方框越来越小，会增加画图的难度，影

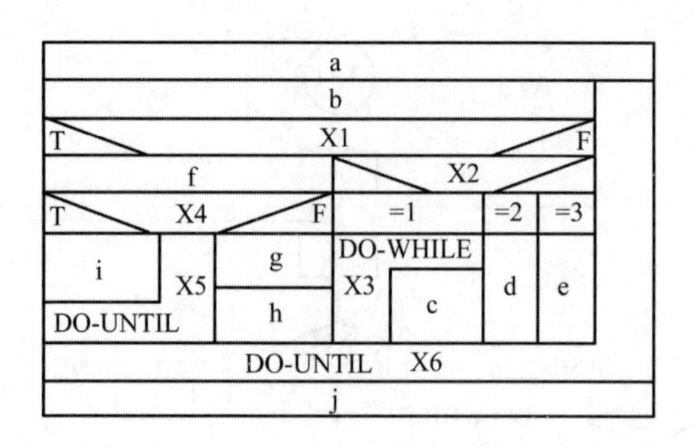

图 7-6 N-S 图的实例

响清晰度。为此,N-S 图提供了嵌套定义,图 7-7 中的 k 和 l 则是嵌套定义的形式。

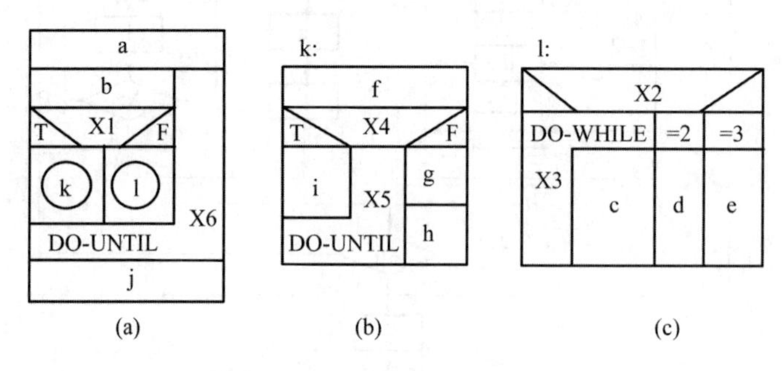

图 7-7 N-S 图中的嵌套定义

坚持使用盒图作为详细设计的工具,可以使程序员逐步养成用结构化的方式思考问题和解决问题的习惯。

7.3.3 PAD 图

PAD(Problem Analysis Diagram)是日本日立公司提出的,由程序流程图演化来的,用结构化程序设计思想表现程序逻辑结构的图形工具,现在已被 ISO 认可。

PAD 也设置了 5 种基本控制结构,如图 7-8 所示,并允许递归使用。

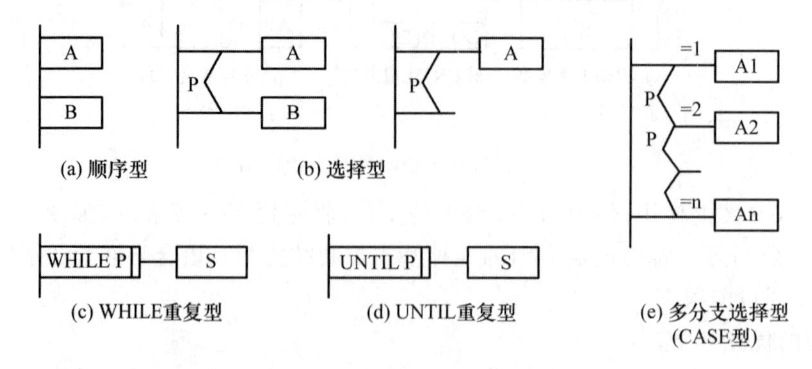

图 7-8 PAD 的基本控制结构

作为 PAD 应用的实例,图 7-9 给出了图 7-6 程序的 PAD 表示。PAD 所描述程序的层次关系表现在纵线上,每条纵线都表示一个层次。在每个层次上,PAD 从左向右绘制。随着程序层次的增加,PAD 逐渐向右展开。

PAD 的执行顺序是从最左主干线的上端节点开始,自上而下依次执行。每遇到判断或循环，就自左而右进入下一层，从表示下一层的纵线上端开始执行，直到该纵线下端，再返回上一层的纵线转入处。如此继续，直到执行到主干线的下端为止。

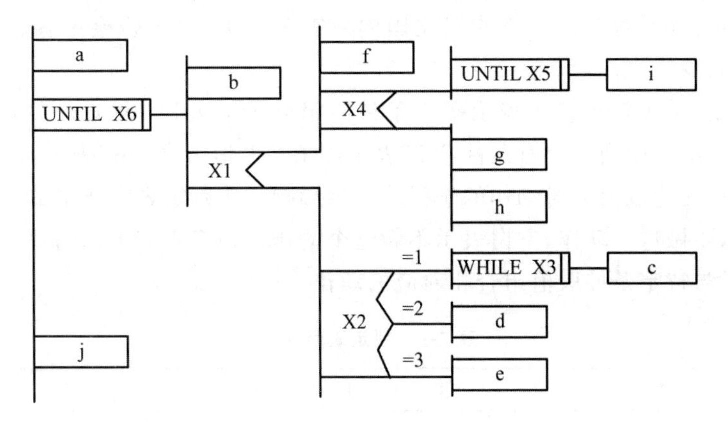

图 7-9　PAD 实例

PAD 支持逐步求精，图 7-10 是使用 PAD 提供的定义功能实现逐步求精的例子。

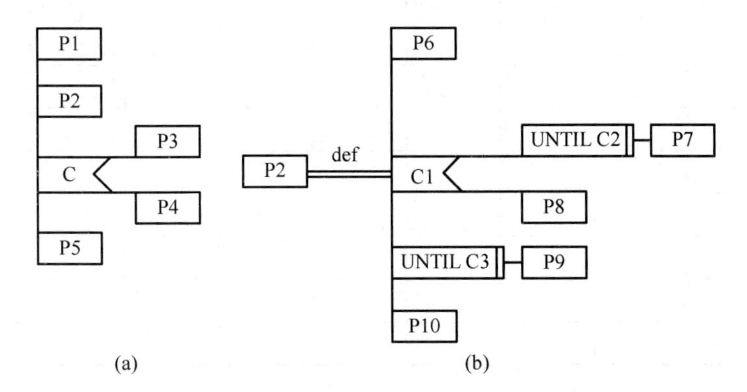

图 7-10　用 PAD 提供的定义功能实现逐步求精

PAD 的主要优点如下。

① 程序结构清晰，结构化程度高。图 7-10 中的竖线为程序的层次线，最左边竖线是程序的主线，其后一层一层展开，层次关系一目了然。

② 支持自顶向下、逐步求精的设计方法。

③ 既可以表示程序逻辑，也可以描绘数据结构。

④ 用 PAD 表现程序逻辑，易读易写，使用方便。

⑤ 容易转换成高级语言源程序，也可用软件工具实现自动转换。

⑥ 易读易写，使用方便。

7.3.4　判定表

当算法中包含多重嵌套的条件选择时，用程序流程图、N-S 图或 PAD 都不易清楚地描述。判定表能够清晰地表示复杂的条件组合与所产生的动作之前的关系。判定表中条件取值只能是“T”和“F”。

一张判定表由四部分组成：左上部列出所有的条件；左下部是所有可能的操作；右上部是各种条件的组合矩阵；右下部是每种条件组合对应的动作。

案例:某航空公司规定,乘客可以免费托运重量不超过 30 kg 的行李。当行李重量超过 30 kg 时,头等舱国内乘客超重部分每千克收费 4 元,其他舱的国内乘客超重部分每千克收费 6 元,对于外国乘客超重部分每千克收费比国内乘客多一倍,对于残疾乘客超重部分每千克收费比正常乘客减少一半。

根据以上规定,采用判定表来表示多个条件的组合较为方便,表 7-1 是以上案例的判定表。在表的右上半部分中列出所有条件,"T"表示该条件取值为真,"F"表示该条件取值为假,空白表示这个条件无论取何值对动作的选择不产生影响。在判定表右下半部分中列出所有的处理,画"√"表示要做这个动作,空白表示不做这个动作。判定表右半部的每一列实质上都是一条规则,规定了与特定条件取值组合相对应的动作。

表 7-1 判定表示例

国内乘客		T	T	T	T	F	F	F	F
头等舱		T	F	T	F	T	F	T	F
残疾乘客		F	F	T	T	F	F	T	T
行李重量 小于等于 30 kg	T	F	F	F	F	F	F	F	F
免费	√								
(W－30)×2				√					
(W－30)×3					√				
(W－30)×4		√						√	
(W－30)×6			√						√
(W－30)×8						√			
(W－30)×12							√		

判定表的优点是能够简洁、无二义性地描述所有的处理规则。但判定表表示的是静态逻辑,是在某种条件取值组合情况下可能的结果,它不能表达加工的顺序,也不能表达循环结构,因此判定表不能成为一种通用的设计工具。

7.3.5 判定树

判定树又称为决策树,和判定表类似,适合描述问题处理中具有多重判断,即每个决策都与若干条件有关的情况。使用判定树进行描述时,应该从问题的文字描述中分清哪些是判定条件,哪些是判定的决策。图 7-11 是根据 7.3.4 节中案例画出的判定树。

判定树的分枝次序对于最终画出的判定树简洁程度有较大影响,所以选择哪一个条件作为第一个分枝是至关重要的,图 7-12 是改变了第一个分枝的条件内容后的判定树,可以看到叶子节点多了很多,导致未来编写的程序更加复杂。

判定树的特点如下。

① 表示复杂的条件组合与应做的动作之间的对应关系。

② 判定树形式简单,长期以来一直受到重视。

③ 判定树的简洁性不如判定表,经常出现同一个值重复写多遍,且叶端重复次数急剧增加的情况。

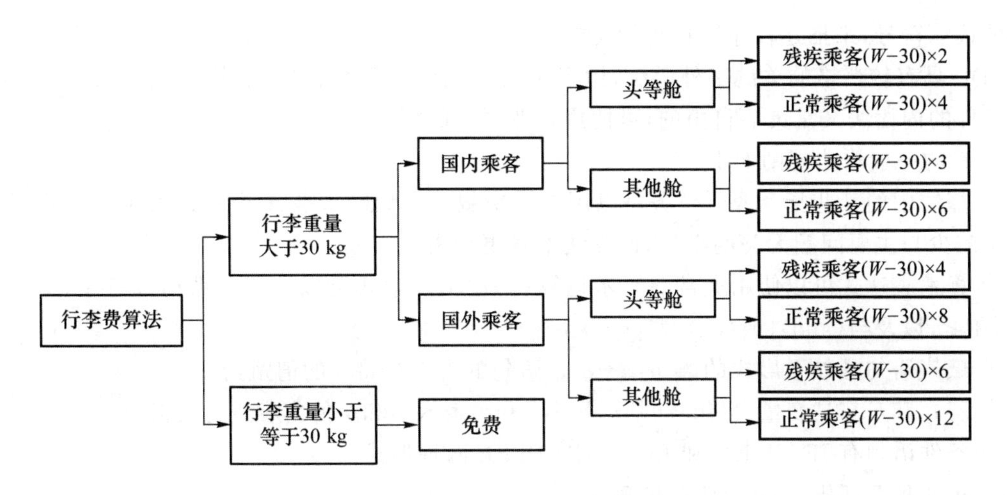

图 7-11　航空行李费的判定树

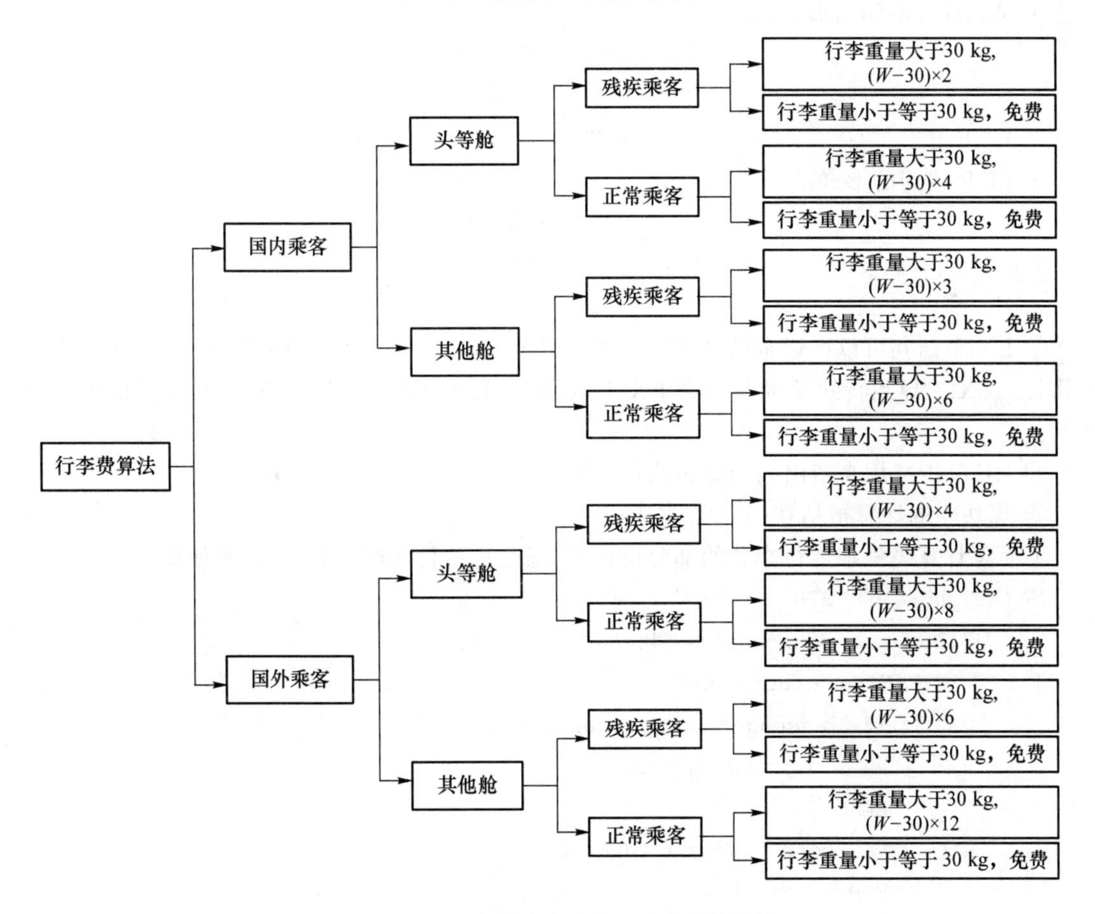

图 7-12　以国内外乘客为第一分枝的判定树

7.3.6　PDL

PDL(Program Design Language，程序设计语言)是一种用于描述功能模块算法设计和加工细节的语言，也称为伪码。一般地，伪码的语法规则分为“外语法”和“内语法”。外语法应当符合一般程序设计语言常用语句的语法规则；而内语法可以用英语中一些简单的句子、短语和通用的数学符号，来描述程序应执行的功能。

PDL 具有较严格的关键字外语法，用于定义控制结构和数据结构，同时它的表示实际操作和条件的内语法又是灵活自由的，可使用自然语言的词汇。

PDL 的一般语法规则如下。

① 算法中的某些指令或子任务可以用文字来叙述，例如“x 是 A 中的最大项”，这样做的目的是减少与主要问题无关的细节，使算法本身更清晰。

② 算术表达式可以使用通常的算术运算符，逻辑表达式可以使用关系运算符=、≠、<、>、≤和≥，以及与(and)、或(or)、非(not)。

③ 赋值语句是如下形式的语句：$a \leftarrow b$ 。语句的含义是将 b 的值赋给 a。

④ 若 a 和 b 都是变量、数组项，那么记号 $a \leftrightarrow b$ 表示 a 和 b 的内容进行交换。

⑤ 条件语句有 IF-THEN 和 IF-THEN-ELSE 两种形式。

⑥ 有两种循环指令：WHILE 和 FOR。

- WHILE 语句的形式是

```
WHILE 条件 DO
    执行体
END
```

- FOR 语句的形式是

```
FOR 条件 DO
    执行体
END
```

⑦ EXIT 语句可以在通常的结束条件满足之前，被用来结束 WHILE 循环或者 FOR 循环的执行。EXIT 导致转到紧接在包含 EXIT 的(最内层)WHILE 或者 FOR 循环后面的一个语句。

⑧ RETURN 用来指出一个算法执行的终点。

⑨ 算法中的注释被括在/＊ ＊/之中。

下面是计算飞机乘客行李费的部分伪代码，通过这些伪代码来看 PDL 的使用。

```
IF (Weight＞30) THEN
    IF (Domestic passengers) THEN
        IF (First class) THEN
            IF (Passengers with disabilities) THEN
                cost = (Weight-30) * 2
            ELSE
                cost = (Weight -30) * 4
            END
        ELSE
            IF (Passengers with disabilities) THEN
                cost = (Weight-30) * 3
            ELSE
                cost = (Weight -30) * 6
            END
```

```
        END
    ELSE
        ……
    END
END
```

从上例可以看出，PDL 具有正文格式，很像一个高级语言。人们可以很方便地使用计算机完成 PDL 的书写和编辑工作。

PDL 作为一种用于描述程序逻辑设计的语言，具有以下特点。

- 有固定的关键字外语法，提供全部结构化控制结构、数据说明和模块特征。属于外语法的关键字是有限的词汇集，它们能对 PDL 的正文进行结构分割，使之变得易于理解。为了区别关键字，可以采取关键字一律大写，其他单词一律小写的书写方法。
- 内语法使用自然语言来描述处理特性。内语法比较灵活，只要写清楚就可以，不必考虑语法错误，以利于人们把主要精力放在描述算法的逻辑上。
- 可用于说明数据结构，包括简单的（如标量和数组）与复杂的（如链表和层次结构）的数据结构。
- 有子程序定义与调用机制，用以表达各种方式的接口说明。

使用 PDL，可以做到逐步求精：从比较概括和抽象的 PDL 程序起，逐步写出更详细的、更精确的描述。

习　题

1. 简述详细设计的过程。
2. 结构化程序设计应遵循的基本原则是什么？
3. 详细设计有哪几种描述方法？
4. 简述详细设计的图形描述工具，以及各自的概念和优缺点。
5. 求数组 $a[0]$～$a[10]$中的次大值，请画出程序流程图。
6. 请画出判断某一年是不是闰年的程序 N-S 图。
7. 请画出公交一卡通刷卡扣款软件的 PAD。
8. 请画出电梯根据某一层按键做出响应的 PDL 表示。
9. 请以是否为头等舱、国内乘客、残疾乘客的顺序画出计算 7.3.4 节中超重行李费用的判定树。

第 8 章 面向对象设计

8.1 面向对象设计与 UML

UML 的重要内容可以由以下 5 类共 10 种图来定义,用例图、行为图和交互图用来对软件行为进行建模,静态图和实现图用来对软件结构进行建模。

在需求获取和分析阶段,常常用用例图获取用户的功能需求,用活动图和状态图对业务流程进行建模。在系统设计阶段,活动图和状态图也被用来对系统流程进行建模。

用例图从用户角度描述系统功能,并指出各功能的操作者。

行为图描述系统的动态模型和组成对象间的交互关系,包括活动图和状态图,具体说明见 5.2.2 节。

交互图描述对象间的交互关系,包括顺序图和协作图。

- 顺序图(或称为时序图)显示对象之间的动态合作关系,它强调对象之间消息发送的顺序,同时显示对象之间的交互,强调时间和顺序。
- 协作图(或称为合作图)描述对象间的协作关系,协作图跟顺序图相似,显示对象间的动态合作关系。除显示信息交换外,协作图还显示对象以及它们之间的关系。协作图强调上下级关系。

静态图从系统内部来看数据和功能性,主要包括类图、对象图和包图。

- 类图描述系统中类的静态结构,定义系统中的类以及类之间的联系(如关联、依赖、聚合)、类的内部结构(类的属性和操作)。
- 对象图是类图的实例,使用与类图完全相同的标识。
- 包图由包或类组成,表示包与包之间的关系。包图用于描述系统的分层结构。

实现图从系统的层次来描述硬件的组成和布局、软件系统的划分和功能实现,包括构件图和部署图。

- 构件图描述代码部件的物理结构及各部件之间的依赖关系。一个部件可能是一个源代码部件、一个二进制部件或一个可执行部件。它包含逻辑类或实现类的有关信息。
- 部署图(或称为配置图)定义系统中软硬件的物理体系结构。它可以显示实际的计算机和设备(用节点表示)以及它们之间的连接关系,也可显示连接的类型及部件之间的依赖性。在节点内部,放置可执行部件和对象以显示节点跟可执行软件单元的对应关系。

在面向对象分析建模阶段,通常还会使用类图和对象图,在设计建模阶段,通常使用交互图和实现图。

UML 图与建模对象如表 8-1 所示。

表 8-1　UML 图与建模对象

建模对象	图类型	UML 图
软件行为	用例图	用例图
	行为图	活动图 状态图
	交互图	顺序图 协作图
软件结构	静态图	类图 对象图 包图
	实现图	构件图 部署图

8.2　类图和对象图

8.2.1　类与类图

类(class)是指具有相同属性、方法和关系的对象的抽象，它封装了数据和行为，是面向对象程序设计(OOP)的基础，具有封装性、继承性和多态性三大特性。类图以反映类结构和类之间的关系为目的，用以描述软件系统的结构，是一种静态建模方法。类图是面向对象建模的主要组成部分，它既用于应用程序的一般概念建模，也用于详细建模，将模型转换成编程代码，类图也可用于数据建模。

类的具体化就是对象，也可以说类的实例是对象。

类具有属性，它是对象的状态抽象，用数据结构来描述类的属性。

类具有操作，它是对象的行为抽象，用操作名和实现该操作的方法来描述。

- 封装：面向对象技术中的封装，简单来说就是将代码及其处理的数据绑定在一起，形成一个独立单位，对外实现完整功能，并尽可能隐藏对象的内部细节。
- 继承(inheritance)：也称作派生，指的是特殊类的对象自动拥有一般类的全部数据成员与函数成员(构造函数和析构函数除外)。
- 多态(polymorphism)：是指一般类中定义的属性或行为，被特殊类继承之后，可以具有不同的数据类型或表现出不同的行为。

类有属性和方法(操作)。在 UML 中，类通过一个矩形表示，被两条直线分隔成 3 个部分，分别表示类名、属性和方法。属性和方法之前可附加的可见性修饰符：

- 加号(+)表示 public；
- 减号(-)表示 private；
- 井号(#)表示 protected；
- 省略这些修饰符表示具有 package(包)级别的可见性。

UML 类图如图 8-1 所示。

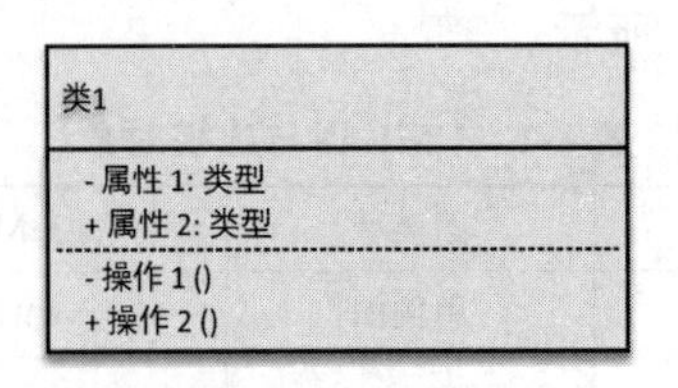

图 8-1　UML 类图

8.2.2　类之间的关系

在 UML 类图中，常见的有以下几种关系：依赖（dependency）、关联（association）、聚合（aggregation）、组合（composition）、泛化（generalization）、实现（realization）。

根据类与类之间的耦合度，从弱到强排列分别是依赖关系、关联关系、聚合关系、组合关系、泛化关系和实现关系。其中泛化关系和实现关系的耦合度相等，它们是最强的。

1. 依赖关系

依赖关系是一种使用关系，它是对象之间耦合度最弱的一种关联方式，是临时性的关联。对于类而言，依赖关系可能由各种原因引起，如一个类向另一个类发送消息，或者一个类是另一个类的操作参数类型等。依赖关系表示两个实例之间的临时关联关系，且本身不生成专门的实现代码。在 UML 中依赖关系用虚线箭头连接两个类来表示，箭头从使用类指向被依赖的类，如图 8-2 所示。

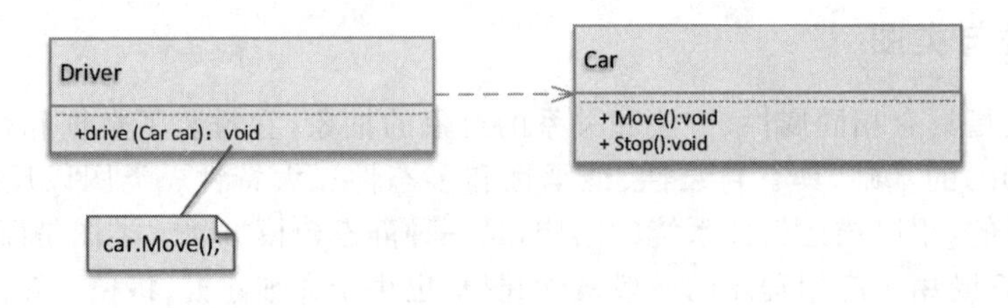

图 8-2　依赖关系

依赖关系不只是局限于表示类之间的关系，其他建模元素，如用例之间、包之间都可以使用依赖关系来表示。

2. 关联关系

关联关系是对象之间的一种引用关系，在代码中通常将一个类的对象作为另一个类的成员变量来实现关联关系。关联可以是双向的，也可以是单向的。在 UML 类图中，双向的关联可以用带两个箭头或者没有箭头的实线来表示，单向的关联用带一个箭头的实线来表示，箭头从使用类指向被关联的类。也可以在关联线的两端标注角色名，代表两种不同的角色。关联关系如图 8-3 所示。

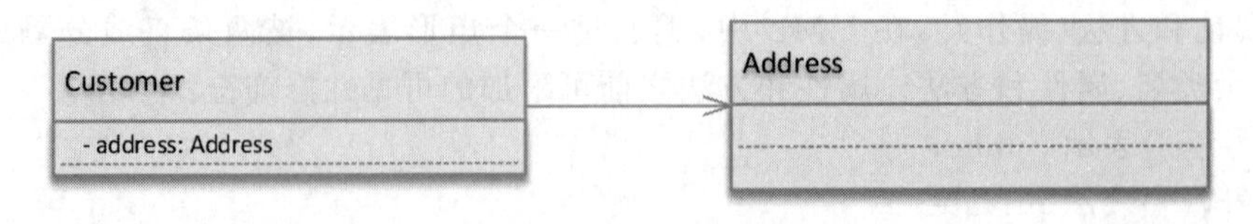

图 8-3　关联关系

3. 聚合关系

聚合关系是关联关系的一种，是强关联关系，是整体和部分之间的关系，是 has-a 关系。聚合关系也是通过成员对象来实现的，其中成员对象是整体对象的一部分，但是成员对象可以脱离整体对象而独立存在，两个对象具有各自的生命周期。在 UML 类图中，聚合关系可以用带空心菱形的实线来表示，菱形指向整体。聚合关系如图 8-4 所示。

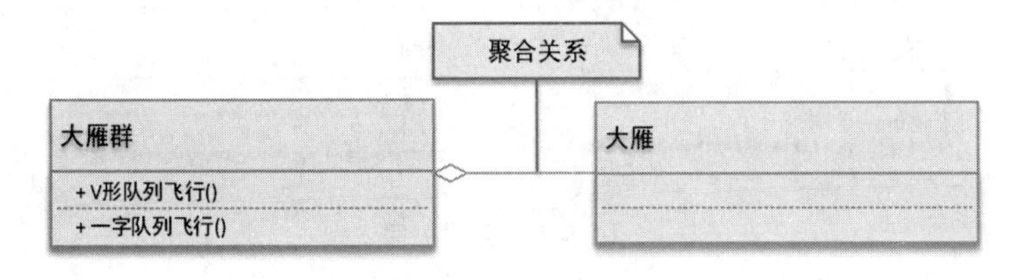

图 8-4　聚合关系

4. 组合关系

组合关系也是关联关系的一种，表示类之间的整体与部分关系，但它是一种更强烈的聚合关系。在组合关系中，整体对象可以控制部分对象的生命周期，一旦整体对象不存在，部分对象也将不存在，部分对象不能脱离整体对象而存在。例如头和嘴的关系，没有了头，嘴也就不存在了。在 UML 类图中，组合关系用带实心菱形的实线来表示，菱形指向整体。组合关系如图 8-5 所示。

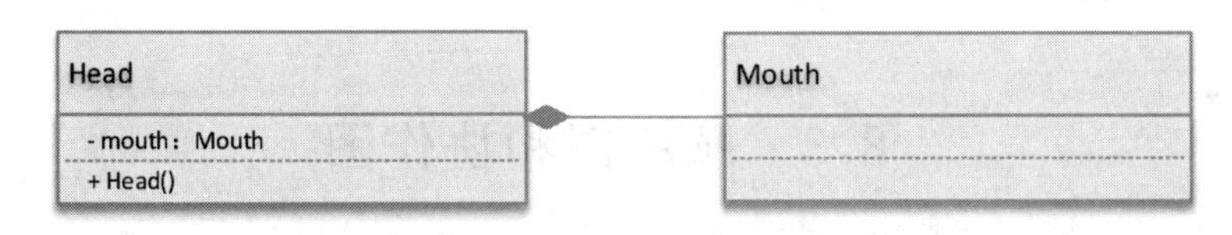

图 8-5　组合关系

5. 泛化

泛化关系是一种继承关系，表示一般与特殊的关系，它指定了子类如何特殊化父类的所有特征和行为。泛化关系是带三角箭头的实线，箭头指向父类。泛化关系如图 8-6 所示。

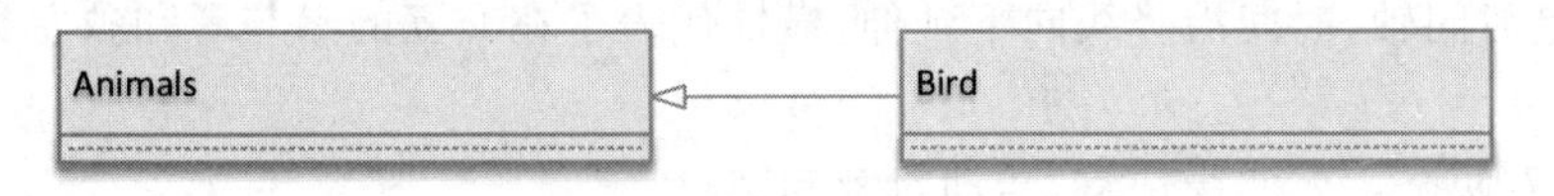

图 8-6　泛化关系

6. 实现

实现关系是一种类与接口的关系，表示类是接口所有特征和行为的实现，在这种关系中，类实现了接口，类中的操作实现了接口中所声明的所有抽象操作。在 UML 类图中实现关系用带空心三角形的虚线表示，箭头指向接口。实现关系如图 8-7 所示。

8.2.3　对象图

对象图显示了某一时刻的一组对象及它们之间的关系。一个 UML 对象图可看成一个类图的特殊用例，实例和类可在其中显示。对象图几乎使用与类图完全相同的标识。对象图中的建模元素主要有对象和链，对象是类的实例，链是类之间的关联关系实例。在 UML 中，链使用一根实线段来表示。在对象图中，对象的命名可以使用以下 3 种方式。

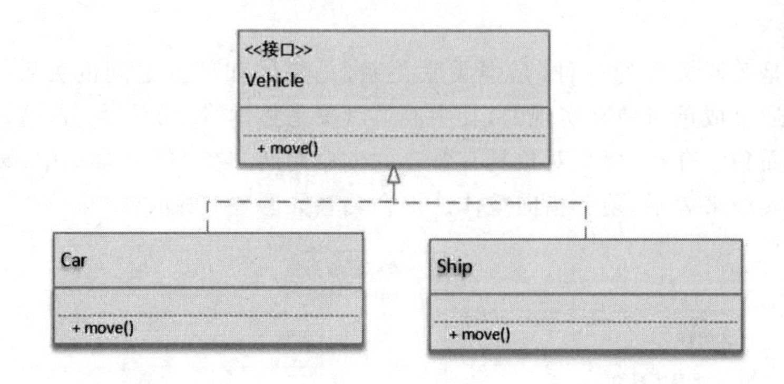

图 8-7　实现关系

- 标准表示法(对象名:类名),如 stu: Student。
- 匿名表示法(:类名),如:Student。
- 省略类名表示法(对象名),如 stu。

为了表示一个特定的系统,类的数量是有限的。但是,如果我们使用对象图,那么我们就可以有无限数量的类实例。

对象图的建模步骤:

① 确定对象及对象状态(从类图中来);

② 建立链(从类图中来)。

8.3　顺序图和协作图

8.3.1　顺序图

顺序图是用来显示参与者如何采用若干顺序步骤与系统中对象交互,以及以时间顺序安排的对象之间的交互模型。顺序图把用例行为分配给类(对象),并将交互关系表示为一个二维图,纵向是时间轴,时间沿竖线向下延伸,横轴代表了在交互的参与者和独立类、对象或其组成的系统。

顺序图有两个主要的标记符:活动对象和消息。

1. 活动对象

活动对象是系统的参与者或者任何有效的系统对象。对象是类的实例,它使用包围名称的矩形框来标记,所显示的对象及其类的名称带有下划线,两者用冒号隔开,使用“对象名:类名”的形式,把参与者表示为活动对象,可以说明参与者如何与系统交互,以及系统如何与用户交互。参与者可以调用对象,对象也可以通知参与者。顺序图示例见图 8-8。

(1) 对象的排列

对象的左右顺序并不重要,但是为了图的清晰整洁起见,通常应遵循以下两个原则:

① 把交互频繁的对象尽可能地靠拢;

② 把初始化整个交互活动的对象(有时是一个参与者)放置在最左边。

(2) 生命线

生命线表示对象存在的时间,用对象下面一条虚线表示。生命线从对象创建开始,到对象

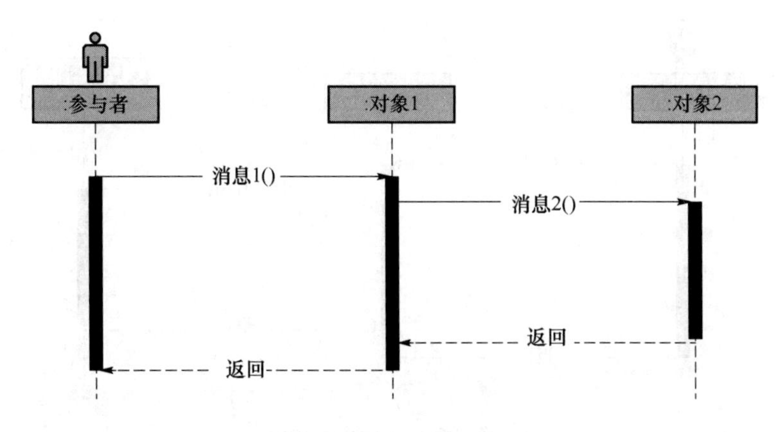

图 8-8　顺序图示例

销毁终止。对象在生命线上有两种状态:休眠状态和激活状态。

当一个对象没有被激活时,该对象处于休眠状态,什么事都不做,但它仍然存在,等待新的消息来激活它。当一条消息被传递给对象的时候,它会触发该对象的某个行为,这时就说该对象被激活了。当一个对象处于激活期时,表明该对象正在执行某个动作。

(3) 控制焦点/激活期

控制焦点/激活期用生命线上的小矩形表示,表示这个时间内对象将执行操作。矩形框的高度表示对象执行一个操作所经历的时间段,矩形的顶部表示动作的开始,底部表示动作的结束。对象接收消息后可以由自己的某个操作来完成,也可以通过其他对象的操作来完成。

2. 消息

消息用来说明顺序图中不同活动对象之间的通信,对象之间的交互是通过互发消息来实现的,一个对象通过发送消息可以请求另一个对象做某件事。消息用带箭头的直线表示,从源对象指向目标对象,箭头上面标记发送消息的名称。消息一旦发送便将控制从源对象转移到目标对象。因为消息的阅读顺序是严格自上而下的,因此活动对象之间发送的消息是顺序图的关键。

(1) 消息的类型

在 UML 中,总共有 4 种类型的消息:同步消息、异步消息、返回消息和简单消息(见表 8-2)。

表 8-2　消息类型表

消息类型	图　形
同步消息	——————▶
异步消息	——————⇁
返回消息	<------------
简单消息	——————>

- 同步消息(synchronous message):代表一个操作调用的控制流中断。同步消息的发送者把控制传递给消息的接收者,然后暂停活动,等待消息接收者的应答,收到应答后才继续自己的操作。图 8-9 演示了在登录网站时使用同步消息。
- 异步消息(asynchronous message):用于控制流在完成前不需要中断的情况。消息的发送者把控制传递给消息的接收者,然后继续自己的活动,不需等待接收者返回信息或控制。

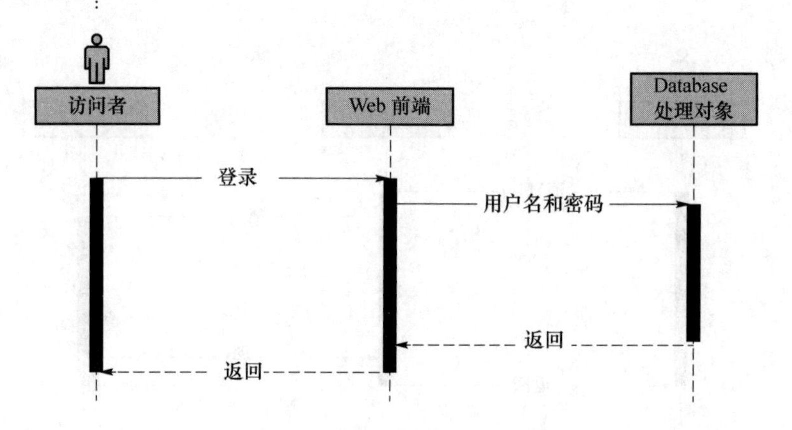

图 8-9 同步消息示例

- 简单消息(simple message):如果所有的消息都是同步消息或者异步消息,那么为什么还要简单消息呢?因为有时候我们不关心消息是同步还是异步,此外在高层分析中,有时候没有必要指定一个消息是同步的还是异步的。注意:有些 UML 建模软件将异步消息和简单消息使用统一的箭头图标表示,如 Visio。
- 返回消息(return message):一个活动对象收到消息并完成请求的工作后向原对象返回处理结果。

(2) 条件

消息可以包含条件,以便限制它们只在满足条件时才能发送。条件显示在消息名称上面的方括号中。

案例:对于编译程序用例,我们可以创建一个成功编译工作流的顺序图,如图 8-10 所示。这个顺序图中有 4 个活动对象:开发人员(Developer)、编译器(Compiler)、文件系统(File System)和链接器(Linker)。Developer 是系统的参与者,Compiler 是 Developer 交互的应用程序,File System 是系统层功能的包装器,用来执行文件的输入和输出例程,Linker 是一个用来链接对象文件的独立进程。

Compile Application 用例的顺序图操作:

① Developer 请求 Compiler 执行编译;

② Compiler 请求 File System 加载文件;

③ Compiler 通知自己执行编译;

④ Compiler 请求 File System 保存对象代码;

⑤ Compiler 请求 Linker 链接对象代码;

⑥ Linker 请求 File System 加载对象代码;

⑦ Linker 通知自己执行链接;

⑧ Linker 请求 File System 保存编译的结果。

8.3.2 分支和从属

1. 创建和销毁对象

顺序图中的对象可以创建新的活动对象,创建的方法是把"create"消息发送给对象实例,该对象则被创建出来。对象创建之后就会具有生命线,就像顺序图中的任何其他对象一样,可以像顺序图中其他对象那样来使用该对象发送和接收消息。同样,可以发送"destroy"消息来

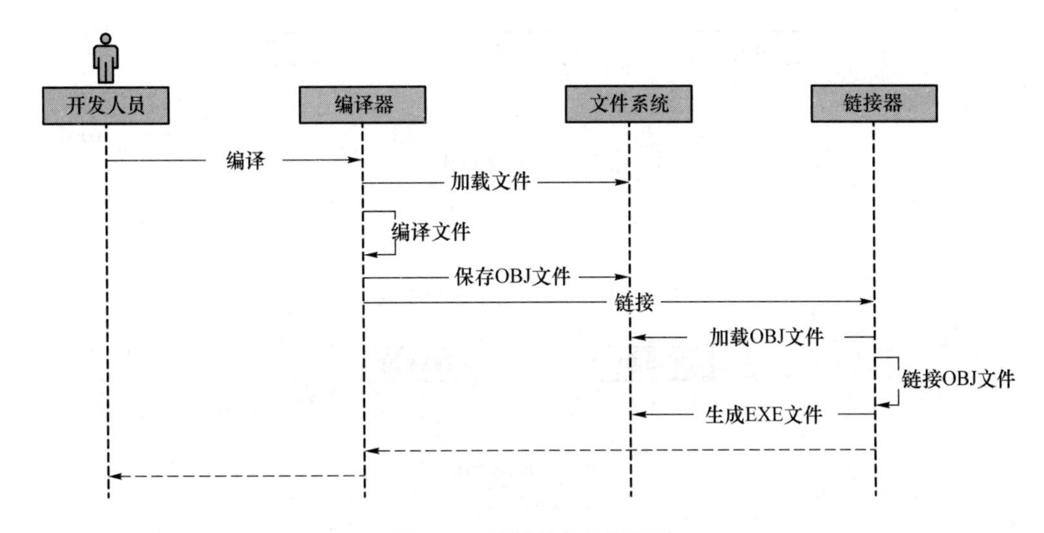

图 8-10　编译程序的顺序图

删除一个对象。若要想说明某个对象被销毁，需要在被销毁对象的生命线最下端放一个“×”字符，如图 8-11 所示。

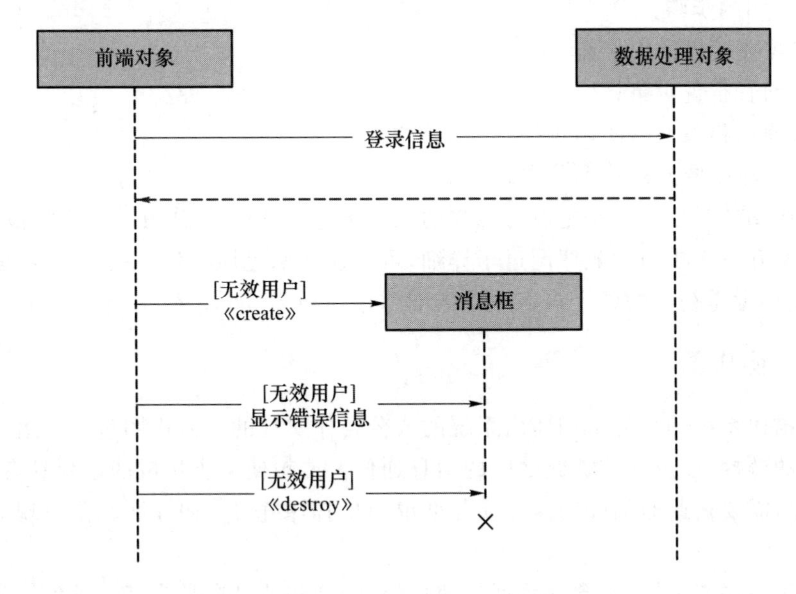

图 8-11　创建和销毁对象

2. 分支流和从属流

有两种方式来修改顺序图的控制流：使用分支流和从属流。控制流的改变是由于不同的条件导致控制流走向不同的道路。

分支允许控制流走向不同的对象，消息的开始位置是相同的，分支消息的结束“高度”也是相等的。这说明在下一步中，其中之一将会执行，如图 8-12 所示。

从属允许控制流根据条件改变，但是只允许控制流改变为相同对象的另一条生命线分支。在使用文字编辑器时，Editor 在用户删除文件或者保存文件时向 File System 发送消息。显然，File System 会执行两种完全不同的活动，并且每一个工作流都需要独立的生命线，如图 8-13 所示。

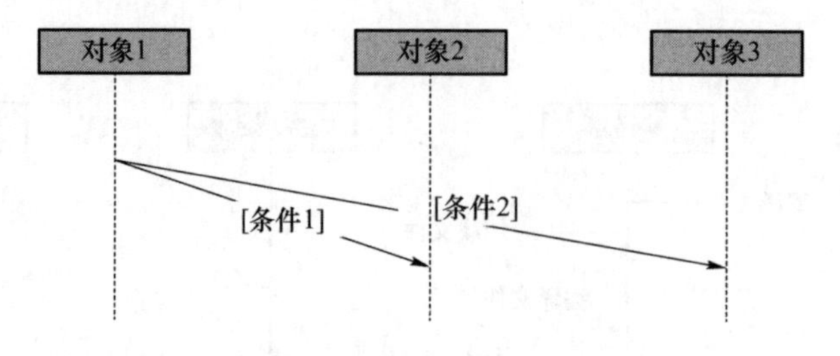

图 8-12　顺序图中的分支流

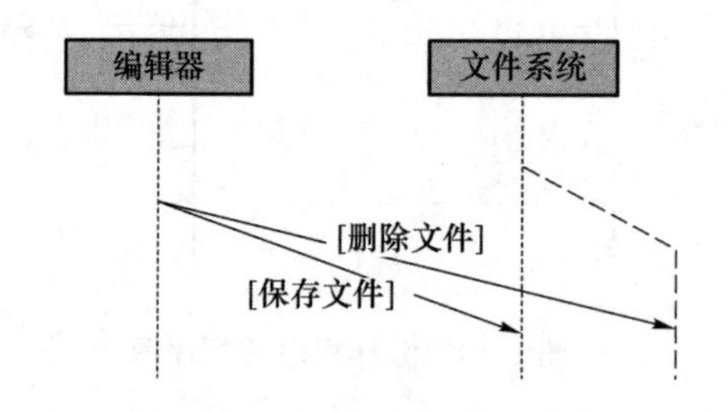

图 8-13　顺序图中的从属流

创建顺序图的步骤：

① 确定需要建模的工作流；

② 从左到右布置对象；

③ 添加消息和条件以便创建每一个工作流；

④ 绘制总图以便连接各个分图。

建模顺序图的最后一步是把所有独立的工作流连接为一个总图。在此阶段，如果觉得前面的消息和交互对于当前的顺序图过于详细，可以让它们更加泛化一些，但是在软件建模的下一个阶段，就会觉得初始的各个顺序图越详细越好。

8.3.3　协作图

协作图描述系统的行为是如何由系统的成分合作实现的。协作图包含一组对象和以消息交互为联系的链接，以及它们彼此之间的消息通信。要想使由类构成的系统具有功能，这些类的实例（对象）需要彼此通信和交互。换句话说，它们需要协作，协作图就是表现对象协作关系的图。

协作图和顺序图一样，包含一系列的消息集合，这些消息在具有某一角色的各对象间进行传递交换，完成协作的对象则为消息达到的对象。可以说在协作图的一个协作中描述了该协作所有对象组成的网络结构以及相互发送消息的整体行为。

顺序图和协作图都可以表示对象间的交互关系，但它们的侧重点不同。顺序图用消息的几何排列关系来表达对象间交互消息的先后时间顺序，而协作图则建模对象（或角色）间的通信关系。

协作图的组成元素有对象、消息和链接。

1．对象

协作图中的对象和顺序图中的对象概念相同，同样都是类的实例。对象的角色表示一个或一组对象在完成目标的过程中所应起的那部分作用。在协作图中，一个类的对象可以充当多个角色，表示一个或一组对象在完成目标过程中所起的部分作用。协作图中对象的表示方式也和顺序图中对象的表示方式一样，使用包围名称的矩形框来标记，与顺序图不同的是，对象的下部没有一条被称为“生命线”的垂直虚线。

2. 消息

协作图通过消息来描述系统动态的行为。消息是从一个对象（发送者）向另一个或几个其他对象（接收者）发送的信号，或由一个对象（发送者或调用者）调用另一个对象（接收者）的操作。消息由三部分组成：发送者、接收者和活动。消息用带标签的箭头表示，附在链上。每个消息都包括顺序号和消息名称。

3. 链接

链接表示两个对象共享一个消息，位于对象之间或参与者与对象之间，用线条来表示链接。在自身关联的类中，链接是两端指向同一对象的回路，是一条弧。

图 8-14 是一个打印任务的协作图。Actor 发送 Print 消息给 Computer，Computer 发送 Print 消息给 PrintServer，如果打印机空闲，PrintServer 发送 Print 消息给 Printer。

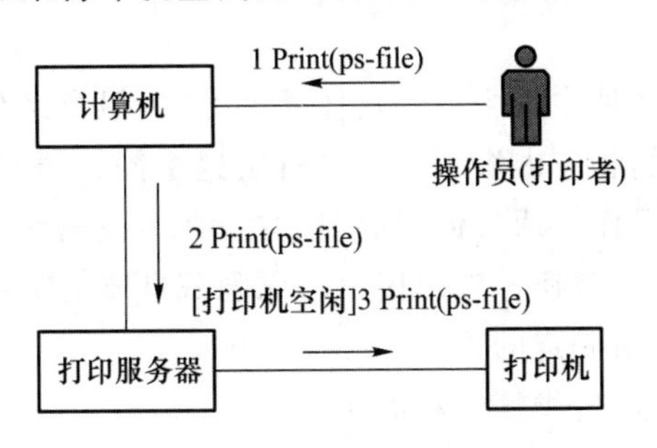

图 8-14　打印任务的协作图

8.4 实 现 图

为了实现基于构件软件开发的设计思想，我们必须将系统划分为若干个可管理的子系统，再把子系统中的类用接口进行封装，以便组成构件内部高内聚（high cohesion）、构件之间松耦合（loose coupling）的结构。构件图（component diagram）为系统中的构件建模，构件建模的目标是把系统中的类分布到更大的内聚构件中，显示系统构件间的结构关系，以及构件间相互依赖的网络结构，因此构件图是 UML 中最重要的建模图示语言之一。从宏观的角度上，构件图把软件看作多个独立构件组装而成的集合，每个构件都可以被实现相同接口的其他构件替换。构件图的 3 个元素是构件、接口和构件之间的关系。

构件图的作用如下。

① 构件图从软件架构的角度来描述一个系统的主要功能，如系统分成几个子系统，每个子系统都包括哪些类、包和构件，它们之间的关系以及它们分配到哪些节点上等。

② 从整体上了解系统的所有物理部件，构件图显示了被开发系统所包含构件之间的依赖关系。

1. 构件

在 UML 2.0 中，构件被认为是在一个系统或子系统中的独立封装单位，构件通过一系列的接口对外界提供功能。

构件的类型如下。

① 部署构件:如 dll 文件、exe 文件、com＋对象、corba 对象、ejb、动态 web 页、数据库表等。

② 工作产品构件:如源代码文件、数据文件等,用来产生部署构件。

③ 执行构件:指系统执行后产生的构件。

从构件的定义上看,构件和类十分相似,事实也是如此。但也存在着一些明显的不同,下面是构件与类的区别。

① 类表示是对实体的抽象,而构件是对存在于计算机中的物理部件的抽象。也就是说,构件是可以部署的,而类不能部署。

② 构件属于软件模块,而非逻辑模块,与类相比,它们处于不同的抽象级别。甚至可以说,构件就是由一组类通过协作完成的。

③ 类可以直接拥有操作和属性,而构件仅拥有可以通过其接口访问的操作。

2. 接口

假如有一个类要使用构件中某个类的具体某个方法,但当这个具体的方法发生变化时,那么该类就不能应用构件中的相应内容了。为了解决这个问题,构件可以通过其他组件的接口来使用其他构件中定义的操作。通过使用命名的接口,可以避免在系统中各个构件之间直接发生依赖关系,有利于构件的替换。应用接口可以隐藏具体的实现细节,这样构件中的内容可以任意变化,而接口却是相对固定的。

构件向外部展现两种接口:供接口和需接口。

- 供接口表示构件为客户提供的功能,它告知用户构件如何被使用。构件至少要有一个供接口。供接口用棒棒糖式的图形表示,由一个封闭的圆形与一条直线组成。
- 需接口表示为了使构件工作,构件必须要从其他服务中所获得的功能。需接口表示该接口是构件的成员变量或构件中类的成员变量。需接口用插座式的图形表示,由一个半圆与一条直线组成。

3. 构件间的关系

如果一个构件有一个需接口,则表示它需要另一个构件或者类来为它提供服务,为了表达构件与其他构件间的关系,供接口与需接口之间用一个表示依赖的箭头(即虚线加一个开箭头)连接起来,该箭头从需接口引出,指向服务供应者提供的供接口,如图 8-15 所示。

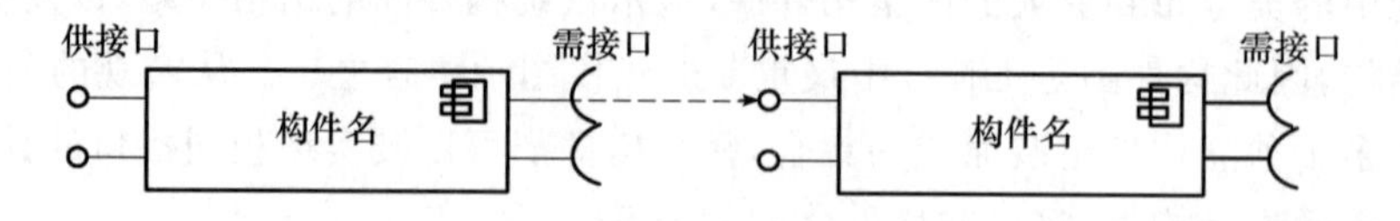

图 8-15　构件的供接口和需接口

更简单地,可以忽略构件间的供接口和需接口,而直接在构件间画上依赖关系,如图 8-16 所示。

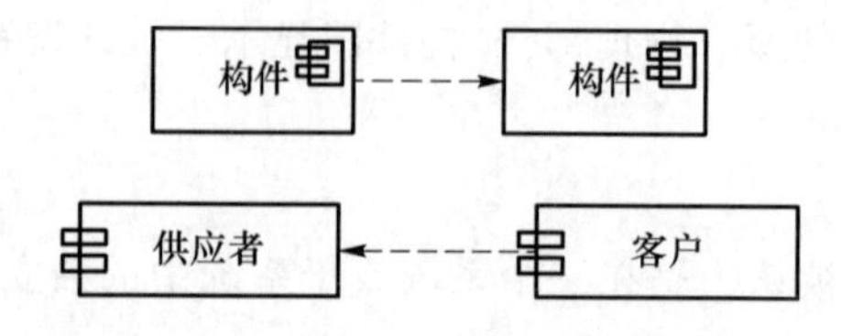

图 8-16　省略供接口和需接口的构件图

习　　题

1. 类之间的关系有哪几种？
2. 使用顺序图对系统进行建模时，要遵循什么策略？
3. 画顺序图的一般步骤是什么？
4. 在顺序图中消息有几种类型？返回消息是必须的吗？
5. 顺序图和协作图的区别是什么？
6. 画出客户在 ATM 上取款用例的类图。
7. 画出在网上订火车票的对象图。
8. 画出在网上购物的顺序图。
9. 画出手机打车软件的构件图。

第 9 章 软件安全设计

9.1 安全设计原则

虽然采用加密算法对软件中的数据进行加密，可以提高软件使用的安全性，但是安全的软件并非仅指软件具有加密数据的能力。安全应该成为软件的属性，而不是功能。

安全必须从需求分析和设计阶段开始就当作重要部分加入系统中，并且在开发的每个步骤都包含进去，而不是在编码之后再加入安全特性。在软件设计时就加入安全因素必须利用安全从业人员多年来积累的设计经验，没有比这更好的方法。

当进行软件设计时，针对提出的安全需求，可以采用以下安全原则进行设计。

原则 1:让最弱的环节变得安全

首先使安全性最薄弱的环节变得安全。安全实践者通常认为:安全是一个链条，其安全性由最弱的地方决定。软件的安全由安全性最弱的组件决定，就像木桶理论(图 9-1)，木桶能装的水量由最短的一块板决定。攻击者选择系统中最弱的地方进行攻击，因为那里最容易被攻破，而不是试图穿透一个坚固的防线。

图 9-1　木桶理论

原则 2:实践纵深防御

纵深防御的思想是通过采用多个不同的防御策略来管理风险，因此，当某一层防御不够充分的时候，另一层将阻止系统被攻破。纵深防御有助于减少系统的单一失效点，这种分层的安全防御措施能够减少攻击成功的概率。例如，除了采取登录认证手段之外，还可以采取基于权限的访问控制技术，防止攻击者在获取了他人的登录口令之后在系统中任意操作。

原则 3:安全的错误退出

有很多系统发生各种错误时会表现出不安全的行为。这样，攻击者只需要导致一个错误，或者等待错误的发生，然后就可以利用系统在错误处理时的不安全行为发起攻击。由于错误是无法避免的，应该事先计划的是当错误发生时哪些安全问题需要避免。任何复杂的系统都应该有错误模式，当系统发生错误时，系统应该能够安全地退出。图 9-2 是一个登录系统的例子。

```
DWORD dwRet = IsAccessAllowed(...);
if (dwRet == ERROR_ACCESS_DENIED) {
// Security check failed.
// Inform user that access is denied.
} else {
// Security check OK.
}
```

图 9-2　不安全的错误处理程序

图 9-2 所示处理程序的缺陷在于当 IsAccessAllowed()函数返回错误时，可能有多种情况，例如系统内存耗尽(ERROR_NOT_ENOUGH_MEMORY)。如果发生这种情况，系统会判断为允许访问，则用户可能执行一个特权任务。正确的错误处理程序如图 9-3 所示。

```
DWORD dwRet = IsAccessAllowed(...);
if (dwRet == NO_ERROR) {
// Secure check OK.
// Perform task.
} else {
// Security check failed.
// Inform user that access is denied.
}
```

图 9-3　正确的错误处理程序

原则 4:最小权限原则

仅将所需权限的最小集授权给需要访问资源的主体，并且该权限的持续时间应该尽量短。给用户不必要的(过多的)权限通常导致信息被泄露和不必要的改变。因此，细致的访问权限分配将减少对系统的破坏。

原则 5:权限分离原则

系统在授权访问关键对象时应该确保多个条件得到满足，通过检查单一条件来决定能否访问对强安全性来说不够充分。就像需要两把钥匙同时插入开一把锁比使用一把钥匙要更加安全可靠。如果攻击者能够获得一个特权但没有第二个，将不能发起有效的攻击。如果软件系统主要由一个组件组成，那么使用多种检查措施访问不同组件的想法将无法实现，则将软件分离成多个组件且需要多次访问检查才能阻止攻击，或有效地避免对整个系统的一次性攻陷。

原则 6:保护机制的简单性

评价系统安全时需要考虑的一个因素是复杂性。如果设计、实现的安全机制非常复杂，那么安全弱点存在的可能性将会增加。复杂系统中的精细问题可能很难发现。使用公共的功能函数能减少代码数量，尽可能地考虑重用组件，只要被重用的组件是高质量的。这种思想特别适用于密码库。被广泛使用的密码库要比组织内部使用的密码库更加健壮。当然，即使是被广泛使用的组件,也有可能出现问题。

原则 7:最小共享机制

每个共享机制(特别是共享变量)都代表用户之间一种潜在的信息路径,这些路径一定要小心处理,以确保不会损害安全。避免多个主体通过共享机制有权使用同一个资源,敏感信息可能通过这种机制在不同用户之间共享。例如,互联网上服务应用程序同时允许攻击者和用户获得访问权。

原则 8:勉强信任原则

开发者应该认为他们系统所在的环境是不安全的。无论是外部系统,还是代码、人员等,都应该被时刻关注。开发人员应该设想未知用户输入的所有可能情况,即使用户是已知的,也要怀疑其可能发起攻击。例如,即使开发的是公司内部的软件系统,也依然存在 SQL 注入攻击的可能性,以及用户不小心导致的错误输入,因此也需要加入输入验证功能。

原则 9:不要认为秘密是安全的

不要把秘密隐藏在代码中,必须使用真正的保护机制来保护敏感信息。例如,汇编和反编译器等可以帮助攻击者获得可能存储在二进制文件中的敏感信息。必须使用真正的保护机制来保护敏感信息。Howard 和 LeBlanc 指出,永远假设攻击者知道你知道的所有事情。好的加密算法能很好地工作是因为它们都依靠密钥的私密性,并不依靠密码算法本身的私密性。用户唯一要做的是保护密钥不会丢失或被窃取。如果用户可以做到这一点,密钥也有足够的长度,那么即使攻击者通晓密码算法,也不可能破解密钥。

原则 10:完全仲裁(完全控制)

当一个主体试图读取一个对象时,操作系统应该仲裁这个行为。首先,决定这个主体能否读这个对象。如果可以,则提供资源。如果这个主体试图再次读这个对象,系统应该再次检查是否能再次读这个对象。大多数系统不会做第二次检查,它们可能把第一次检查的结果放入缓存,第二次访问时基于缓存中的结果。短时间的保存权限信息可以提高系统性能,但是可能产生越权访问的代价。如果主体的访问控制权限在第一次授权后减少了,系统在第二次访问时没有检查,就发生了一次访问权限违例。

原则 11:心理接受能力

软件安全设计应该便于使用,这是一条必不可少的原则。这样,用户会经常正确地使用安全保护机制,从而错误就会减少。安全机制不应该阻止资源的可访问性,如果安全机制阻碍资源的可用性和可访问性,用户可能选择关闭这些机制。

9.2 威胁建模

关于威胁有很多信息,但是威胁建模却少有涉及。威胁建模以一种规范化的方式来考虑应用程序的安全性,是一种基于安全的分析。在软件设计阶段充分了解各种安全威胁,有助于人们确定给产品造成的最高安全级别的安全风险是什么,以及攻击是如何表现出来的。创建威胁模型使开发人员认识到产品的什么地方最为危险,因而会选择合适的技术来缓和威胁,这样就使得系统更加安全。

威胁建模的目标是确定需要缓和(降低)哪些威胁,如何来缓和这些威胁。威胁建模指导开发人员选择适当的应对措施对可能的风险进行管理,重新验证软件架构和设计,查缺补漏,发现其他难以检测的、由一系列小错误形成的复杂缺陷,降低软件的受攻击面,提高系统安全性。威胁建模流程如图 9-4 所示。

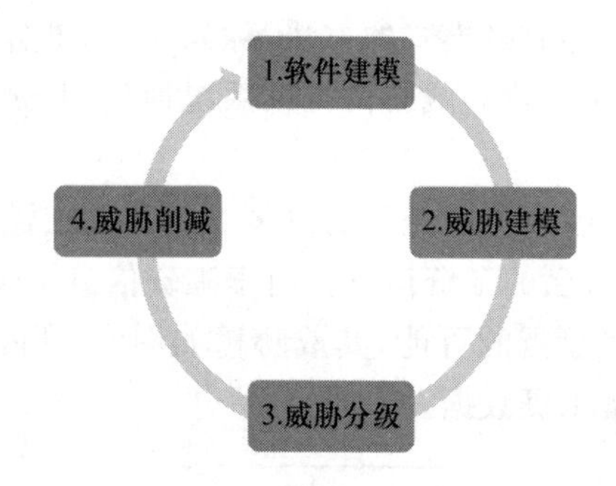

图 9-4　威胁建模流程

威胁建模的主要步骤包括:

① 分解应用程序,软件建模;

② 确定系统所面临的威胁,威胁建模;

③ 以风险递减的方式给威胁排序,威胁分级;

④ 选择应付威胁的方法,威胁削减。

1. 软件建模

成功的威胁建模需要一种结构化的方法对应用程序进行形式化分解,建立清晰的软件模型有助于寻找威胁。在白板上绘制表示软件模型的图表是开始威胁建模非常有效的方法。软件模型有很多种,数据流图和系统结构图是其中最常用的软件模型。在数据流图或系统结构图上确定要分析的应用程序边界或作用范围,并了解可信任部分与不可信任部分之间的边界。

2. 威胁建模

软件建模之后,就要识别软件遭受的威胁。威胁识别的典型方法是使用 STRIDE 威胁模型。STRIDE 威胁模型由 Microsoft 公司提出,该方法通过审查系统设计或架构来发现或纠正设计级的安全问题。

STRIDE 是 Spoofing(假冒)、Tampering(篡改)、Repudiation(抵赖)、Information disclosure(信息泄露)、Denial of service(拒绝服务)和 Elevation of privilege(权限提升)的首字母缩略词,也就是把威胁分为上述 6 类,帮助建模者发现威胁。

- 假冒:典型的例子是使用其他用户的认证信息进行非法访问。
- 篡改:在未授权的情况下恶意地修改数据。这种修改可能修改在数据库中保存的数据,也可能修改在网络中传输的数据。
- 否认(repudiation)/抵赖:用户从事一项非法操作,但该用户拒绝承认,且没有方法可以证明他在抵赖。
- 信息泄露:信息暴露给不允许访问的人。例如,用户读到没有给他赋予访问权限的文件内容,或信息在网络中传递时因被复制或窃取而泄密。
- 拒绝服务:拒绝有权访问用户提出的服务请求。
- 权限提升:一个没有特权的用户获得更高的访问特权,从而有足够的权限作出摧毁整个系统的事情。

到目前为止,将 STRIDE 模型应用到应用程序中最简单的方法是,考虑 STRIDE 模型中的每一个威胁是如何影响软件中每一个组件的,以及是如何影响组件与组件之间的连接或关系的。看一看应用程序的每一部分，针对该组件或进程判断是否存在任何 S、T、R、I、D 或者 E 威胁。大部分情况下都会存在许多威胁，将它们都记录下来。

在硬件领域中有种识别可能故障模式的方法，称为“故障树”，同样的方法也适用于计算机安全问题，称为攻击树或威胁树。建立威胁树可以系统地使用 STRIDE 模型分析软件面临的各种威胁和存在的漏洞。

威胁树描述了攻击者破坏各组件所经历的决策过程。以工资数据 Web 系统为例，用户登录工资数据 Web 服务器查看自己的工资信息。由于工资信息是保密的，这意味着必须保护工资数据的机密性。该信息存在泄露的可能，其威胁树如图 9-5 所示。这棵威胁树描述了攻击者如何浏览另一个用户的秘密工资数据。

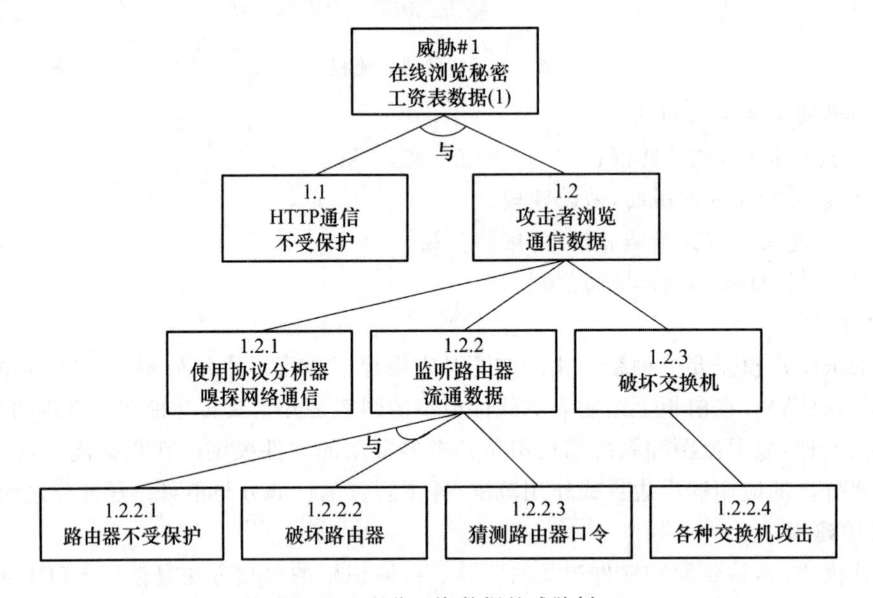

图 9-5　浏览工资数据的威胁树

可以进一步增加威胁树的可读性：

- 可以向威胁树添加几个附件，显示最有可能的攻击向量；
- 用虚线表示最不可能的攻击点；
- 用实线表示最可能的攻击点；
- 在最不可能的攻击节点下放置圆圈，说明攻击为什么会减弱。

图 9-6 显示了上传恶意 Web 页面的威胁树，并增加了可读性。

3. 威胁分级

当对软件的各个组件进行威胁建模之后，需要对记录的威胁进行分析，确定各个威胁的等级，从而采取相应的措施减缓威胁。对威胁进行分级可以采用 DREAD 模型，也可以采用简单的攻击面分析方法。

(1) DREAD 模型

DREAD 是潜在破坏性（damage potential）、再现性（reproducibility）、可利用性（exploitability）、影响用户（affected users）和可发现性（discoverability）的首字母缩略词。

- 潜在破坏性：衡量一下威胁可能造成的实际破坏程度，一般最糟糕的程度是 10，是指攻击者可能绕开所有的安全限制，任何时间都能破坏，提升特权的威胁通常是 10 级，其他的例子与受保护的数据值有关，医疗、金融或军事数据通常等级都很高。

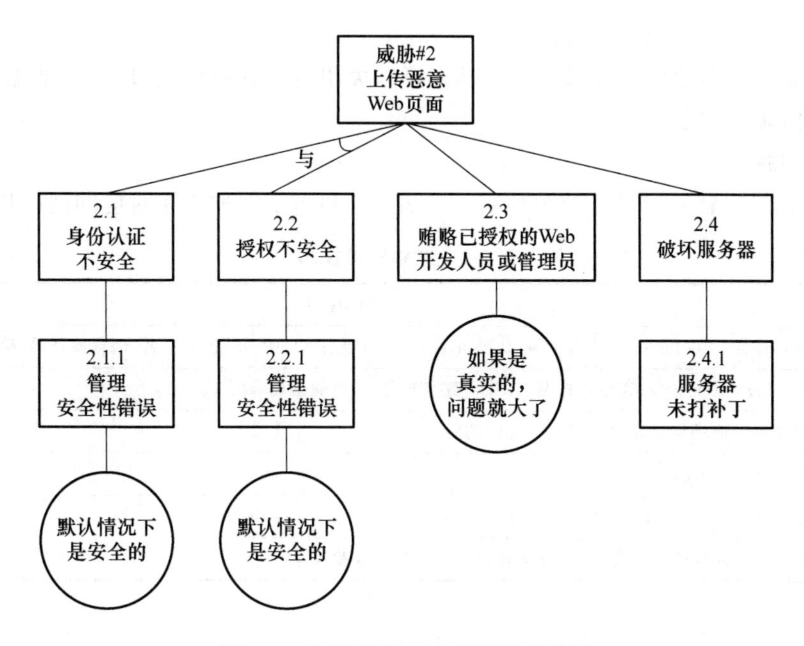

图 9-6　上传恶意 Web 页面的威胁树

- 再现性：让潜在的进攻起作用总是很容易吗？衡量一下将威胁实现的简单性，有些 Bug 总是能起作用，可定义为 10 级，而其他的比如基于时间的竞争状态，却是不可预测的，可能只会偶尔起作用。同样，默认安装特性中的安全缺陷具有很高的再现性，高再现性对多数攻击来说都是很重要的。
- 可利用性：进行一次攻击需要多少专业技能和条件？例如，一个程序员新手使用一台家庭 PC 进行攻击就能达到目的，得分会高达 10 分。但是如果需要动用大量人力、物力进行一次攻击，那么得分可能仅为 1 分。同时，攻击需要的认证和授权也是需要考虑的，如果一个匿名远程用户可以攻击，那么等级为 10；而仅本地用户需要强证书才能进行，就具有低得多的可利用性。
- 影响用户：如果威胁被利用并成为一次攻击，有多少用户受到影响？这可以用攻击影响的用户百分数来粗略地衡量：100%～91%为 10 级，…，10%～0%为 1 级。尽所能去估计影响，服务器和客户机的区别是非常重要的，服务器会间接地影响一大批客户机，还会潜在地影响其他网络。还需要考虑的是市场大小和用户的绝对数量，而不仅是百分数，1 亿用户的 1%难道还是小数目吗？
- 可发现性：这恐怕是最难确定的衡量标准，最保险且省事的方式就是，假设每一个威胁都是可以被发现的，给每个威胁都定为 10 级。

通过平均这几个数，我们就可以确定 DREAD 的级别。例如，系统存在恶意用户浏览网络上的秘密工资数据的威胁。其潜在破坏性为 8(工资是很敏感的数据)，再现性为 10，可利用性为 7(必须在子网内，或者已经攻破了路由器)，影响用户为 10(每个人都会受此影响)，可发现性是 10。该威胁的风险值是(8＋10＋7＋10＋10)/5＝9。显然 9 是个很严重的等级，意味着这个威胁应该尽快解决。

(2) 简单的攻击面分析方法

- 重要等级为低的功能模块：如果遭受的威胁很多，即攻击面大，可以取消该功能。
- 重要等级为中的功能模块：如果遭受的威胁很多，即攻击面大，设置为非默认开启，需要用户配置后才予以开启。

- 重要等级为高的功能：如果遭受威胁，可以关闭或限制一些接口方式，增加一些安全的保证措施或技术。

4. 威胁削减

威胁分级之后，就可以进行威胁削减了。表 9-1 列出了每种威胁对应的削减技术。

表 9-1 威胁削减技术

威　胁	威胁削减技术
欺骗	基本认证 、Cookie 认证、Windows 认证、Kerberos 认证、PKI、IPSec、数字签名、信息验证码、哈希表
篡改	Windows 系统命令、完整性控制、ACLs、数字签名、信息验证码
抵赖	安全日志记录与审计、数字签名、可信的第三方
信息泄露	加密技术、ACLs
拒绝服务	ACLs、过滤处理、授权、高可用性设计
特权提升	ACLs、组或角色从属关系、特权所有权、许可权、输入验证

习　题

1. 简述软件安全的原则。
2. 简述威胁建模的步骤。
3. 什么是 STRIDE 威胁模型？
4. 什么是 DREAD 模型？
5. 建立手机打车软件的 STRIDE 威胁模型。
6. 在网上购物网站的登录系统中，存在恶意人员通过程序进行登录口令暴力破解的威胁，请分析该威胁的等级，并写出原因。

第 10 章 软件界面设计

10.1 软件界面设计概述

10.1.1 人机交互基本概念

人机交互(human-computer interaction)是研究人、计算机以及它们之间相互关系的技术，人机交互研究的目的是有效地完成人与机器之间的信息传递，它是指人与计算机之间各种功能和行为的双向信息传递。这里的交互泛指一种沟通，即用户与计算机之间的信息识别过程。对用户和系统的交互过程来说，最重要的问题是用户如何向系统提交命令以及系统如何向用户反馈信息。这种信息沟通的形式可以采用各种方式呈现，如键盘上的击键，鼠标的移动，显示屏幕上的视觉元素、听觉元素、触觉元素等。

人机交互界面是人机交互过程中信息传递的现实载体。人机交互界面可广义地分为硬件交互界面和软件交互界面。硬件交互界面与软件交互界面都可以完成信息的输入与输出。硬件交互界面属于硬件设计范畴，即产品的硬件与用户身体直接接触部分的设计。软件交互界面属于软件设计范畴，通过软件图形界面使产品的功能价值得以实现，使用户对于产品所传递的信息易于理解和应用，如计算机软件视窗的设计。软件交互界面通过屏幕来获得用户输入的信息，又通过图形元素、文字元素、色彩元素以及对这些元素的合理编排等视觉化的表征将信息反馈给用户，这种方式也是当今社会人们获取信息的主要方式。

通过软件交互界面实现人与计算机交互过程的工作流程是：软件交互界面为用户提供直观的、感性的信息，支持用户运用知识、经验、感知和思维等过程获取和识别界面交互信息。计算机根据用户的指令工作，通过界面向用户反馈相应的信息或运行结果。

10.1.2 用户眼中的好软件

“好”的软件意味着实用、易用、美观。如果软件的功能不实用，不能为用户解决问题，那么不管该软件是否易用和美观，用户都不愿意购买该软件，除非用户没有选择余地。如果两个软件的功能和价格都相似，那么用户会挑选更加易用的那个软件。如果两个软件的功能、价格、易用性都差不多，那么用户会选择更加美观的那个软件。

谁来评价软件好或坏呢？用户才真正有资格说软件好或坏。如果用户对软件很不满意，开发人员不要有逆反情绪，应当站在用户的立场看待软件。如今很多开发机构宣扬“以客户为中心”，但是却撇开客户只顾忙碌地开发软件，做出客户不会用的东西。很多软件开发人员不能够一次性地完成某些开发任务，主要原因不是技术水平低下，而是他们没有真正理解用户的需求，也没有站在用户角度看待软件。如果用户不满意软件的功能和界面，那么开发人员将被迫重新开发。如果软件企业能够真正重视并且下功夫提升“需求分析”和“软件界面设计”的能力，通常会显著地提升软件生产率和客户的满意度。

10.1.3 好的软件界面应具备的特性

好的软件界面一般具有可使用性、灵活性、适度复杂性、可靠性和界面美观性。

1. 可使用性

可使用性是指软件使用起来简单，包括：

- 软件界面中的术语标准化和一致性；
- 拥有 HELP 帮助功能；
- 快速的系统响应和低的系统成本；
- 软件界面应具有容错能力。

2. 灵活性

灵活性是指软件能够按照用户的希望和需要，提供不同详细程度的系统响应信息，包括：

- 与其他软件系统应有一样标准的界面；
- 用户可以根据需要定制和修改界面；
- 为使软件界面具有一定的灵活性，需要付出代价，而且有可能降低软件系统的运行效率。

3. 适度复杂性

软件界面中信息量的规模和组织的复杂程度就是界面的复杂性。软件界面的复杂性要适度。在完成预定功能的前提下，应使软件界面越简单越好，但不是把所有功能和界面安排成线性序列就一定简单。

4. 可靠性

软件界面的可靠性是指无故障使用的间隔时间。软件界面应能保证用户正确、可靠地使用系统，以保证有关程序和数据的安全性。

5. 界面美观性

优美的界面可以令人赏心悦目，界面的美不仅是其外观漂亮，更在于其丰富的内涵。界面美的内涵在于其有效表达思想的能力，这也是衡量美的一种标准，其主要构成因素是合适性、吸引力和风格。

10.1.4 谁来设计软件的交互界面

软件的交互界面应当由软件界面设计师来设计。但软件界面设计不完全等于美工，如果软件企业里没有专职的软件界面设计师，那么应当请产品经理甚至软件工程师和美工人员共同设计软件界面。

相比较而言，让软件开发人员学会软件界面设计，要比美工人员学会软件开发容易得多。一种常见的方法是对软件开发工程师进行软件界面设计的培训，然后让软件开发工程师负责应用软件界面的设计和实现，请美工人员做锦上添花的美化工作。

很多人有疑虑，让软件开发工程师从事软件界面设计，他们能做好吗？回答是肯定的。只要软件工程师不自我封闭，追求上进，那么他肯定能够学会软件界面设计，绝对比他原先做的软件界面好。只要软件工程师勤于学习、实践和思考，那么他就能够做出专业而且美观的软件界面。

10.2　以用户为中心的交互设计

10.2.1　软件交互设计中人的因素

在人机交互的过程中，计算机的各种信息表达都服务于人，都是要实现从计算机到用户的信息传递。用户通过视觉、听觉和触觉等感官来接收计算机所传递的信息，随后经过大脑的加工、决策，最终对所接收的信息内容做出反应，实现人对交互信息的识别。软件交互界面是人与计算机之间信息交流与互动的主要方式。用户通过软件交互界面将功能要求、要执行的命令传递给机器，而计算机则通过软件交互界面将处理后的可视化信息反馈给用户。

软件交互界面设计过程中的人即用户，界面的使用者是设计软件交互界面时的目标对象。任何交互系统中所讨论的中心角色都是人，而人处理信息的能力是受限的。因此，在设计中应最优先考虑用户的需求和用户的特点，比如人的固有能力、人的个性差异、教育与文化背景等因素、工作及环境差异等。

1. 人的固有能力

从人本身所拥有的技能这个角度来说，每个用户都会掌握很多不同的固有技能，对这些技能以及以往经验知识的综合运用决定了用户能够使用多少复杂度的人机交互系统，以及用户可以从当前界面获取到多少有用的信息，需要花费多少时间等，因此，设计师在进行人机交互设计时也需要考虑人的固有能力。

此外，人的固有弱点也是需要考虑的，对于使用一个计算机系统而言，人的弱点体现在容易遗忘、注意力不集中、情绪不稳定这些方面，设计师在设计时应考虑这些人的固有弱点，尽可能地避免由弱点可能导致的错误发生。

2. 人的个性差异

通常，当为特定用户群设计系统时，了解这些用户的个性特点会对系统的设计很有帮助。比如有的人暴脾气，就尽量将系统设计得简单易懂；有的人喜欢探索新事物，就可以在设计过程中增加用户的新鲜感。

3. 教育与文化背景等因素

使用该系统用户的受教育程度，决定了他对计算机系统的经验与知识，这将直接影响到系统操作的复杂程度。而另一种个体差异来源于文化、民族、职业这些背景。不同地区与国家的人对不同的颜色、标志、手势会有很大的认知差别，比如有的人群认为某个标志代表吉祥，有的人群认为那是侮辱。

4. 工作及环境差异

通常工作及环境可以直接影响到一个人对事物的感受，例如，政府类网站偏向使用红色或蓝色；再如，开发的是在移动车辆上使用的某类软件，则要考虑由于车辆移动导致输入文字困难的问题，可以采用语音输入的方式。

10.2.2　以用户为中心的软件交互界面设计

以用户为中心的软件交互界面设计过程可以说是研究人因的一个过程。以用户为中心的设计过程侧重于以人为本，比如人的认知、感知和物理属性，以及用户的条件与环境。因此，以用户为中心的设计过程所关注的重点是获得对信息交互过程中人的全面分析与了解。

以用户为中心的软件交互界面设计是一种特别着重于可用性的界面设计方法，是一种涵盖了人因工程学知识与技术的多学科研究。以用户为中心的软件交互界面设计可以帮助用户提高工作的有效性和效率，减少在交互使用过程中可能对用户心理、生理所产生的不良影响。

以用户为中心的软件交互界面设计需要考虑用户的信息感知与认知能力，以及对于信息的需求，有效支持用户的信息获取并激发用户进行学习。以用户为中心的设计具有以下特点：

① 易于用户理解和使用，并因此减少培训和服务支持的费用；

② 增进用户满意度，减少用户的不适和紧张感；

③ 提高用户对于信息识别与理解的效率；

④ 提高软件交互界面的质量，吸引用户使用，增强产品竞争力。

实施以用户为中心的软件交互界面设计，就要让用户充分参与设计的全过程，甚至让用户成为设计团队的一部分，从而为界面设计提供第一手的设计依据。设计团队还可以经常请不同的用户来参与设计过程，从而达到真正的、广泛的、全面的用户参与的目的。

10.3 软件交互设计要求

1. 软件界面应适合展现功能

软件的功能需要通过软件界面来展现。毫无疑问，软件界面一定要适合软件的功能，这是最基本的要求。如果用户无法通过这个界面来使用软件，“易用性”根本就无从谈起。例如，对于一个三维建模软件而言，如果用户不能使用鼠标对模型进行旋转、移动、缩放等操作，那么这个软件界面就不适合该软件的功能。如果不改进软件界面的话，即使软件的内核功能很强（如算法很先进），这个软件也很难卖出去。

“软件界面应适合展现功能”提醒设计者不要片面追求界面外观漂亮但华而不实。开发团队要分析产品最吸引客户的属性和最赚钱的属性，把主要精力用在对经济效益贡献最大的地方，使“投入-产出”最大。软件界面对用户而言应该都是必要的，可以锦上添花，但是不能画蛇添足。

2. 软件界面应容易被用户理解

如果用户很难理解界面的意图，那么用户使用起来肯定很费劲，所以“容易理解”是“容易使用”的前提条件。另外还要注意以下事项：

第一，软件界面中的所有元素都不能出现错误文字，也没有令人费解（例如二义性、逻辑混乱）的文字；

第二，软件界面设计人员绝对不能对界面上的文字马马虎虎，措辞必须“正确、准确”；

第三，图标按钮的含义一定要直观明了，最好给图标加文字说明，防止用户误解，界面结构能够清晰地反映工作流程，以便用户按部就班地操作；

第四，对于复杂的软件界面而言，最好提供界面“向导”，及时让用户知道自己在界面结构中所处的位置，例如对于基于 Web 的应用软件，应该在界面上显示“当前位置”，否则用户很容易在众多的页面中迷失方向。

3. 最少步骤、最高效率

设计软件界面时应当尽可能地替用户着想，用户应当用最少的操作步骤完成某项操作任务，获得最高的使用效率。尽管减少一个操作步骤对于完成任务所节约的时间微乎其微(可能只有几秒)，但是用户的感觉反差却很强烈。假设有两个功能相似的免费 Web E-mail 软件 A 和 B，在收、发 E-mail 的时候 A 比 B 节省一个操作步骤，有可能导致大量的 B 用户抱怨 B 很慢，从而转用 A。所以业界流传着“多 1 个步骤，流失 10%用户”的说法。

界面设计人员要深入分析软件的业务流程与用户使用习惯，才能设计出最少的操作步骤。例如，我们在使用字处理软件时，“新建”“打开”或“保存”文件是最常用的菜单功能，为了提高操作效率，软件设计师就要把这几个最常用的功能用图标按钮的形式摆放在工具条上，让用户一目了然，如图 10-1 所示。

图 10-1 工具条放常用功能的按钮

系统要自动记录用户曾经输入的信息，尤其是一些输入较麻烦的信息。当在另一个页面需要用户提供内容相同的信息时，系统可以自动加载以前记录下来的信息，而不必用户重新输入。使用默认值也能减少用户的输入次数。

4. 考虑用户的多样性

一个软件产品可能有许多类型的用户，例如有些用户对计算机比较外行，有些用户可能是计算机的行家。在设计软件界面时应当尽可能多地了解不同类型用户的使用习惯和水平，努力使不同类型用户在操作软件的时候都感觉不到困难和麻烦。

如果不能使所有类型的用户都感到满意，那么重点满足以下类型的用户：主流用户、有影响力的用户。主流用户是指占最大比例的那种类型用户。主流用户可能不是水平最高的用户，但他们对界面的评价影响软件产品的命运。有影响力的用户可能不是主流用户，但是他们会影响其他用户对软件的印象，例如互联网论坛版主、传媒人士等。还要注意要有效地收集用户的使用反馈。

5. 保持术语的一致性

一致性是指软件界面在命令术语和操作方式等方面尽可能保持一致。一致性为用户提供熟悉可预测的环境，用户能够将已有的知识应用到新的任务中，从而更快地接受新事物。这条准则是最经常被违反的，事实上完全遵循它也很困难，因为存在太多形式的一致性。一致性通常表现在以下几个方面：一致的命令术语、一致的操作环境、一致的功能和响应、一致的隐喻。

6. 允许熟练用户使用快捷键

随着使用次数的增加，用户自己也希望减少交互的次数，提高交互的速度，从而更快地去完成工作。例如，Windows 为用户提供很多快捷键，用户使用这些快捷键便可以很方便地完成复制、粘贴、剪切等工作。熟练用户使用快捷键会大大地提高自己的工作效率，提升用户体验。

7. 提供及时且有价值的反馈

当用户进行某项操作后，如果过了一会儿(如几秒)软件界面一点反应都没有，这将使用户感到迷茫和不安，因为用户不知道是自己操作错了还是软件卡死了。所以，及时反馈信息很重要，至少要让用户心里有数，知道该任务处理得怎么样了，有什么样的结果。例如，下载一个文件，界面上应当显示“百分比”或相关数字，表示下载的进度，如图 10-2 所示，否则人们不知道要等待多少时间。如果某些事务处理不能提供进度等数据，那么至少要给出提示信息，如“正在处理，请等待”。最好是提供合适的动画，让用户明白软件没有卡死。

图 10-2　通过进度条反馈进度

系统应对用户的每一个操作都给出及时的反馈，让用户接收到这种反馈，进入下一个操作。对于一些很简单、很常用的操作，给出的反馈可以是十分简洁明了的；而对于一些不常用的操作，给出的反馈应详细一些，让用户能够明白其表达的内容。

8. 提供预防错误的机制

用户在使用软件的过程中，不可避免地会出现一些错误的操作。倘若用户不小心输入了错误的数据，或者错误地删除了有用的数据，而软件不加以确认就将错就错地执行，那么用户肯定很恼火，以后就不敢放心地使用软件了。

在设计软件界面时必须考虑防错处理，目的是让用户不必为避免犯错误而提心吊胆、小心翼翼地操作。常见的防错处理措施如下。

① 对输入数据进行校验。如果用户输入错误的数据，软件应当识别错误并且提示用户改正数据。对于 Web 页面，开发人员一般要编写 JavaScript 程序来进行数据校验。

② 对于在某些情况下不应该使用的菜单项和命令按钮，应当将其“失效”（变成灰色，可见但不可操作）或者“隐藏”。例如，对于某些软件，不同的用户有不同的操作权限。如果低权限的用户登录系统，那些仅供高级权限用户使用的功能应当被“隐藏”，或者将其“失效”。

③ 在执行破坏性的操作之前，应当获得用户的确认。例如，用户删除一个文件时，应当弹出确认对话框，当用户再次确认后才真正删除文件，如图 10-3(a)所示。

④ 尽量提供 Undo 功能，用户可以撤销刚才的操作。

⑤ 当检测到用户操作错误时，提供简明的错误处理手段。

- 报错信息以可视化的形式呈现。
- 报错信息语气友善、通俗易懂。
- 报错信息简洁明了、表达准确。
- 报错信息风格一致。

软件人员经常编写出“劣质”的消息框，例如措辞生硬、幼稚、蹩脚，甚至有文字、语法错误，或消息文本、图形标志和命令按钮在语义上不一致。图 10-3(b)所示的消息框没有说明该操作的危害性。

9. 允许撤销操作

好的交互设计应尽可能地允许用户使用撤销这种反向操作。当用户知道自己的操作是可以被撤销的时候，就会减轻很多担忧和疑虑，从而可以更加自由地去使用系统。撤销操作应尽可能地满足用户撤销多步操作以及撤销一组操作的需求。另外，在进行不可逆的操作时，应请求用户的最终确认。

10. 减轻记忆负担

减轻记忆负担是指用户在与系统交互时不需要刻意去记忆系统的操作方式等规则，其最

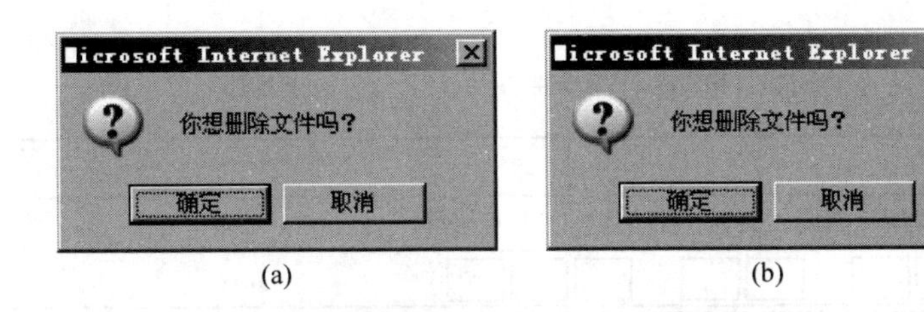

图 10-3　破坏性操作之前请用户确认

简单有效的方式就是用熟悉的隐喻为用户的任务提供直观的界面。当用户接触这个新的系统时,应使用自己已有的知识,以及根据从交互界面中获得的知识,而不应该要求用户刻意记忆一个系统的使用方法。要做到这一点,首先,要唤醒用户的知识和经验,使用户一看就知道当前界面所传达的意思;其次,要支持用户"认知"而不是记忆。有效的方法是软件界面应与常见的经典软件保持一致,如 Office 软件。

10.4　图形界面设计一般原则

10.4.1　合理的版式布局

首先,界面的总体布局应当有一定的逻辑性,最好能够与工作流程吻合。界面设计人员只有仔细地分析软件的需求,才能提取对界面布局有价值的信息。其次,窗口(或页面)上的界面元素布局应当整齐。界面元素应当在水平或者垂直方向对齐,行、列的间距保持一致。窗体的尺寸要合适,界面元素不应放得太满,边界处需要留有一定的空间,不可过于宽松,显得凌乱。界面元素需要一致的对齐方式,以避免参差不齐的视觉效果。同类的界面元素尽量保持大小一致,起码要保证高度或宽度的一致(例如命令按钮)。逻辑相关的元素要就近放置,便于用户操作。要善于利用窗体和界面元素的空白,以及分割用的线条。

版式布局的设计原则如下。

- 平衡原则:整齐有序、整体平衡。
- 协调原则:划分一致的功能区。
- 对比原则:重要内容、标题、表头要用颜色区分。
- 预期原则:屏幕上所有对象的动作可预期。
- 顺序原则:根据需要排列对象显示的顺序。

在一个界面中,通常不同的区域被用户关注的程度不同,研究显示用户关注最多的是页面中左上角的部分,从左上角依次向下向右,用户的关注程度在降低。因此一般将菜单栏放在界面最上面,二级任务栏放在左边,图 10-4 是一般性软件界面布局的示例。专业软件一般都要提供反馈操作信息的窗口区域,如图 10-4 中的消息区和状态栏。

10.4.2　色彩的设计原则

合理利用颜色,实现内容与形式的协调:

- 采用柔和中性的颜色,支持用户定制;
- 颜色设计一致,尽量用单色;

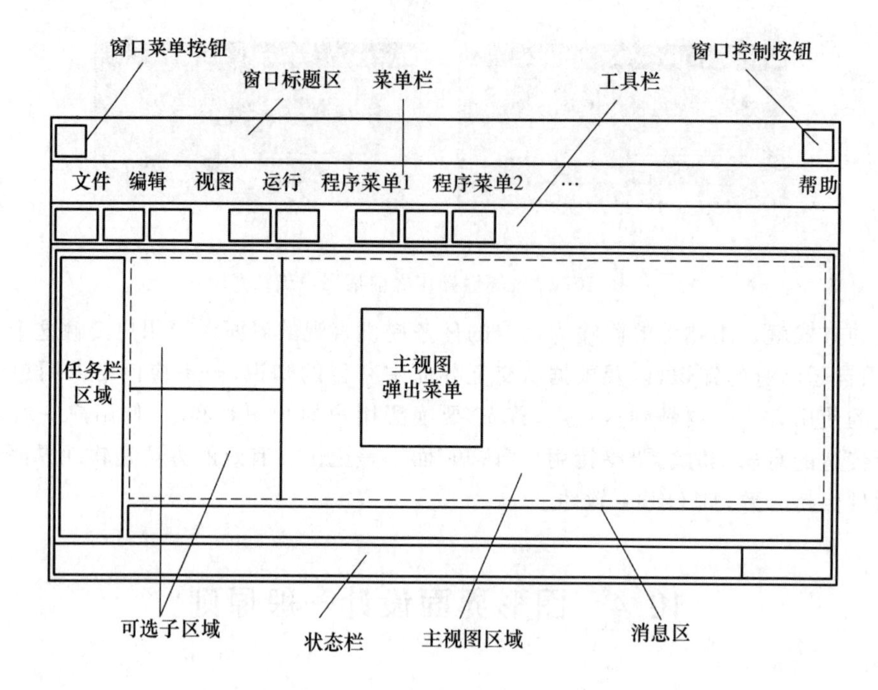

图 10-4 软件界面布局的示例

- 一屏的色彩种类少于 7 种；
- 对象颜色的选取符合习惯(如果有的话)；
- 重要对象选取醒目颜色；
- 为区分对象，首先按亮度，其次按颜色；
- 背景色选取浅色调；
- 暖色调接近用户，冷色调远离用户。

10.4.3 按钮的设计

一个具有交互性的按钮，应该有 3～6 种状态效果：

- 单击前鼠标未放在按钮上面时的状态；
- 鼠标放在上面但未单击的状态；
- 单击时的状态；
- 不能单击时的状态；
- 独立自动变化的状态；
- 按钮应具备简洁的图示效果，应能够让使用者产生功能上的关联反应；
- 属于一个群组的按钮应该风格统一，功能差异大的按钮可以有所区别。

10.4.4 菜单界面的设计

菜单在图形界面的应用程序中使用得非常普遍，是软件界面设计的一个重要组成方面，描述了一个软件的大致功能和风格。菜单中的选项在功能上与按钮相当，一般具有下列一种或几种类型的选项：命令项、菜单项和窗口项。

菜单的结构一般有：

- 单一菜单；

- 线状序列菜单；
- 树状结构菜单；
- 网状结构菜单。

10.4.5　输入界面的设计

在处理大量相关数据的场合下，需要输入一系列的数据，这时填表输入界面是最理想的数据输入界面。填表输入界面设计需注意以下几方面：

- 有明确的提示，使用户可以不需要学习、训练，也不必记忆有关的语义、语法规则；
- 填表输入界面充分地利用屏幕空间；
- 尽量提供鼠标点选式输入，减少键盘输入；
- 尽量提供默认值，减少用户输入次数；
- 在填表输入方式中，可以充分利用上下文信息，自动帮助用户完成输入，例如，用户填写了身份证号码，则自动提取出生日信息，完成输入。

10.4.6　合理使用图形隐喻

图形隐喻是指在软件界面中用人们熟悉的桌面软件上的图形清楚地表示软件的功能。图形软件界面中的图形可以代表对象、动作、属性或其他概念。图形具有一定的文化和语言独立性，可以提高搜索目标的效率。

隐喻的分类如下。

- 直接隐喻：隐喻本身就带有操纵的对象，如 Word 绘图工具中的图标。
- 工具隐喻：代表所使用的工具，如存盘操作的磁盘图标、打印操作的打印机图标等。
- 过程隐喻：通过描述操作的过程来暗示该操作，如 Word 中的撤销和恢复图标。

Word 中的图标隐喻如图 10-5 所示。

图 10-5　Word 中的图标隐喻

隐喻的主要缺点是需要占用屏幕空间，并难以表达和支持比较抽象的信息。晦涩的隐喻不仅不能增加可用性，反而会弄巧成拙。

案例：一个应用程序中出现的是汽车尾灯隐喻的图片，如图 10-6(a)所示。尾灯出现在窗口的右下角，其作用是当用户在一个复杂的标签对话框中输入信息时，显示输入的进度。尾灯一对应第一个选项卡，尾灯二对应第二个选项卡，其他依次类推。尾灯有 3 种颜色，黄色表示已经输入了一些信息，红色表示还有必须的信息没有输入，绿色表示所有信息都已经输入完成。这个应用中的隐喻没有达到让用户一目了然的目的。对尾灯这个隐喻进行改进，采用在选项卡上加上小方块的方法，空白小方块表示该选项卡没有填写，实心小方块表示该选项卡填写完成，如图 10-6(b)所示，改进后的隐喻非常容易理解。

10.4.7　联机帮助的设计原则

对用户的操作随时给出必要的帮助，注意以下原则：

- 提供帮助信息而不是数据；

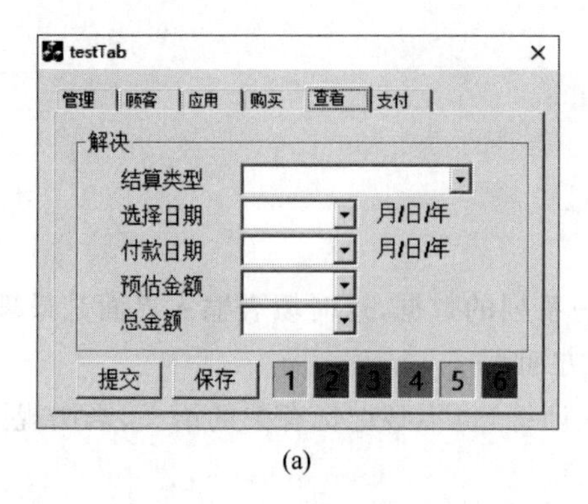

(a)

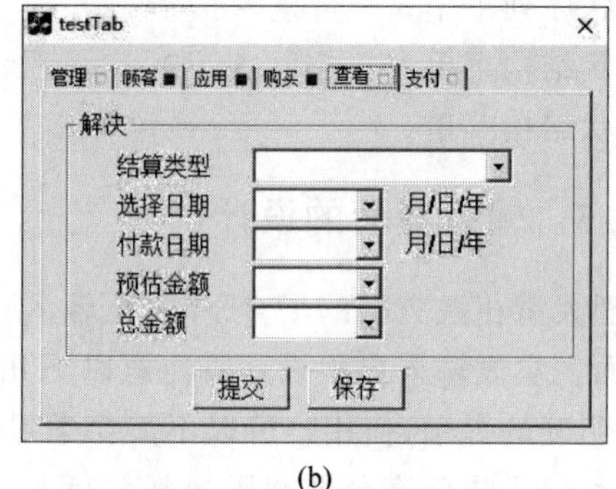

(b)

图 10-6　输入完成隐喻的示例

- 帮助信息的内容简洁易懂；
- 帮助信息的形式包括图表、动画和声音等；
- 帮助信息有统一的风格；
- 为不同类型的用户提供不同的帮助功能；
- 帮助不能影响用户的工作任务，联机帮助结束后应该返回用户的工作任务。

10.5　手机应用界面设计

10.5.1　手机应用界面设计新问题

近年来，随着移动通信技术的飞速发展以及智能手机的普及，智能手机上应用程序（App）的使用越来越频繁，针对 App 的界面设计得到了设计人员的广泛重视。手机应用的界面设计依然符合人机交互界面设计的一般原则与方法，同时，手机设备和通信网络的特性给手机应用界面设计提出了新的问题。

跟计算机相比，智能手机等移动设备具有计算能力差、显示屏幕小等问题。另外，不能随时方便地使用鼠标和键盘也会导致手机上的人机交互界面设计与传统桌面软件有着很大的区别。

手机应用的界面不是简单的缩小版桌面系统界面，二者的设计从理念上就应加以区别。桌面系统界面中采用的一般是并行展示方式，各种选择可以在一个大小可调的屏幕中同时显示出来。在手机应用界面中，一般采用顺序的方式展示选择项，用户一屏一屏地浏览，每一屏中的元素一般较少，而且用户对这些元素的操作往往受到很多限制。此外，由于用户需要逐屏翻页寻找合适的选择，当翻了多页仍不能找到自己所需要的内容时，用户体验就会下降。但是，由于手机应用中菜单一般简单明了，用户的操作也仅需使用按键，所以出错的概率会降低。

手机种类繁多，软硬件平台规范各不相同，其计算能力、存储容量、屏幕显示效果千差万别，使得当开发移动应用时在很多情况下需要针对某一型号或品牌的设备定制开发，这极大地增加了应用开发的复杂度。手机应用界面的设计也不例外，各种设备的差异甚至可能是应用开发过程中最需要考虑的一个环节。提高移动应用界面的设备自适应性是解决该问题的一种思路。

10.5.2 手机应用界面设计方法

任何人机交互系统都应让用户使用起来感到舒适和自由，移动应用的界面设计也不例外。移动应用界面在设计时也应该尽量去满足广大群众的需求，否则很可能被竞争对手淘汰。可以从以下几方面提高移动应用界面的可用性。

1. 了解用户

手机用户的数量远远大于计算机用户，很大一批手机用户并不使用计算机，并且手机应用种类比桌面软件更多，很多应用针对小众用户或碎片化时间使用，因此必须了解开发手机应用的目标用户是谁，他们有什么特点等。在任何一个应用程序的设计中，分析明确该应用的目标用户群是一个非常关键的环节。其中不同的用户群对界面的需求不尽相同，这往往对软件界面的设计起着至关重要的作用。

2. 避免多级嵌套

尽量减少用户访问信息时所要操作的步骤，避免嵌套过深的多级菜单，同时尽可能创建多种信息访问途径，以满足用户的目标需要为准。

3. 避免不必要的文本输入

由于在移动设备上输入文本较不方便，所以应尽量避免让用户输入大量信息，而采用选择列表或模糊查询的方式，即输入一部分查询关键词就可以检索目标，这样可以减少用户输入关键字的麻烦。

4. 采用一致的界面风格

一致的界面风格对用户来说很直观。在应用设计过程中，应当检查每个布局和每个显示来保证其一致性，不必要的差异常常会让用户感到不习惯，从而降低可用性。例如，有的页面有返回链接，而有的页面没有返回链接；或者有的页面返回链接在左上角，有的页面返回链接在最下端。

为了保证界面风格的一致性，特别是在一个应用由多个程序员一起完成的情况下，编写风格指南或规范是有效的方法。

5. 最大限度地避免用户出错

预测用户可能出现的错误，并提供相应的机制避免错误。例如：需要用户输入日期，可以采用日历控件，从而避免用户输入错误；必须让用户输入文本，则检查用户的输入是否在合理范围内。

6. 根据用户的信息使服务个性化

应用应根据用户信息为用户提供针对性的信息，例如，多点 App 根据用户使用 App 时的 GPS 位置信息提供附近超市的商品，供用户选购。

7. 文本信息应当本地化

要根据应用所使用的地域特点使其本地化。例如，在美国使用 zapcode（邮政编码）术语，而在英国和澳大利亚使用 post 或 postal code（邮政编码）。有时，用词得当与否也可以决定某种 App 可用性的高低。词义表达清楚是关键，要避免使用含糊不清的用语。

8. 了解目标平台

移动设备的多样性使得了解目标设备和应用平台的相关细节显得尤为重要。重要的软硬件厂商往往会提供详细的规范文档，从中可以获得必要的信息，然后根据这些信息开发手机应用，可以提高移动应用的可用性。

9. 进行用户测试

检验软件界面设计的可靠方法是请实际的用户进行测试。一般来说，如果没有对手机App界面进行测试、修改和再测试，几乎可以确定最终产品会存在严重的，甚至是致命的可用性缺陷。因为绝大多数手机App用户的思维方式和习惯与App开发人员的并不相同。

10.5.3 手机应用界面导航

确定手机App界面导航一般应该在应用设计完成后，建立导航流程图表，规划移动应用的导航流程。移动应用设计越来越看重软件的易用性，越来越多的手机App采用标签栏设计，但是还有一些App因为场景、功能需求的差异会选择其他导航方式。

手机应用界面导航一般有以下几种形式。

1. 标签式导航

标签式导航也叫选项卡式导航，这种导航方式是目前的主流。如果细分其还可以分为底部 标签式导航、顶部标签式导航、底部标签的扩展导航3种方式，而随着设计的规范以及智能手机的屏幕越来越大，顶部标签式导航方式逐渐被淘汰。这种导航能轻松在各入口间频繁跳转且不会迷失方向，但如果入口过多，这种导航方式显得笨重。标签式导航如图10-7(a)所示。

2. 宫格式(跳板式)导航

宫格聚集在中心页面，用户只能在中心页面进入其中一个宫格，如果想要进入另一个宫格，必须要先回到中心页面，再进入另一个宫格。每个宫格都相互独立，它们的信息间也没有任何交集，无法跳转互通。因为这种特质，宫格式导航被广泛地应用于各平台系统的中心页面。这种导航无法在多入口间灵活跳转，不适合多任务操作，不能直接展现入口内容。宫格式导航如图10-7(b)所示。

(a) 标签式导航

(b) 宫格式导航

图10-7 标签式导航和宫格式导航

3. 列表式导航

列表式导航是必不可少的一种信息承载模式，这种导航模式简单清晰、易于理解、直观高效，能够帮助用户快速定位到对应内容。这种导航模式可展示内容较长的标题，但是当同级内容过多时，用户浏览容易产生疲劳。列表式导航如图 10-8(a)所示。

4. 陈列馆式导航

陈列馆式的设计通过在平面上显示各个内容项来实现导航，主要用来显示一些文章、菜谱、照片、产品等，可以布局成轮盘、网格或用幻灯片演示，方便浏览经常更新的内容，但容易使界面内容过多，显得杂乱，不适合展现顶层入口框架。陈列馆式导航如图 10-8(b)所示。

(a) 列表式导航　　(b) 陈列馆式导航

图 10-8　列表式导航和陈列馆式导航

5. 抽屉式导航

抽屉式导航最初出现在安卓端，后来 iOS 端也开始使用这种导航方式，经常和底部标签式导航结合使用，我们可以称为优雅的隐喻。抽屉式导航将部分信息内容进行隐藏，突出了应用的核心内容或功能。抽屉式导航如图 10-9(a)所示。

6. 仪表式导航

仪表式导航提供了一种度量关键绩效指标(Key Performance Indicators，KPI)是否达到要求的方法。经过设计以后，每一项度量都可以显示出额外的信息。这种导航模式对于商业应用、分析工具以及销售和市场应用非常有用，给工具类、数据分析类、数据可视化类应用增加了趣味性。仪表式导航如图 10-9(b)所示。

7. 超级菜单式导航

这种导航模式在目前的 App 设计中使用的比较少，而且一般会被当作分类检索的次级导航使用。这种导航模式在手机网站的导航设计中比较常见。超级菜单式导航如图 10-10(a)所示。

8. 隐喻式导航

这种导航的特点是用页面模仿应用的隐喻对象。这种导航主要用于游戏，在帮助人们组织事物(如日记、书籍等)，并对其进行分类的应用中也能看到。隐喻式导航如图 10-10(b)所示。

9. 转盘式导航

登录后界面内是图片或者整块内容并列展示，用户通过左右或上下手势滑动来切换当前内容，即形似转盘的导航，如抖音 App。

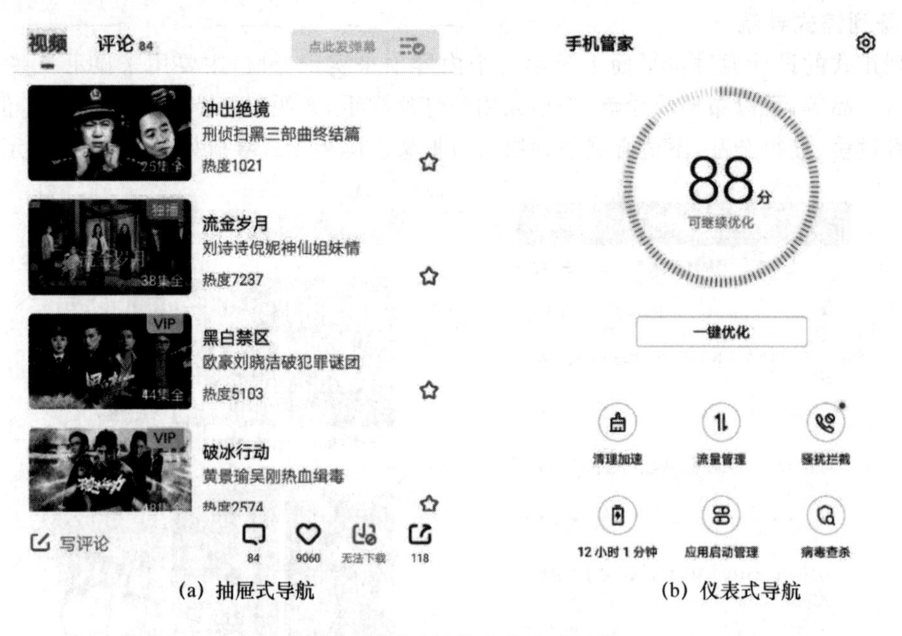

(a) 抽屉式导航　　(b) 仪表式导航

图 10-9　抽屉式导航和仪表式导航

(a) 超级菜单式导航　　(b) 隐喻式导航

图 10-10　超级菜单式导航和隐喻式导航

习　　题

1. 为什么要研究人机交互设计？
2. 人机交互界面有哪些类型？

3. 好的软件界面的特征有什么?
4. 在软件交互设计中人的因素有哪些?
5. 为什么要以用户为中心设计软件界面?
6. 简述软件交互设计的要求。
7. 软件界面设计最重要的是美观,这种观点对吗? 为什么?
8. 设计软件界面时需考虑的防错处理方式有哪些?
9. 简述图形界面设计的一般原则。
10. 填表输入界面设计的注意事项是什么?
11. 任选 4 种手机应用导航方式,举出具体例子。

第 11 章 软件实现

11.1 软件实现概述

11.1.1 软件编程

简单说，编码(coding)阶段的任务是为每个模块编写程序，即将详细设计的结果转换为用某种计算机语言编写的程序——源程序代码。在软件生命周期中，源程序经常需要被人阅读和理解，如何提高程序的可读性(readability)，使源程序“简单”和“清晰”，进而使程序具有良好的可靠性、可维护性，是非常重要的。

有一种观点认为软件编码是指将软件设计模型机械地转换成源程序代码，认为这是一种低水平的、缺乏创造性的工作。这种观点显然是不正确的，软件编码是设计的继续，是一个复杂而迭代的过程，包括程序设计和程序实现。

软件编码的好坏会影响软件质量和可维护性。软件编码要正确地理解用户需求和软件设计思想，正确地根据设计模型进行程序设计，正确而高效率地编写和测试源代码。本节不是介绍如何编写程序，而是站在提高软件质量和可维护性的角度，讨论在编码阶段所要解决的主要问题。

软件开发阶段的主要工作流程如下。

① 开发人员要理解软件的需求说明和设计模型，补充遗漏。

② 开发人员进行详细设计，设计程序代码的结构和使用的算法。开发人员对设计进行检查，记录发现的设计缺陷(类型、来源、严重性)，并及时和设计人员进行修改。

③ 编写代码。开发人员按照编码规范进行代码编写，注意所编写的代码应该是易验证的。

④ 开发人员测试所编写的代码。开发人员对代码进行单元测试，通过调试代码来修改错误。

⑤ 测试人员测试所编写的代码。

⑥ 对经过测试的代码进行代码审查。检查代码和设计的一致性，检查代码执行标准的情况，检查代码逻辑表达的正确性，检查代码结构的合理性、代码的可读性。

⑦ 根据代码审查意见完善代码和文档，例如提高代码的可读性，更新详细设计文档的内容。

⑧ 将所写模块签入整个原有系统中。

图 11-1 是软件开发人员的一般工作流程。

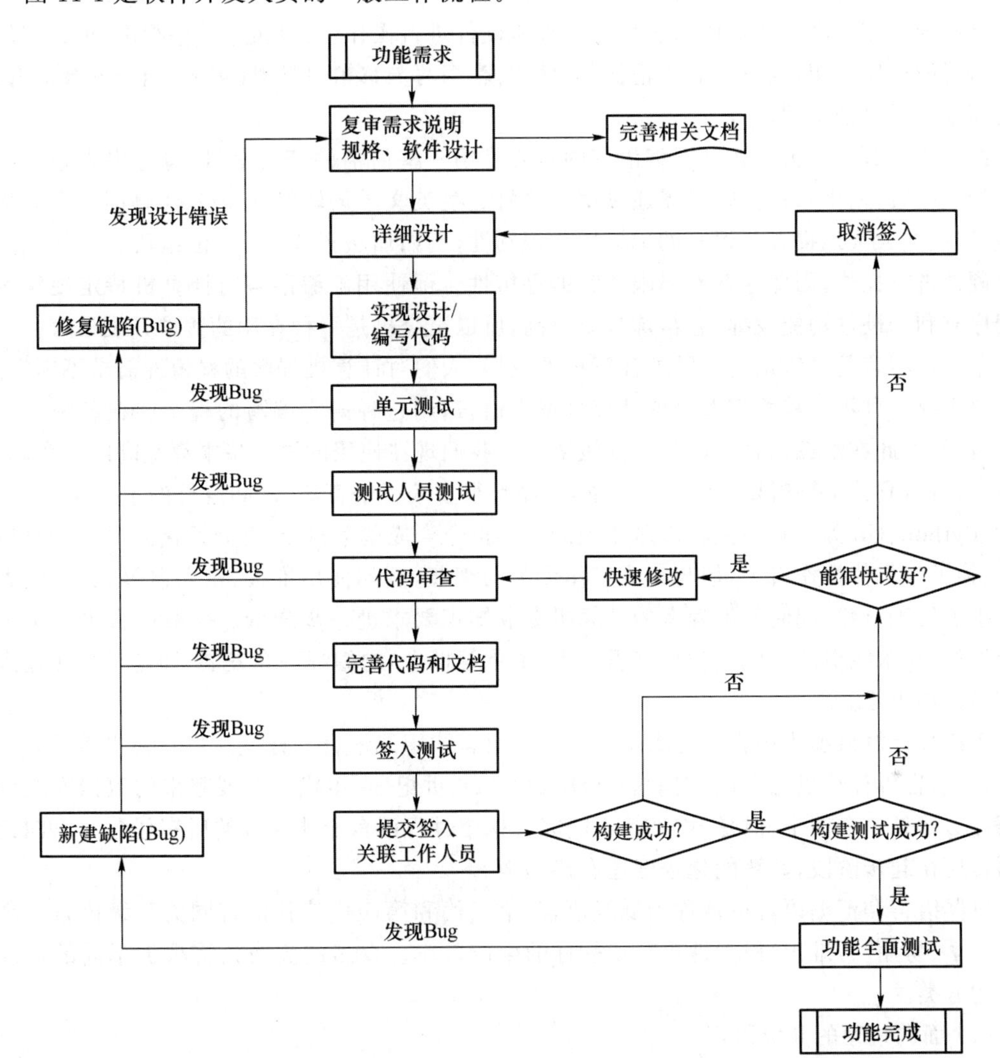

图 11-1　软件开发人员的一般工作流程

一项全球性软件公司的调查发现成功公司中有 94%每天或至少每周完成系统构建，而不成功公司绝大多数每月甚至更少去做系统构建。当有一个能运行的系统时，即使只是一个简单的系统，团队的积极性也会上升。

11.1.2　编程语言的发展

编程语言可以简单地理解为一种计算机和人都能识别的语言，一种让程序员能够准确地定义计算机所需要使用的数据，并精确地定义在不同情况下所应当采取的行动的计算机语言。编程语言并不像人类自然语言发展变化一样缓慢而又持久，其发展是相当快速的，从 20 世纪 60 年代至今已经出现了种类繁多的程序设计语言，但是被人们广泛接受的只有几种。

从计算机发展的角度，编程语言可以分为 4 代。

第一代语言是机器语言。它是指用二进制代码 0 和 1 描述的指令集合。由于计算机的构造及运行机理，其内部只能接收二进制代码，即只有 0 和 1 所描述的目标程序指令才能被计算机直接识别和执行。在计算机发明之初主要使用该语言，程序员们用0、1组成的指令序列控制计算机的运行。由于机器语言直接对计算机硬件进行操作，所以执行效率很高，但是用机器语言编写的程序无明显特征，难以记忆，不便阅读、书写与移植，局限性很大，属于低级语言，由此便诞生了后来的汇编语言。

第二代语言是汇编语言。汇编语言的核心是用一些简洁的英文字母、符号串来替代机器语言指令(二进制串)，运行时只需通过编译器将这些英文单词转换成0/1代码即可实现指令功能，因此这大大地提高了语言的记忆性和识别性，例如加法指令add。汇编语言同样也是直接对硬件进行操作，因此这依然局限了它的移植性。但使用汇编语言对计算机特定硬件编写的程序有利于硬件功能发挥，它精炼且质量高，所以至今仍是一种在用的程序开发语言。

第三代语言是高级语言。随着计算机的发展，人们对计算机程序的移植性需求不断提高，此时急需要一种不依赖特定型号的计算机编程语言，用这种语言编写的程序能在各种平台上正常运行，由此在汇编语言后诞生了高级语言。我们现在使用的语言基本都是高级语言，和汇编语言相比，它并不特指某一种具体的语言，而是很多编程语言集，例如流行的Java、C、C++、C#、Python、Go等。它不但将许多相关的机器指令合成单条指令，并且远离对硬件的直接操作，去掉了与具体操作有关，但与完成工作无关的细节，例如使用堆栈、寄存器等，这样就大大地减少了代码行数，同时对编程者的计算机专业知识要求进一步降低。高级语言也经历了从面向过程(流水线似的)到面向对象(引入类、继承等概念)的编程理念发展，即越来越接近人类语言与人类思维。

第四代计算机编程语言也称为新一代编程语言或智能语言。开发人员只要告诉计算机要什么，无须告诉计算机怎么做，它就能自动编程。20世纪80年代末发展起来的数据库查询语言(SQL)就是一个例子，但是SQL并不能完成一个过程语言所能完成的所有任务。第四代编程语言还在起步阶段，其智能化程度还有待加强。

机器语言和汇编语言也被称为低级语言，第三代和第四代编程语言同为高级语言。高级语言易学、易用、易维护，极大地提高了软件的生产效率。众多的高级语言根据不同的标准有不同的分类。

(1) 面向过程的高级语言

特点：具有很强的过程功能和数据结构功能，并提供结构化的逻辑构造。

代表：PASCAL、PL/1、C。

(2) 面向对象的高级语言

- Smalltalk：首先实现了真正面向对象的程序设计，支持程序部件的“可复用性”。
- C++：既融合了面向对象的能力，又与C语言兼容，保留了C的许多重要特性，维护了大量已开发的C库、工具及C源程序的完整性。代表：Turbo C++、Borland C++、Microsoft C++。
- Java：是一种简单的面向对象的分布式语言。功能强大、高效安全，与结构无关，易于移植，是多线程的动态语言。增加了Objective C的扩充，提供了更多的动态解决办法。

(3) 脚本语言

以简单的方式快速完成复杂任务。语法结构简单，使用方便，不需要编译，运行效率略显不足。

- JavaScript：由Netscape开发，在客户机上执行，专门为制作Web网页而量身定做。

- PHP：是一种 HTML 内嵌式语言，是在服务器端执行的嵌入 HTML 文档中的脚本语言。其风格类似于 C 语言，被许多网站编程人员采用。
- Perl：用来完成大量不同任务的脚本语言。例如，打印报告，将一个文本文件转换成另一种格式。能在绝大多数操作系统环境下运行。

11.1.3　编程语言的选择

对于编程语言，首先要根据客户或项目有无具体编程环境要求进行选择。例如：客户提出在 Linux 和 Windows 系统上都能运行，则不能采用 VC＋＋、VB. net 等语言；采用 Linux 做服务器，那就不能采用 ASP 语言作为后台程序的开发语言。除了开发平台限制之外，如何选择程序设计语言也会关系到程序的效率和质量。我们应根据软件系统的应用特点、编程语言的内在特点等因素选择程序设计语言。

编程语言选择的一般准则如下。

① 项目的应用领域：应尽量选取适合某个应用领域的语言。

② 算法和计算复杂性：要根据不同语言的特点，选取能够适应软件项目算法和计算复杂性的语言。

③ 软件的执行环境：要选取机器上能运行且具有相应支持软件的语言。

④ 性能因素：应结合工程的具体性能来考虑，例如实时系统要求速度，就应选择汇编语言。

⑤ 数据结构的复杂性：要根据不同语言构造数据结构类型的能力选取合适的语言。

⑥ 软件开发人员对某种语言或工具的熟悉程度，以及学习新语言的知识水平和意愿。

11.1.4　软件复用

在软件开发时，很多软件之间有相同之处，对相同或相似的软件功能进行重复的开发会造成人力、财力的巨大浪费，如果使用现成的软件产品或代码则可以节省很多的时间，这就是软件复用思想。

1968 年 D. Melroy 提出了软件构件的设想，并提出了重复使用软件构件构造复杂系统的建议。所谓构件就是被标识的且可被复用的软件制品。构件与部件、组件基本上是一个意思，构件要能被明确标识，有一个被调用的名字。构件应该可复用，规模比模块或子系统小。软件复用是指重复使用已有的软件构件开发新的软件系统，以缩短开发时间，降低开发成本和提高软件质量率。在微观上的构件，通常是指程序代码级的构件。这种构件在技术上的 3 个流派是 Sun 的 Java 平台、Microsoft 的 COM＋平台、IBM 的 CORBA 平台。

软件行业的相关资料表明，软件复用技术可以使得软件产品的开发周期缩短为原来的 1/2～4/5，使软件的缺陷密度减少至原来的 10％～50％，使软件开发的总费用能够减少 15％～75％，同时软件的维护费用也大大降低。美国电报电信公司所开发的电信支持系统的软件复用率达到了 40％～92％，摩托罗拉公司在为其编译器编写测试包时，复用率更是高达 85％。所有这些统计数据都表明软件复用技术能够有效地提高软件开发的质量和效率，降低软件开发的成本，对于软件开发活动和整个软件产业的发展具有很大的帮助。

最早用于软件复用的软件成分是程序代码，软件开发人员通过使用相应的子程序名和参数，就可以在软件开发过程中重复使用这些程序代码，这是软件复用的一种原始形态。随着软件复用技术的不断发展，在软件复用中重复使用的软件成分不仅局限于程序代码，还包括在软件生产的各个阶段所得到的各种软件产品,包括体系结构、需求分析结果、设计文档、程序代码、测试用例和测试数据等。

采用构件进行软件开发时,开发人员需要考虑开发工作是否可以使用现成的可复用构件组装完成,而不是从头开始开发。在系统测试阶段,应考虑是否有可供重复使用的测试用例和测试数据。对选用的可复用构件需要进行构件的适应性修改,以及构件更新和组装。

11.2 编程规范和风格

11.2.1 编程规范和风格的重要性

作为一个开发团队,没有一套规范,大家就会各自为政。为了提高代码质量,不仅需要有很好的程序设计能力,而且需要大家遵守一致的编程规范,例如变量命名方法、注释编写标准。规范是团队必须遵守的统一原则。

由于程序实际上也是一种供程序员阅读的文章,因此也有文章的风格问题。20 世纪 70 年代以来,编程的目标从强调效率转变为强调清晰。与此相应,编程的风格从追求“聪明”和“技巧”转变为提倡“简明”和“直接”。人们逐渐认识到,良好的编程风格能在一定程度上弥补语言存在的缺点,反之,不注意风格,即使使用了结构化的现代语言,也很难写出高质量的程序。

当多个程序员合作编写一个大的程序时,尤其需要强调良好的规范和一致的风格,以利于相互通信,减少因不协调而引起的问题。

编码的风格包括使用标准的控制结构、源程序文档化、数据说明、语句结构、输入与输出几个方面。

11.2.2 使用标准的控制结构

使用标准的控制结构主要包括两方面。

① 在编写程序时,使用几种基本控制结构,通过组合嵌套形成程序的控制结构。尽可能避免使用 GOTO 语句。具体一些的要求如:用 IF 语句来强调只执行两组语句中的一组,禁止 ELSE GOTO 和 ELSE RETURN。避免从循环中引出多个出口,应保留函数(方法)只有一个出口。

② 在程序设计过程中,尽量采用自顶向下和逐步细化的原则,由粗到细,一步步展开。

举例:以下代码有什么问题?如何修改?

```
p = (char *)malloc(300);
IF (cond1 > 0)
   strcpy(p, str);
ELSE RETURN;
free(p);
```

11.2.3 源程序文档化:标识符的命名

源程序文档化是指将源程序作为一种可供他人阅读的文档来看待,因此选择好标识符的名字，安排必要的注解，使得程序的结构一目了然，便于他人阅读，这样的过程叫作源程序文档化。源程序文档化包括标识符的命名、程序的注释、程序的视觉组织。

标识符即符号名，包括模块名、变量名、常量名、数据区名以及缓冲区名等。

标识符命名的原则是标识符名字应能反映它所代表的实际东西，应有一定实际意义。例如，表示次数的量用 Times，表示总量用 Total，表示平均值用 Average，表示和用 Sum 等。

标识符名字不是越长越好，应当选择精炼的、意义明确的名字。必要时可使用缩写名字，但这时需注意缩写规则要一致，并且要给每一个名字都加注释。同时，在一个程序中，一个变量只用于一种用途。例如，在一个程序中定义了一个变量 temp，它在程序的前半段代表"Temperature"，在程序的后半段则代表"Temporary"，这使程序阅读者不知所措。

标识符命名的通用规则：

- 标识符的命名应当直观，可以望文知义；
- 长度符合最小长度下的最大信息；
- 变量名应当使用"名词"或"形容词＋名词"；
- 函数名应当使用"动词"或者"动词＋名词"的形式；
- 类和接口名首字母要大写；
- 常量名全大写，在单词间用单下划线分隔；
- 变量名和参数名第一个单词首字母小写，而后面的单词首字母大写。

下面为命名规则举例。

(1) 类名和接口名

```
class CourseOffering;
interface Storing;
```

(2) 常量名

```
public static final int MAX_VALUE = 10;
```

(3) 全局变量

```
int g_numStudents;
```

(4) 局部变量名

```
float myWidth;
```

一般禁止使用单字符变量名，局部循环可以使用，比如"int i,j,k"。

11.2.4　源程序文档化：程序的注释

注释就是对代码的解释和说明，其目的是让人们能够更加轻松地了解代码。注释是编写程序时，程序员给一个语句、程序段、函数等写下的解释或提示，能提高程序代码的可读性。因此注释是程序员与日后的程序读者之间沟通的重要手段。

注释虽然不会被计算机编译，但不是可有可无的。通过书写注释，可以提高代码的可读性和可维护性，对于软件今后的维护和升级起到至关重要的作用。一些正规的程序文本中，注释行的数量占到整个源程序的 1/3～1/2，甚至更多。

注释分为序言性注释和功能性注释。

1. 序言性注释

通常放置在每个程序模块的开头部分，它应当给出程序的整体说明，对于程序读者理解程序本身具有引导作用。有些软件开发部门对序言性注释做了明确而严格的规定，要求程序编制者逐项列出。

举例:程序头的注释模板。

```
/ ***********************************************************
  ** Copyright @ 2015-2020×××公司技术开发部
  ** 创建人:×××
  ** 日期:××××××××
  ** 修改人:×××
  ** 日期:××××××××
  ** 描述:
  ** 版本:
  *********************************************************** /
```

序言性注释描述程序的功能及其和其他程序的接口,例子如下:

```
/ *******************************************************************
** 模块功能:寻找两条直线的交点
** 模块名称:FindDPT
** 代码编写者:×××
** 版本:1.1
** 日期:2019.10.12
** 过程调用:Call FindDPT( A1,B1,C1,A2,B2,C2,XS,YS,Flag)
** 输入参数:A1,B1,C1,A2,B2,C2
** (直线一:A1 * X + B1 * Y + C1 = 0
* v * 直线二:A2 * X + B2 * Y + C2 = 0)
** 输出参数:如果两条直线平行,Flag = 1,否则 Flag = 0 并且两条直线的交点是(XS,YS)
******************************************************************* /
```

2. 功能性注释

功能性注释嵌在源程序体中,用以描述其后的语句或程序段在做什么工作,或是执行了下面的语句会怎么样。

注意:注释描述一段程序,而不是每一个语句;使用缩进和空行,使程序与注释容易区别;注释要正确。

书写功能性注释要注意不是解释如何做,例如下面的功能性注释则是解释如何做的。

```
/ * ADD AMOUNT TO TOTAL * /
TOTAL = AMOUNT + TOTAL;
```

如果注明把月销售额计入年度总额,读者便可以理解下面语句的意图:

```
/ * ADD MONTHLY-SALES TO ANNUAL-TOTAL * /
TOTAL = AMOUNT + TOTAL;
```

11.2.5 源程序文档化:程序的视觉组织

程序的视觉组织是指如何排列源代码,从而使读者更容易阅读源程序,主要包括恰当的分段和正确的缩进。自然的程序段之间可用空行隔开,其次恰当地利用空格,可以突出运算的优先性,避免发生运算错误。

例如，将表达式“(A＜－17)ANDNOT(B＜＝49)”写成“(A＜－17) AND　NOT (B＜＝49)”。

缩进也叫作向右缩格，是指程序中的各行不必都在左端对齐，这样会使程序完全分不清层次关系。对于选择语句和循环语句，把其中的程序段语句向右做阶梯式退格，使程序的逻辑结构更加清晰。

例如两重选择结构嵌套，写成下面的移行形式，层次就清楚得多。

```
IF(…) THEN
    IF(…) THEN
     …
    ELSE
       …
    ENDIF
    …
ELSE
    …
ENDIF
```

11.2.6　数据说明

在设计阶段已经确定了数据结构的组织及其复杂性。在编写程序时，则需要注意数据说明的风格。为了使程序中数据说明更易于理解和维护，必须注意以下几点通用规则。

1. 数据说明的次序应当规范化

原则上，数据说明的次序与语法无关，其次序是任意的。但出于阅读、理解和维护的需要，最好使其规范化，使说明的先后次序固定。数据说明次序规范化使数据属性容易查找，也有利于测试、排错和维护。

例如，数据说明次序可以按照以下顺序来说明。

① 常量说明。

② 简单变量类型说明。

③ 数组说明。

④ 公用数据块说明。

⑤ 所有的文件说明。

在类型说明时还可进一步规范化，例如，可按数据类型来说明，按照以下顺序排列。

① 整型量说明。

② 实型量说明。

③ 字符量说明。

④ 逻辑量说明。

2. 说明语句中变量安排有序化

当多个变量名在一个说明语句中时，应当对这些变量名按字母的顺序进行排列。带标号的全程数据(如 FORTRAN 的公用块)也应当按字母的顺序进行排列。

例如，把 integer size、length、width、cost、price 写成 integer cost、length、price、size、width。

3. 使用注释说明复杂数据结构

如果设计了一个复杂的数据结构，应当使用注释来说明在程序实现时这个数据结构的固有特点。

11.2.7 语句结构

在设计阶段确定了软件的逻辑流结构，但构造单个语句则是编码阶段的任务。语句构造力求简单、直接，不能为了追求效率而使语句复杂化。

① 在一行内只写一条语句。许多程序设计语言允许在一行内写多个语句，但这种方式会使程序可读性变差，因而不可取。在一行内只写一条语句，并且采取适当的缩进格式，使程序的逻辑和功能变得更加明确。例如，有一段排序程序：

```
FOR I:=1 TO N-1 DO BEGIN T:=I;FOR J:=I+1 TO N DO IF A[J]<A[T] THEN T:=J;IF
T≠I THEN BEGIN  WORK:=A[T];A[T]:=A[I];A[I]:=WORK;END END
```

由于一行中包括多个语句，掩盖了程序的循环结构和条件结构，使其可读性变得很差。改进之后布局如下：

```
FOR  I:=1  TO  N-1  DO
BEGIN
   T:=I;
   FOR  J:=I+1  TO  N  DO
        IF  A[J]<A[T]  THEN  T:=J;
   IF  T≠I  THEN
   BEGIN
        WORK:=A[T];
        A[T]:=A[I];
        A[I]:=WORK;
   END
END
```

② 程序编写首先应当考虑清晰性，不要刻意追求技巧性，使程序编写得过于紧凑。例如，有一个用 C 语句写出的程序段：

```
A[I] = A[I]+A[T];
A[T] = A[I]-A[T];
A[I] = A[I]-A[T];
```

此段程序可能不易看懂，有时还需用实际数据试验一下。实际上，这段程序的功能是交换 A[I]和 A[T]中的内容。目的是节省一个工作单元。如果改成以下的代码，就能让读者一目了然了。

```
Temp = A[T];
A[T] = A[I];
A[I] = Temp;
```

③ 程序要能直截了当地表明程序员的用意。程序要编写得简单清楚，直截了当地说明程序员的用意。例如以下代码：

```
FOR (i = 1; i <= n; i++)
```

```
  FOR (j = 1; j <= n; j++)
    V[i][j] = (i/j) * (j/i);
```

除法运算(/)在除数和被除数都是整型量时,其结果只取整数部分,从而得到整型量。当 $i<j$ 时,i/j=0;当 $j<i$ 时,j/i=0。对于得到的数组,当 $i \neq j$ 时,"V[i][j] = (i/j) * (j/i) = 0;";当 $i=j$ 时,"V[i][j] = (i/j) * (j/i)=1;"。这样得到的结果是一个单位矩阵。如果写成以下的形式,就能让读者直接了解程序编写者的意图。

```
FOR ( i = 1; i <= n; i++ )
    FOR ( j = 1; j <= n; j++ )
        IF( i == j ) THEN
            V[i][j] = 1.0;
        ELSE
            V[i][j] = 0.0;
```

④ 除非对效率有特殊的要求,程序编写要做到清晰第一,效率第二。不要为了追求效率而丧失了清晰性。事实上,程序效率的提高主要应通过选择高效的算法来实现。

⑤ 首先要保证程序正确,然后才要求提高速度。反过来说,在使程序高速运行时,首先要保证它是正确的。

⑥ 避免使用临时变量而使可读性下降。例如,有的程序员为了追求效率,往往喜欢把表达式 A[I]+1/A[I] 写成:

```
AI = A[I];
X = AI + 1/AI;
```

这样将一句分成两句写,有时会产生意想不到的问题。

⑦ 让编译程序做简单的优化。

⑧ 尽可能使用库函数。

⑨ 避免不必要的转移,不用 GOTO 语句。

⑩ 尽量只采用 3 种基本的控制结构来编写程序。

⑪ 避免使用空的 ELSE 语句和 IF… THEN IF…语句,这种结构容易使读者产生误解。例如:

```
IF( char >= 'a' )
IF( char <= 'z')
cout <<  "This is a letter。";
ELSE
cout << "This is not a letter。";
```

这段代码中的 ELSE 和哪个 IF 对应?可能产生二义性问题。

⑫ 避免采用过于复杂的条件测试。

⑬ 尽量少使用"否定"条件的语句。例如,将程序"IF (! (char<'0'|| char >'9'))"改成"IF (char>= '0' && char<='9')",则读者不需要绕弯子去理解。

⑭ 尽可能用通俗易懂的伪码来描述程序的流程,然后再将其翻译成必须使用的语言。

⑮ 数据结构要有利于程序的简化。

⑯ 要模块化,使模块功能尽可能单一化,模块间的耦合能够清晰可见。

⑰ 利用信息隐蔽,确保每一个模块的独立性。

⑱ 从数据出发去构造程序。

⑲ 不要修补不好的程序，要重新编写。也不要一味地追求代码的复用，要重新组织。

⑳ 对规模大的程序，要分块编写、测试，然后再集成。

㉑ 对递归定义的数据结构尽量使用递归过程。

11.2.8 输入和输出

输入和输出信息是与用户的使用直接相关的。输入和输出的方式和格式应当尽可能方便用户的使用。一定要避免因设计不当给用户带来的麻烦。因此，在软件需求分析阶段和设计阶段，就应基本确定输入和输出的风格。系统能否被用户接受，有时就取决于输入和输出的风格。

无论是批处理的输入/输出方式，还是交互式的输入/输出方式，在设计和编码时都应考虑下列原则：

① 对所有的输入数据都要进行检验，识别错误的输入，以保证每个数据的有效性；

② 检查输入项各种重要组合的合理性，必要时报告输入状态信息；

③ 使得输入的步骤和操作尽可能简单，并保持简单的输入格式；

④ 输入数据时，应允许使用自由格式输入；

⑤ 应允许缺省值；

⑥ 输入一批数据时，最好使用输入结束标志，而不要由用户指定输入数据数目；

⑦ 在交互式输入/输出时，要在屏幕上使用提示符明确提示交互输入的请求，指明可使用选择项的种类和取值范围，同时，在数据输入的过程中和输入结束时，也要在屏幕上给出状态信息；

⑧ 当程序设计语言对输入/输出格式有严格要求时，应保持输入格式与输入语句要求的一致性；

⑨ 给所有的输出加注解，并设计输出报表格式。

输入/输出风格还受到许多其他因素的影响，如输入/输出设备（例如终端的类型、图形设备、数字化转换设备等）、用户的熟练程度以及通信环境等。

11.3 程序效率

程序效率是指程序执行速度及程序所需占用的存储空间。程序编码是提高运行速度和节省存储空间最后的机会，因此在此阶段需要考虑程序的效率。首先讨论程序效率的几条准则。

① 效率是一个性能要求，应当在需求分析阶段给出。软件效率以需求为准，不应以人力所及为准。

② 好的设计可以提高效率，提高效率的主要方法是采用高效的算法。

③ 程序的效率与程序的简单性相关。一般说来，任何对效率无重要改善，但对程序的简单性、可读性和正确性不利的程序设计方法都是不可取的。

11.3.1 算法对效率的影响

程序执行的效率与详细设计阶段确定的算法效率直接有关，软件设计开发源程序的指导原则包括：

① 在编程前，尽可能化简有关的算术表达式和逻辑表达式；

② 仔细检查算法中的嵌套循环，尽可能将某些语句或表达式移到循环外面；

③ 尽量避免使用多维数组；

④ 尽量避免使用指针和复杂的表；

⑤ 采用“快速”的算术运算；

⑥ 不要混淆数据类型，避免在表达式中出现类型混杂；

⑦ 尽量采用整数算术表达式和布尔表达式；

⑧ 选用等效的高效率算法；

⑨ 许多编译程序具有“优化”功能，可以自动生成高效率的目标代码。

11.3.2　影响存储器效率的因素

在大中型计算机系统中，存储限制不再是主要问题。在这种环境下，对内存采取基于操作系统分页功能的虚拟存储管理。存储效率与操作系统的分页功能直接有关。

采用结构化程序设计，将程序功能合理分块，使每个模块或一组密切相关模块的程序体积大小与每页的容量相匹配，可减少页面调度，减少内外存交换，提高存储效率。

在微型计算机系统中，存储器的容量对软件设计和编码的制约很大。因此要选择可生成较短目标代码且存储压缩性能优良的编译程序，有时需采用汇编程序。

11.3.3　影响输入/输出的因素

输入/输出可分为两种类型：面向人(操作员)的输入/输出和面向设备的输入/输出。如果操作员能够十分方便、简单地录入输入数据，或者能够十分直观、一目了然地了解输出信息，则可以说面向人的输入/输出是高效的。关于面向设备的输入/输出，可以提出一些提高输入/输出效率的指导原则：

① 输入/输出的请求应当最小化；

② 对于所有的输入/输出操作，安排适当的缓冲区，以减少频繁的信息交换；

③ 对辅助存储(例如磁盘)，选择尽可能简单的、可接受的存取方法。

11.4　安全编码

软件漏洞是指一个软件系统存在的弱点或缺陷，系统对特定威胁攻击或危险事件的敏感性，或对软件发起攻击并成功的可能性。漏洞可能来自应用软件设计时的缺陷或编码时产生的错误，也可能来自业务在交互处理过程中的设计缺陷或逻辑流程上的不合理之处。

根据漏洞出现的阶段，软件漏洞可分为两大类：设计漏洞和实现漏洞。设计漏洞是一种在软件设计阶段发生的设计错误，无论编码人员如何实现，都存在安全问题。实现漏洞是由于在软件编码中的不安全地编码造成的。例如，没有检测返回代码，没有正确定义缓冲区的大小，没有正确处理非预期的输入等。

常见的安全编码漏洞包括缓冲区溢出、整数溢出、竞争条件、不正确处理异常、交互参数安全问题等。

1. 缓冲区溢出

缓冲区是程序运行时计算机内存中的一个连续的块，它保存了给定类型的数据。缓冲区溢出是一种系统攻击的手段，通过往程序的缓冲区写入超出其长度的内容，造成缓冲区的溢出，从而破坏程序的堆栈，使程序转而执行其他指令，以达到攻击的目的。据统计，通过缓冲区溢出进行的攻击占所有系统攻击总数的80%以上。缓冲区溢出的原因是在程序中没有仔细检查用户输入参数的长度。例如，下段代码存在缓冲区溢出的安全漏洞。

```
main(){
chartmpName[20];
printf("\nEnter the name\n");
char * name;
scanf("%s",name);
strcpy(tmpName, name);
}
```

2. 整数溢出

当一个整数被增加后超过其最大值或被减小后小于其最小值时即会发生整数溢出，带符号和无符号的数都有可能发生溢出。例如，如下代码执行后，i 的值是−2 147 483 648。

```
int i;
i = INT_MAX;  // 2,147,483,647
i++;
```

3. 竞争条件

竞争条件发生在当多个进程或者线程读写数据时，其最终的结果依赖多个进程的指令执行顺序。

竞争条件漏洞比较经典的案例是转账、购买，也是竞争条件漏洞的高发场景。这里从数据库层面说明一个购买案例。直观解释下这个漏洞的原理，假设我们使用账户里的1 000元购买10件100元的商品，正常购买流程为购买物品，查询余额是否大于商品价格，购买成功，余额减100，商品数加1，余额不足则购买失败。

单击购买，拦截数据包，设置发送50个数据包，进行并发请求，这里存在可以购买超过10个商品的情况。这是因为数据库接收的SELECT和UPDATE命令并不是线性依次执行的。图11-2是购物网站后台数据库操作的日志，显示在完成money＝money－100的操作之前进行了另一次查询，最终结果是购买数量大于10，而余额为负数。通常解决方案是加"锁"。

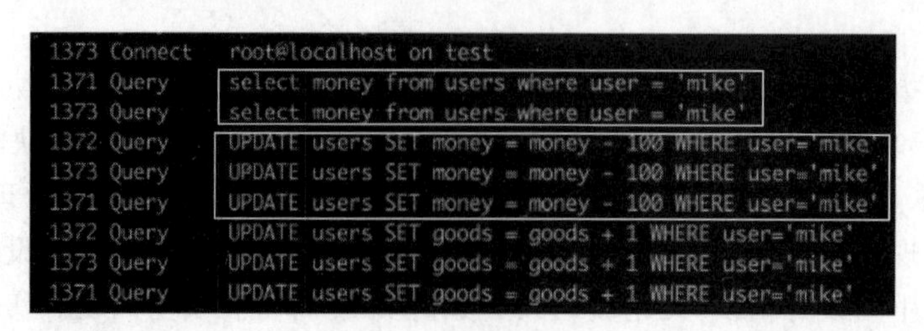

图11-2 竞争条件示例

4. 不正确处理异常

软件在实际运行过程中会碰到各种情况，可能会因为某个条件不满足而中断正常流程。

软件应当提供异常处理代码,使程序能继续运行。不提供异常处理代码的软件可能会在异常发生的时候停止运行,严重的甚至可能引发安全问题。不安全的异常处理或错误轻则造成信息泄露,重则造成系统停机、数据丢失。

5. 交互参数安全问题

用户使用软件时经常要输入参数,软件程序和环境变量之间也经常需要交换数据,有必要对这些交互数据进行安全检查,防止由于参数导致的安全问题。例如,SQL 注入(SQL injection)攻击是指把恶意 SQL 命令插入 Web 表单递交、输入域名或页面请求的查询字符串中,使服务器执行非授权操作。图 11-3 是一个 Web 系统的登录页面,用户输入账号和密码后单击登录,后台程序将用户的输入组合为 SQL 语句:select * from users where account='luxiaofeng' and passwd='spring'。该 SQL 语句没有任何问题,数据库将对该输入进行验证,看能否返回结果,如果有,表示登录成功,否则表示登录失败。

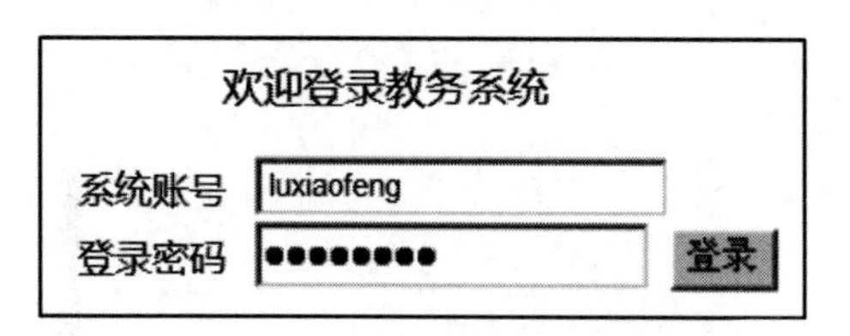

图 11-3　Web 系统的登录页面

但是该程序有漏洞。比如,在系统账号输入框中输入“'aa' OR 1=1 --”,密码随便输入,如“xx”,则后台程序将用户的输入组合成的 SQL 语句是:

```
select * from users where account = 'aa' OR 1 = 1 -- AND PASSWORD = 'xx'
```

其中,“--”表示注释。因此,真正运行的 SQL 语句是:

```
select * from users where account = 'aa' OR 1 = 1
```

此处,“1=1”永远为真,所以该语句将返回 USERS 表中的所有记录。这就是对网站的 SQL 注入攻击。

习　题

1. 在软件开发阶段的工作流程中,测试人员测试和代码审查的顺序是否可以互换?
2. 软件编程语言经过了几个发展阶段?
3. 开发软件时选择编程语言要考虑哪些因素?
4. 为了提高软件的可维护性,在编码阶段应注意哪些问题?
5. 什么是程序设计风格?
6. 标识符命名的通用规则是什么?
7. 为何要进行程序的注释?应该怎样进行程序的注释?
8. 数据说明时的通用规则是什么?
9. 有一种循环结构,其流程图如图 11-4 所示,这种控制结构不属于基本控制结构:它既不是先判断型循环,又不是后判断型循环。请修改此流程图,将它改为用基本控制结构表示的等效流程图。
10. 针对缓冲区溢出攻击,在编程阶段应该采取什么措施?

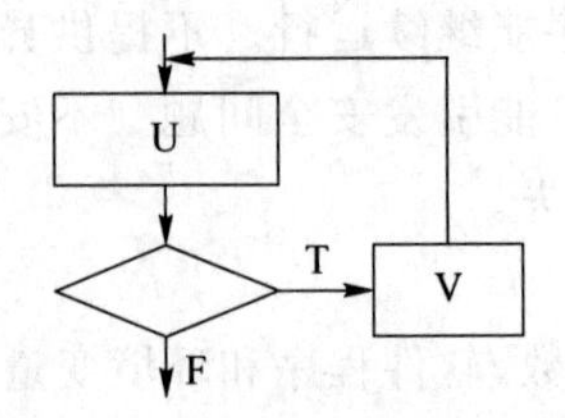

图 11-4　循环结构的流程图

11. 针对整数溢出攻击，在编程阶段应该采取什么措施？

12. 针对 SQL 注入攻击，在编程阶段应该采取什么措施？

第 12 章

软件测试

12.1 软件测试概述

12.1.1 软件测试的目的

软件测试是为了发现程序中的错误而执行程序的过程。软件测试对于保证软件的正确性、可靠性、健壮性具有十分重要的意义。软件测试在软件生存周期中横跨两个阶段。通常在编出每个模块之后就对它做必要的测试,称为单元测试,单元测试中模块的编写者和测试者是同一个人,编码和单元测试属于软件生存周期的同一个阶段。在开发结束之后,对软件系统还要进行各种综合测试,这是软件生存周期中的另一个独立的阶段,通常由专门的测试人员承担这项工作。

软件测试是一项非常复杂的、具有创造性的和需要高度智慧的挑战性工作。测试阶段的根本目的是尽可能多地发现并排除软件中潜藏的错误,最终把一个高质量的软件系统交给用户使用。因此,测试一个大型程序所需要的创造力,事实上可能要超过设计那个程序所要求的创造力。在测试阶段,测试人员努力设计出一系列测试方案,目的却是"破坏"已经建造好的软件系统——竭力证明程序中有错误,不能按照预定要求正确执行。好的测试方案是极可能发现迄今为止尚未发现的错误的测试方案,成功的测试是发现了至今为止尚未发现的错误的测试。

测试的目的决定了测试方案的设计。

① 为了证明程序是正确的而进行测试,就会设计一些不易暴露错误的测试方案。

② 为了发现程序中的错误,就会力求设计出最能暴露错误的测试方案。因此从心理学的角度看,由程序的编写者自己进行测试是不恰当的。

软件测试中的对象和信息流如图 12-1 所示,其中,软件配置包括需求说明书、设计说明书、源程序清单等;测试配置包括测试计划和测试方案;测试工具指能完成自动化测试的软件,例如 winrunner、robot。

软件测试是保证软件质量的重要手段,它对软件测试人员提出了严格的要求。对一个软件系统进行高效率、高质量的测试所需要的技能与经验其实并不比开发人员少,缺乏一个合格、积极的测试团队,测试任务是无法圆满完成的,这必然会严重影响整个软件产品的质量,因此软件公司务必要重视和培养专业的测试团队。

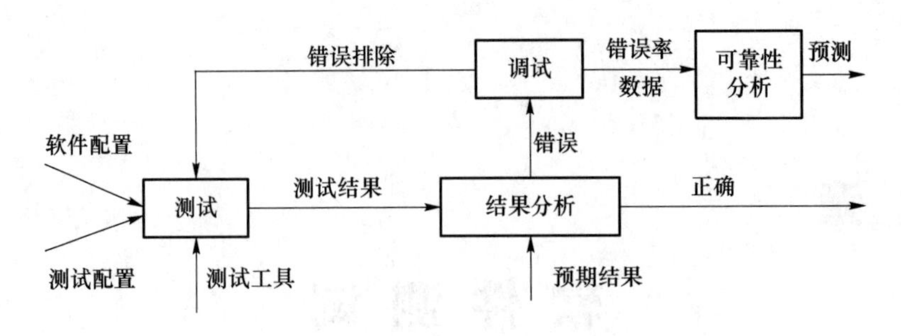

图 12-1　软件测试中的对象和信息流

12.1.2　测试文档

软件测试是一个复杂而艰巨的过程,同时涉及需求分析、设计、编码等许多其他软件开发环节,因此必须将软件测试的要求、过程、结果以正式文档的形式加以记录。测试文档的撰写是软件测试工作规范化的一个重要组成部分。在软件系统的测试工作中,主要的测试文档如下。

(1) 测试计划

测试计划是软件测试工作的指导性文档,它规定了测试活动的范围、测试方法、测试的进度与资源、测试的项目与特性。具体地说,测试计划一般包括测试目标、测试范围、测试方法、测试资源、测试环境和工具、测试体系结构、测试进度。

(2) 测试规范

测试规范规定了测试工作的一些总体原则,并描述了测试工作的一些基本情况,例如测试用例的运行环境、测试用例的生成步骤与执行步骤、软件系统的调试与验证。

(3) 测试用例

测试用例是指对一项特定的软件产品进行测试任务的描述。简单地认为,测试用例是为某个特殊目标而编制的一组测试输入、执行条件以及预期结果,用于核实程序是否满足某个特定软件需求。

(4) 测试报告

测试报告是指把测试的过程和结果写成文档,对发现的问题和缺陷进行分析,为纠正软件存在的质量问题提供依据,同时为软件验收和交付打下基础。测试结果包括测试数据、期望的运行结果、实际的运行结果。

(5) 缺陷报告

缺陷报告主要用于记录在测试过程中发现的软件系统存在的错误与缺陷,具体包括缺陷编号、缺陷的严重程度和优先级、缺陷的状态、缺陷发生的位置、缺陷的报告步骤、期待的修改结果以及附件等内容。缺陷的严重程度是指缺陷影响的范围和程度。缺陷的优先级是指修正缺陷在时间上的先后顺序。

12.1.3　软件测试原则

软件测试时有一些重要的原则。

1. 应制订测试计划并严格执行,排除随意性

测试人员或机构在进行软件测试之前,应该制订详细、完善的测试计划。测试计划的内容应该包括进行测试的项目、每个测试人员的分工以及测试进度。在测试时,测试人员应该严格按照该计划执行,避免测试工作的随意性,只有这样才能保证对软件产品进行系统、科学的测试。

2. 应尽早地开始软件测试

在许多成熟的软件开发模型中,如面向对象的开发方法,软件测试不再是整个软件系统开发完成以后才进行的活动。在软件开发周期的各个阶段中,都有相应的软件测试工作。尽早开始测试,哪怕只是一个模块,也可以尽早地发现潜在的错误和缺陷。

3. 避免程序员测试自己的程序

程序员在进行单元测试时,选择测试用例总是有意无意地选择那些证明软件没有错误的测试用例,因而不利于发现潜在的问题。同时程序员在使用自己开发的软件的时候,几乎不会因为操作不熟练而引发错误,这与大众用户的情况不太相似,所以程序员测试自己的程序不具备典型性,可以由程序员交叉测试或由测试人员测试。

4. 注重设计测试用例

测试是为了发现错误而执行软件,因此选择测试数据不仅要选择合理的输入数据,更重要的是选择不合理的输入数据。因为在软件实际运行中,经常会因为错误或不合理的输入数据而出错。因此,设计不合理的输入数据进行软件测试,更容易发现问题。

5. 对发现错误较多的程序段,应进行更深入的测试

软件中的错误和缺陷通常在各模块间是不均匀分布的,存在二八现象,即 80%的错误存在于 20%的代码中。经常是在一个模块或一段代码中存在大量的错误和缺陷,发现一个软件缺陷说明该模块很可能有更多的软件缺陷。例如,在 IBM370 的某个操作系统中,47%的错误和缺陷集中在 4%的代码中。因为代码和程序员是关联的,程序员的编程水平是不一样的,有时一个程序员易犯同样的错误,所以找到软件缺陷越多的模块,其含有未发现软件缺陷的可能性越大。因此必须对错误集中出现的程序段进行重点测试,以提高测试的效率和质量。

6. 测试不能证明软件无错

软件测试具有不完全性、不彻底性。由于任何程序都只能进行有限的测试,所以不能保证软件缺陷全部找到,测试未发现错误不能说明程序中没有错误。

7. 软件缺陷的"免疫力"

软件会对相同类型的测试产生"免疫力"。开发小组与测试小组经过几轮的测试,该发现的错误都被发现了,再测试下去也难以发现新的缺陷,类似于程序对测试数据产生了"免疫力"。这时要设计新的测试用例,采用新的测试程序和步骤,对程序的不同部分进行测试,以找出更多的缺陷。

8. 全面记录每一个测试结果

在使用测试用例对软件产品进行测试时,对每一个测试结果都应该做全面、细致的检查和记录。因为测试结果中包含很多有用的信息,能反映错误的迹象和线索,如果这些有用的测试信息被遗漏,会影响软件测试的质量和效率。

9. 长期保留测试用例等文档

测试用例、测试结果、出错统计等都是软件测试过程中的重要文档。当软件缺陷被修复后,还要用这些测试用例进行回归测试。测试文档和软件开发文档一样也要完整、妥善保存,可以为后期的软件维护提供许多参考。

10. 并非所有软件缺陷都修复

项目组需要对每一个软件缺陷都进行评估和排序，根据风险和成本决定哪些缺陷优先修复，哪些缺陷可以延期修复，也可能会因为没有足够的时间，修复的风险太大，软件缺陷影响非常小而不修复一些软件缺陷。

12.1.4 软件测试类型

1. 静态测试和动态测试

静态测试是指不运行被测程序本身，仅通过分析或检查源程序的语法、结构、过程、接口等来验证程序的正确性。静态测试可以通过对需求规格说明书、软件设计说明书、源程序做结构分析、流程图分析、符号执行来找错。静态测试的方法主要有人工检查与软件自动分析两大类。目前，已经开发出一些静态分析软件作为软件测试的工具，如 DeepSource、SonarQube 等，静态分析已被当作一种自动化的代码校验方法。动态测试是计算机真正运行被测试的程序，通过输入测试用例对其运行情况进行分析。

人工检查有多种类型，如桌面检查、代码走查、代码审查。

(1) 桌面检查(desk checking)

桌面检查是指由程序员检查自己的程序，是最不正式，但是最省时的静态测试技术。桌面检查常常在程序通过编译以后、进行单元测试之前，对源程序中的代码进行分析、检验，以发现程序中潜在的错误和缺陷。

(2) 代码走查(code walk-through)

代码走查是指由与某模块相关的技术人员召开非正式的会议，代码走查的目的是交流有关代码是如何书写的。在代码走查的过程中，开发人员向其他人来阐述他们的代码。走查内容包括代码的命名规范以及组织结构。从走查的结果来说，经过走查的代码应该是参加成员大部分能认同的，并且是参加者每个人都能读懂的、逻辑清晰的代码。

代码走查是最常用的静态分析方法，走查时还可使用调用图或数据流图。

(3) 代码审查(code inspection)

代码审查是一种正式的评审活动，代码审查的内容包括检查代码和设计的一致性、检查代码执行标准的情况、检查代码逻辑表达的正确性、检查代码结构的合理性、检查代码的可读性。

2. 白盒测试和黑盒测试

(1) 白盒测试(white-box testing)

白盒测试又称结构测试、透明盒测试、逻辑驱动测试或基于代码的测试。盒子指的是被测试的软件，白盒指的是盒子是可视的，即清楚盒子内部的东西以及里面是如何运作的。白盒测试是在全面了解程序内部逻辑结构的情况下，对所有逻辑路径进行测试，是一种测试用例设计的方法。

(2) 黑盒测试(black-box testing)

黑盒测试又称功能测试、数据驱动测试或基于规格说明的测试，是一种从用户观点出发的测试。黑盒测试被用来证实软件功能的正确性和可操作性。黑盒测试把待测程序当作一个黑盒，在不考虑程序内部结构和内部特性，只知道该程序输入和输出之间的关系或程序功能的情况下，仅依靠功能需求规格的说明书来确定测试用例，并推断功能是否正确。

12.2　白盒测试技术

逻辑覆盖是设计白盒测试方案的一种技术，是对一系列测试过程的总称。根据覆盖源程序语句的详尽程度分为语句覆盖、判定覆盖、条件覆盖、判定/条件覆盖、条件组合覆盖、路径覆盖。

12.2.1　语句覆盖

以图 12-2 所示的流程图举例说明几种方法。

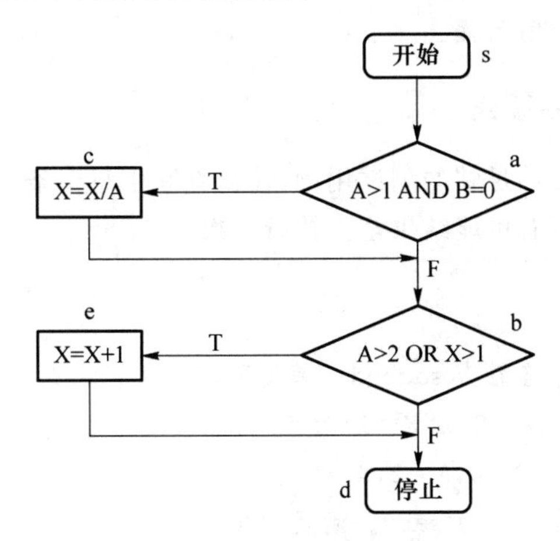

图 12-2　被测程序的流程图

语句覆盖就是设计若干个测试用例，运行被测程序，使得每一个可执行语句至少执行一次。设计测试用例如下：

输入数据　　　　　　　预期结果

A = 2,B = 0,X = 4　　　　X = 3.0

分析该测试用例发现：

① 只测试了条件为真的情况，当条件为假时处理有错误，语句测试不能发现；

② 只关心判定式的值，未测试每个条件取不同值的情况；

③ 如把 AND 错写成 OR，把 X＞1 错写成 X＜1，上述测试数据不能发现。

12.2.2　判定覆盖

判定覆盖就是设计若干个测试用例，运行被测程序，使得程序中每个判断的取真分支和取假分支至少经历一次。设计测试用例如下：

输入数据　　　　　　　　　　　　　　　　预期结果

A = 3,B = 0,X = 3　（覆盖路径为 sacbd）　X = 1.0

A = 2,B = 1,X = 1　（覆盖路径为 sabed）　X = 2.0

分析：

① 判定覆盖比语句覆盖强，但逻辑覆盖程度还不高；

② 上述测试数据只覆盖了程序全部路径的一半（请思考）。

12.2.3　条件覆盖

条件覆盖就是设计若干个测试用例，运行被测程序，使得程序中每个判断所有条件的可能取值至少执行一次。在图 12-2 所示的例子中，在 a 点存在 A＞1 和 A＜＝1，B＝0 和 B!＝0 几种情况；在 b 点存在 A＝2 和 A！＝2，X＞1 和 X＜＝1 几种情况。设计测试用例如下：

输入数据　　　　　　　　　　　　　　　　　　　　　　　　预期结果

A＝2，B＝0，X＝4（覆盖路径为 sacbed；检查判断中条件：

　　　　　　A＞1，B＝0，A＝2，X＞1 为 T）　　　　　　　X＝3.0

A＝1，B＝1，X＝1（覆盖路径为 sabd；检查判断中条件：

　　　　　　A＞1，B＝0，A＝2，X＞1 为 F）　　　　　　　X＝1.0

分析：条件覆盖比判定覆盖强。

12.2.4　判定/条件覆盖

判定/条件覆盖就是设计足够的测试用例，使得判断中每个条件的所有可能取值至少执行一次，同时每个判断本身所有可能结果至少执行一次。

设计测试用例如下：

输入数据　　　　　　　　　　　　　　　　　　　　　　　　　　　预期结果

A＝2，B＝0，X＝4〔覆盖路径为 sacbed。满足取值：

(A＞1 AND B＝0)为 T，(A＝2 OR X＞1)为 T。

检查判断中条件：A＞1，B＝0，A＝2，X＞1 为 T〕　　　　　　　X＝3.0

A＝1，B＝1，X＝1〔覆盖路径为 sabd。满足取值：

(A＞1 AND B＝0)为 F，(A＝2 OR X＞1)为 F。

检查判断中条件：A＞1，B＝0，A＝2，X＞1 为 F〕　　　　　　　X＝1.0

分析：判定/条件覆盖并不比条件覆盖强。

12.2.5　条件组合覆盖

条件组合覆盖就是设计足够的测试用例，运行被测程序，使得每个判断的所有可能条件取值组合至少执行一次。

本例中，8 种可能的条件组合如下：

① A＞1，B＝0；

② A＞1，B!＝0；

③ A＜＝1，B＝0；

④ A＜＝1，B!＝0；

⑤ A＝2，X＞1；

⑥ A＝2，X＜＝1；

⑦ A！＝2，X＞1；

⑧ A！＝2，X＜＝1。

设计测试用例如下：

输入数据　　　　　　　　　　　　　　　预期结果

A＝2，B＝0，X＝4（覆盖路径为 sacbed）　　X＝3.0

A = 2,B = 1,X = 1 (覆盖路径为 sabed)　　　X = 2.0

A = 1,B = 0,X = 2 (覆盖路径为 sabed)　　　X = 3.0

A = 1,B = 1,X = 1 (覆盖路径为 sabd)　　　X = 1.0

分析:条件组合覆盖比条件覆盖强。

12.2.6 路径覆盖

路径覆盖测试就是设计足够的测试用例,覆盖程序中所有可能的路径。本例中有 4 条可能的路径:sabd、sabed、sacd、sacbed。

设计测试用例:

输入数据	预期结果
A = 1,B = 1,X = 1(覆盖路径为 sabd)	X = 3.0
A = 1,B = 1,X = 2(覆盖路径为 sabed)	X = 2.0
A = 3,B = 0,X = 1(覆盖路径为 sacd)	X = 3.0
A = 2,B = 0,X = 4(覆盖路径为 sacbed)	X = 1.0

分析:路径覆盖是相当强的逻辑覆盖标准。和条件组合覆盖结合起来,可以设计出检错能力更强的测试数据。

12.3 黑盒测试技术

黑盒测试技术是指把测试对象看作一个黑盒子,测试人员完全不考虑程序内部的逻辑结构和特性,只依据程序的需求规格说明书,检查程序的功能是否符合它的功能说明。黑盒测试又叫作功能测试或数据驱动测试。

12.3.1 等价类划分

等价类是指一类测试输入值中的一个值在测试中的作用与这一类中的所有其他值的作用相同或等价。等价类划分方法把所有可能的输入数据,即程序的输入域划分成若干部分,然后从每一部分中选取少数有代表性的数据作为测试用例,从而减少测试工作量。

等价类划分有两种不同的情况。

① 有效等价类:是由对于程序的规格说明来说合理的、有意义的输入数据构成的集合。

② 无效等价类:是由对于程序的规格说明来说不合理的、无意义的输入数据构成的集合。

在设计测试用例时,要同时考虑有效等价类和无效等价类的设计。

划分等价类的原则如下。

① 如果输入条件规定了取值范围或值的个数,则可以确立一个有效等价类和两个无效等价类。例如,在程序的规格说明中,对于输入条件有一句话:"…… 项数可以从 1 到 999 ……",则有效等价类是"1≤项数≤999",两个无效等价类是"项数<1"或"项数>999"。

② 如果规定了输入数据必须遵守的规则,则可以确立一个有效等价类(符合规则)和若干个无效等价类(从不同角度违反规则)。例如,在 PASCAL 语言中对变量标识符规定为"以字母打头的……串",那么所有以字母打头的字符串构成有效等价类,而不在此集合内的字符串组成若干个无效等价类,如以数字开头的、以特殊字符开头的。

③ 如果规定了输入数据的一组值，而且程序要对每个输入值分别进行处理，则可为每一个输入值确立一个有效等价类，此外针对这组值确立一个无效等价类，它是所有不允许的输入值集合。

在确立了等价类之后，建立等价类表，列出所有划分出的等价类，再从划分出的等价类中按以下原则选择测试用例：

① 设计一个新的测试用例，使其尽可能多地覆盖尚未被覆盖的有效等价类，重复这一步，直到所有的有效等价类都被覆盖为止；

② 设计一个新的测试用例，使其仅覆盖一个尚未被覆盖的无效等价类，重复这一步，直到所有的无效等价类都被覆盖为止。

12.3.2 边界值分析

人们从长期的测试工作得到经验，大量的错误发生在输入或输出范围的边界上，而不是在输入范围的内部。因此针对各种边界情况设计测试用例，可以查出更多的错误。通常，输入等价类和输出等价类的边界就是应该着重测试的程序边界。选取测试数据应该："刚好等于；刚刚小于；刚刚大于"。

案例：某应用程序完成的功能为输入某年某月某日，判断这一天是这一年的第几天。程序C源代码如下：

```
main()
{
int day, leap, month, sum, year;
printf("\nplease input year,month,day\n");
scanf("%d,%d,%d",&year,&month,&day);
switch(month)
{   case 1:sum = 0;  break;
    case 2:sum = 31;  break;
    case 3:sum = 59;  break;
    case 4:sum = 90;  break;
    case 5:sum = 120;  break;
    case 6:sum = 151;  break;
    case 7:sum = 181;  break;
    case 8:sum = 212;  break;
    case 9:sum = 243;  break;
    case 10:sum = 273;  break;
    case 11:sum = 304;  break;
    case 12:sum = 334;  break;
    default:printf("dataerror");  break;
}
    sum = sum + day;
    printf("It is the %dth day.",sum);
}
```

表12-1是采用边界值分析法设计的测试数据及预期结果。

表12-1　测试用例表

序　号	输入数据	预期输出	说　明
1	1900,1,1	It is the first day	刚好等于最小值
2	2050,12,31	It is the 365th day	刚好等于最大值
3	1899,1,1	输入年份超范围	年份刚好小于最小值
4	2051,1,1	输入年份超范围	年份刚好大于最大值
5	2000,0,1	输入月份超范围	月份刚好小于最小值
6	2000,13,32	输入月份超范围	月份刚好大于最大值
7	2000,1,0	输入日超范围	日刚好小于最小值
8	2000,1,32	输入日超范围	日刚好大于最大值

该程序是否有缺陷？这些缺陷可以用什么测试用例检测出来？以上代码没有考虑闰年问题，可以使用以下测试数据进行测试，其中3月1日就是边界值。

输入：year＝2000，month＝3，day＝1。预期输出：61。实际输出：60。

12.3.3　错误推测

经验告诉我们：在一段程序中已经发现的错误数往往和未发现的错误数成正比。错误推测的基本思想是列举出程序中可能有的错误和容易发生错误的特殊情况，并且针对它们选择测试方案。错误推测法在很大程度上靠直觉和经验进行。

12.4　灰盒测试

灰盒测试于1999年被提出，从名称上来看，灰盒测试是介于黑盒测试与白盒测试之间的一种测试方式。灰盒测试不像白盒测试那样详细、完整，但又比黑盒测试更关注程序的内部逻辑，常常通过一些表征性的现象、事件、标志来判断内部的运行状态。灰盒测试多用于集成测试阶段，不仅关注输出、输入的正确性，同时也关注程序内部的情况。

1. 灰盒测试与黑盒测试的区别

如果某软件包含多个模块，当使用黑盒测试时，只关心整个软件系统的边界，无须关心软件系统内部各个模块之间如何协作。如果使用灰盒测试，就需要关心模块与模块之间的交互。这是灰盒测试与黑盒测试的区别。

2. 灰盒测试与白盒测试的区别

在灰盒测试中，无须关心模块内部的实现细节。对于软件系统的内部模块，灰盒测试依然把它当成一个黑盒来看待。而白盒测试还需要再深入地了解内部模块的实现细节。

3. 灰盒测试与单元测试的区别

首先，在进行单元测试时，需要写一些测试代码(即“桩代码”stub)。通常测试代码和被测试代码是同种语言(比如Java的单元测试通常也用Java来写)，且测试代码和被测试代码的耦合很紧密。因此，单元测试通常由开发人员来完成。其次，单元测试的颗粒度会更细(会细到类一级、函数一级)，而灰盒测试仅到模块一级。

灰盒测试的优点：

① 能够进行基于需求的覆盖测试和基于程序路径的覆盖测试；

② 测试结果可以对应到程序内部路径，便于 Bug 的定位、分析和解决；

③ 能够保证设计的黑盒测试用例的完整性，防止遗漏软件的一些不常用功能或功能组合；

④ 能够降低需求或设计不详细、不完整对测试造成的影响。

灰盒测试的缺点：

① 投入的时间比黑盒测试多 20%～40%；

② 对测试人员的要求比黑盒测试高，灰盒测试要求测试人员清楚系统内部由哪些模块构成，模块之间如何协作；

③ 灰盒测试不如白盒测试深入；

④ 不适用于简单的系统，所谓的简单系统，就是简单到总共只有一个模块，由于灰盒测试关注系统内部模块之间的交互，如果某个系统简单到只有一个模块，那就没必要进行灰盒测试了。

12.5 软件测试的步骤

12.5.1 软件测试 V 模型

软件测试 V 模型(图 12-3)是在 20 世纪 80 年代后期提出的，目的是改进软件开发的效率和效果。它是软件测试最具代表性的模型之一。

软件测试 V 模型从左到右描述了基本的开发过程和测试行为，明确了测试工程中存在的不同级别测试以及测试阶段和开发过程各阶段的对应关系。软件测试 V 模型指出，单元测试和集成测试是为了验证程序设计。单元测试对代码进行测试。集成测试是介于白盒测试与系统测试之间的一种测试，也叫灰盒测试。测试人员和用户进行软件的确认测试和验收测试，是依据需求说明书进行测试的，以确定实现的软件是否满足用户需求或合同要求。系统测试主要检测系统功能、性能的质量特性是否达到项目规划的指标。

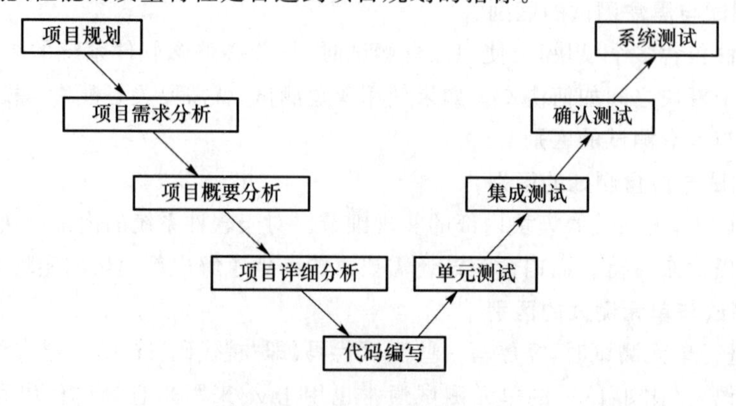

图 12-3　软件测试 V 模型

软件测试 V 模型详细地描述了每个测试阶段所对应验证的对象,单元测试验收的对象是详细测试说明书,集成测试验证的对象是概要设计说明书,确认测试和系统测试验证的对象是需求说明书。在测试过程中,软件测试 V 模型的一个优点是详细地介绍了每个阶段测试验证的依据。

12.5.2　单元测试

单元测试又称为模块测试。每个程序模块完成一个相对独立的子功能,所以可以对该模块进行单独的测试。在单元测试期间主要评价模块的下述 5 个特性。

- 模块的接口。
- 局部数据结构。
- 重要的执行通路。
- 出错处理通路。
- 影响上述各方面特性的边界条件。

通常单元测试在编码阶段进行,并经过人工检查和计算机测试两种类型的测试。

(1) 人工检查

人工检查源程序可以由编写者本人非正式地进行,也可以由审查小组正式进行,后者称为代码走查或审查,是一种非常有效的程序验证技术,对于典型的程序来说,可以查出 30%～70%的逻辑设计错误和编码错误。

审查小组的组成:组长,程序的设计人员、开发人员和测试人员。

(2) 计算机测试

在源程序代码编制完成,确认没有语法错误之后,就开始进行单元测试的测试用例设计。被测试的程序单元并不一定是一个独立的程序,因此在考虑测试单元时,要考虑它和外界的联系,用一些辅助单元去模拟与被测单元相联系的其他单元。

这些辅助单元分为两种:桩模块和驱动模块。

- 桩(stub)模块是指模拟被测试模块所调用的模块,而不是软件产品的组成部分。
- 驱动(drive)模块是模拟调用被测模块的模块。

被测单元、相关的驱动模块及桩模块共同构成了一个测试环境,如图 12-4 所示。

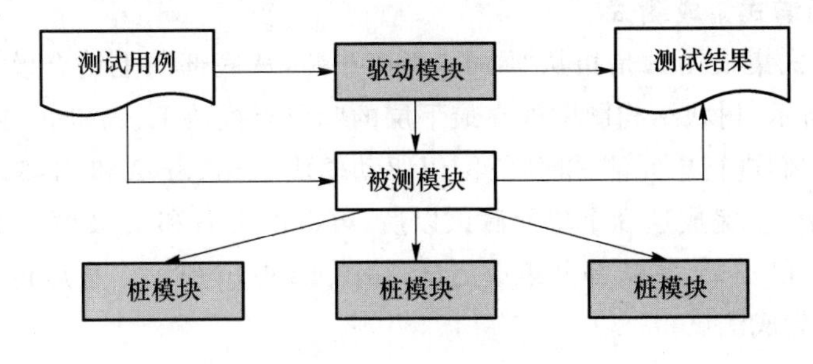

图 12-4　测试环境

12.5.3　集成测试

集成测试也叫组装测试,是指将多个模块集成起来成为一个功能并进行整体测试,在集成测试过程中要考虑如下问题:

- 数据穿过模块接口时是否会丢失;

- 一个模块的功能是否会对其他模块的功能产生不利的影响；
- 把子功能组合起来，能否达到预期的主功能要求；
- 单个模块的误差累积起来是否会放大到不能接受的程度；
- 全局数据结构是否有问题。

集成是组装软件的系统技术，模块组装成程序时有两种方法：

① 先分别测试每个模块，再把所有模块按设计要求放在一起结合成所要的程序，称为非渐增式测试方法；

② 把下一个要测试的模块同已经测试好的那些模块结合起来并进行测试，测试完以后再把下一个待测试的模块结合进来并进行测试，这种每次增加一个模块的方法称为渐增式测试。

当使用渐增式测试方法把待测模块结合到软件系统中时，有自顶向下和自底向上两种集成测试方法。

1. 自顶向下渐增式集成测试

自顶向下渐增式集成测试是指从主控模块开始，沿着软件的控制层次向下移动，从而逐渐把各个模块结合起来。如图 12-5(a)所示，对 A 模块进行单元测试，这时需配以桩模块 sub1、sub2 和 sub3，以模拟被 A 调用的 B、C 和 D 模块。其后，把模块 B、C 和 D 与模块 A 连接起来，再对模块 B 和 D 配以桩模块 sub4 和 sub5，以模拟模块 B 和 D 对模块 E 和 F 的调用，这样按图 12-5(b)的形式完成测试。最后，去掉桩模块 sub4 和 sub5，把模块 E 和 F 连上，即可对完整的结构图进行测试，如图 12-5(c)所示。

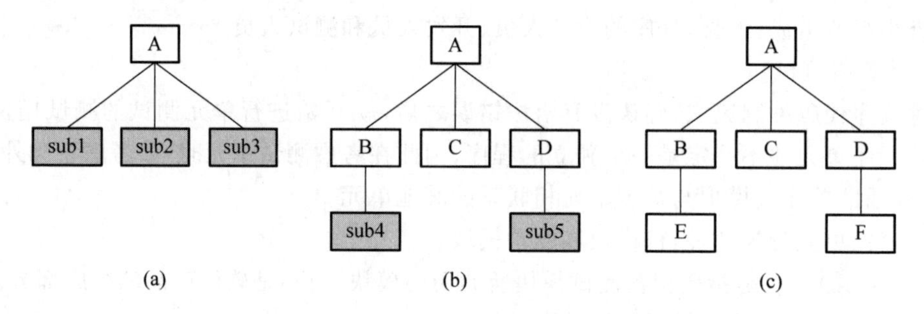

图 12-5　自顶向下渐增式集成测试

2. 自底向上渐增式集成测试

自底向上渐增式集成测试是指从“原子”模块开始，从底部向上结合模块，进行组装和测试。如图 12-6(a)所示，树状结构图中处在最下层的叶节点模块 E、C 和 F，由于它们不再调用其他模块，所以对它们进行单元测试时，需配以驱动模块 drv1、drv2 和 drv3，用来模拟模块 B、A 和 D 对它们的调用。完成这 3 个单元测试以后，再将模块 B 和 E 及模块 D 和 F 连接起来，配以驱动模块 drv4 和 drv5，实施部分集成测试，如图 12-6(b)所示。最后再按图 12-6(c)所示的形式完成整体的集成测试。

12.5.4　确认测试

确认测试又称为有效性测试，目的是向未来的用户表明系统能够像预定要求那样工作，即确认“是否构造了正确的产品”。确认测试保证软件正确地实现了某一特定要求的一系列活动。如果软件的功能和性能如同需求说明书的描述，则软件是有效的，说明正确地构造了产品。

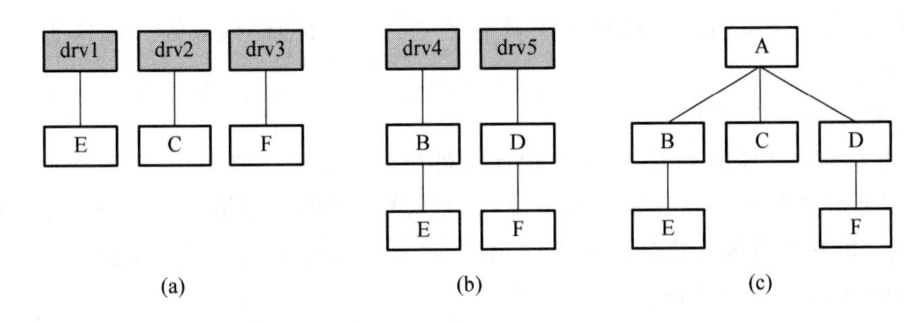

图 12-6　自底向上渐增式集成测试

确认测试一般采用黑盒测试法，测试数据采用用户的真实数据。确认测试有两种可能的结果：

① 功能和性能与用户需求一致，软件是可以接受的；

② 功能和性能与用户的要求有差距。

12.5.5　系统测试

系统测试是将通过确认测试的软件，作为整个计算机系统的一个元素，与计算机硬件、外设、某些支持软件、数据和人员等其他系统元素结合在一起，在实际运行环境下，对计算机系统进行的一系列组装测试和确认测试。系统测试的目的在于通过与系统的需求定义作比较，发现软件与系统的定义不符合或矛盾的地方。

系统测试的种类较多，具体如下。

(1) 性能测试

性能测试用来测试软件在集成系统环境中的运行性能是否满足在需求说明书中规定的性能，特别是针对实时系统、嵌入式系统。性能测试常常需要与强度测试结合起来进行，并要求同时进行硬件和软件检测。通常，对软件性能的检测表现在以下几个方面：响应时间、吞吐量、辅助存储区(例如缓冲区、工作区的大小等)、处理精度等。

(2) 强度测试

强度测试是检查当系统运行在高负荷、高并发等情况下时，系统可以运行到何种程度的测试。强度测试需要在反常的数量、频率或资源方式下运行系统，以检验系统能力的最高实际限度。

- 把输入数据速率提高一个数量级(10 倍)，确定输入功能将如何响应。
- 设计需要占用最大存储量或其他资源的测试用例并进行测试。
- 设计在虚拟存储管理机制中引起"颠簸"的测试用例并进行测试。
- 设计会对磁盘常驻内存的数据进行过度访问的测试用例并进行测试。
- 并发访问量提高一个数量级(10 倍)，确定系统如何响应并发请求。

(3) 安全性测试

安全性测试是指要检验系统中的安全性、保密性措施是否能发挥作用，保护系统不受非法侵入，检验系统是否存在漏洞。

(4) 安装测试

安装测试的目的不是找软件错误，而是找安装错误。安装测试是指在系统安装时进行测试，确保该软件在正常情况和异常情况下都能进行安装。正常情况包括首次安装、升级、完整的或自定义的安装。异常情况包括磁盘空间不足、缺少目录创建权限等。需核实软件在安装后可立即正常运行。

(5) 恢复测试

恢复测试是指通过各种手段,强制性地使软件出错而不能正常工作,进而检查软件系统的恢复能力。恢复测试要证实在克服硬件故障(包括掉电、硬件或网络出错等)后,系统能否正常继续进行工作,并没对系统造成任何损害。为此,可采用各种人工干预的手段,模拟硬件故障,故意造成软件出错,并由此检查:

- 错误探测功能——系统能否发现硬件失效与故障;
- 能否切换或启动备用的硬件;
- 在故障发生时能否保护正在运行的作业和系统状态;
- 在系统恢复后能否从最后记录下来的无错误状态开始继续执行作业;
- 掉电测试。

(6) 互连测试

互连测试是指要验证两个或多个不同系统之间的互连性。

(7) 兼容性测试

兼容性测试验证软件产品在不同版本之间的兼容性。有两类基本的兼容性测试:向下兼容和交错兼容。

12.5.6 验收测试

经过了系统测试的软件则可以进入验收测试,验收测试必须让用户积极参与,或以用户为主进行测试。

验收测试与系统测试类似,但还有一些差别:

① 某些已经测试过的纯粹技术性特点可能不需要再次测试;

② 对用户特别感兴趣的功能和性能,可能需要增加一些测试;

③ 通常主要使用生产中的实际数据进行测试;

④ 需要设计并执行一些与用户使用步骤有关的测试。

以用户为主进行的测试包括 α(alpha)测试和 β(beta)测试。

① α 测试由用户在开发者的场所进行,并且在开发者对用户的“指导”下进行。开发者负责记录错误和使用中遇到的问题。

② β 测试由软件的最终用户在一个或多个客户场所进行。与 α 测试不同的是,β 测试的开发者通常不在测试现场。因此 β 测试是软件在开发者不能控制的环境中的“真实”应用。用户记录下 β 测试中遇到的问题,并定期报告给开发者。软件开发者对产品进行修改,并准备向全体客户发布最终的软件产品。

12.6 软件测试周期

12.6.1 测试周期

软件测试周期是指“测试→改错→再测试→再改错”这样一个循环过程,并可分为串行方式和并行方式,如图12-7所示。

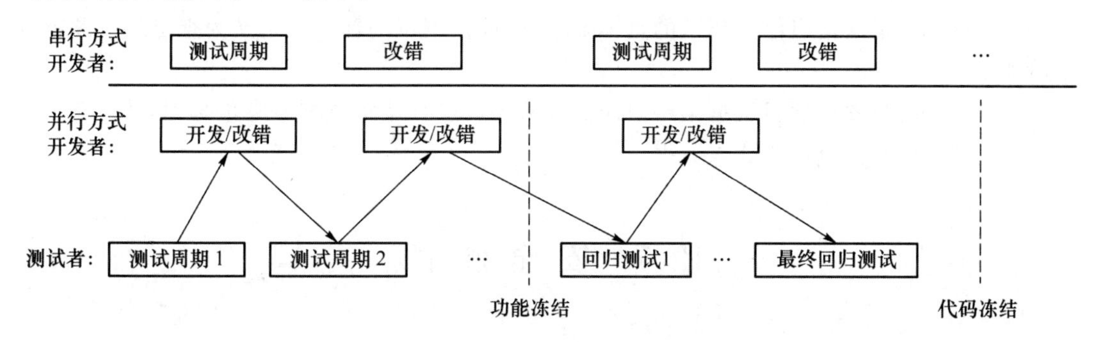

图12-7 软件测试周期

采用开发者和测试者并行工作的方式,可以提高工作的效率。然而现实中常常是开发人员任务很重,因此开发人员总是想着必须先把新功能全部实现后再修复Bug。如果开发人员认为开发新功能的优先级远大于修复Bug,这样会导致未修复的Bug越来越多,而测试人员无事可做。针对这种情况,可以采用称为Bug地狱(Bug hell)的方法。

如果某位开发人员积累的未修复Bug数量超过一个规定值(阈值),则这个开发人员会进入"Bug地狱",在地狱中,他唯一能做的就是修复Bug,直到Bug数量低于阈值。这一阈值由团队根据实际情况来确定。要注意开发人员同时"入狱"的人数应在全体成员的5%~30%之间,若比例太高,则要考虑阈值或Bug数量的计算方式是否合理。在项目过程中,阈值不宜频繁调整,最好事先宣布阈值,然后每天早上例会时宣布入狱/出狱名单。

12.6.2 测试停止

根据前面所讲的测试原则,测试不出Bug并不能说明代码中没有Bug,但是基于软件开发进度和人员成本的限制,测试不可能无休止地进行,那么什么条件下停止测试工作呢?

测试停止的标准如下。

第一类标准:测试超过了预定时间,则停止测试。在大多数情况下,每个项目从开始就要编写开发和测试的时间进度计划,相应的测试计划中也会有里程碑对测试进度和测试结束做限制。有时,由于软件发布会和市场,哪怕软件有Bug,也必须得先推出产品,则时间成为测试停止的依据。

第二类标准:基于测试用例的原则。测试人员设计测试用例,并请项目组成员参与评审,测试用例一旦评审通过,就可以作为测试结束的一个参考标准。在功能测试用例通过率达到100%,非功能测试用例达到95%以上时,允许正常结束测试。但是使用该原则作为测试结束点时,把握好测试用例的质量非常关键。

第三类标准:随着测试的执行,软件已经满足了验收测试指定的功能性和非功能性需求,则可以停止测试。很多公司开发项目软件,当测试到一定阶段,软件达到或接近验收测试指定的功能性和非功能性需求标准后,就可以递交给用户做验收测试。如果通过了用户的验收测试,就可以立即终止测试。如果用户验收测试时发现了故障,就可以有针对性地修改故障,验证通过后递交给客户,相应测试也可以结束。

第四类标准:根据单位时间内查出故障的数量决定是否停止测试。在软件测试的生命周期中,随着测试时间的推移,测试发现的故障数量首先呈逐渐上升趋势,然后测试到一定阶段,故障又呈下降趋势,直到发现的故障几乎为零或者单位时间内查出故障的数量小于设定的阈值，此时可以停止测试。

第五类标准：正面指出停止测试的具体要求，即停止测试的标准可定义为查出某一预定数目的故障。

第六类标准：当软件项目根据某些原因需要暂停以进行调整或被迫终止时，测试应随之暂停或终止，并备份暂停点或终止点数据。

12.7 安全测试

12.7.1 软件安全测试

软件安全测试是在充分考虑软件安全性问题的前提下进行的测试。普通软件测试的主要目的是确保软件不会去完成没有预先设计的功能，以及确保软件能够完成预先设计的功能。但是软件安全测试更有针对性，同时可以采用一些和普通测试不一样的手段，如攻击技术。

因此，软件安全测试实际上就是一轮多角度、全方位的攻击和反攻击，其目的就是要抢在真正攻击者之前尽可能多地找到软件中的漏洞，以减少软件未来遭受攻击的可能性。

软件安全测试的过程可以分为以下几个步骤。

① 基于前面设计阶段制订的威胁模型，制订测试计划。该过程一般基于威胁树，以用户口令安全威胁树为例，测试计划就可以基于口令安全所可能遭受的各个攻击进行制订，如图 12-8 所示。

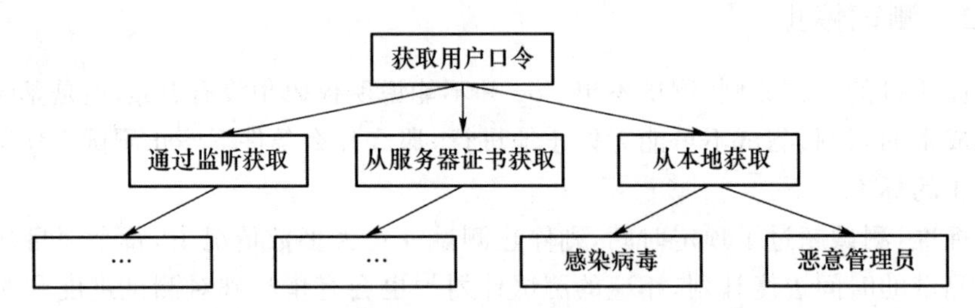

图 12-8 用户口令安全威胁树

② 将安全测试的最小组件单位进行划分，并确定组件的输入格式。实际上，和传统的测试不同，威胁模型中并不是所有的模块都会有安全问题。因此，我们只需将需要安全测试的某一部分程序取出来进行测试，将安全测试的最小组件单位进行划分。此外，每个组件都提供了接口，也就是输入。在测试阶段，测试用例需要进行输入，这就必须将每个接口的输入类型、输入格式等都列出来，便于测试用例的制订。

③ 根据各个接口可能遇到的威胁，或者系统的潜在漏洞，对接口进行分级。在该步骤中，主要是确定系统将要受到的威胁严重性，将比较严重的威胁进行优先的测试，这个严重性的判断，应该来源于威胁模型。

④ 设计测试用例，确定输入数据。每一个接口可以输入的数据都不相同，由于软件安全测试不同于普通的测试，因此还要更加精心地设计测试用例使用的数据。在测试用例的设计过程中，必须要了解，安全测试实际上是对程序进行安全攻击，因此，不但数据本身需要精心设计，测试手段也要精心设计。如在对缓冲区溢出的测试中，必须精心设计各种输入，从不同的

方面来对程序进行攻击。

⑤ 攻击应用程序，查看攻击效果。用设计的测试用例来攻击应用程序，使得系统处于一种受到威胁的状态，得到输出。

⑥ 总结测试结果，提出解决方案。在该过程中，将预期输出和实际输出进行比较，得出结论，写出测试报告，最后提交给相应的人员，进行错误解决。

12.7.2 模糊测试

模糊测试(fuzz testing) 常用于检测软件或计算机系统的安全漏洞，是一种软件安全测试技术。它通过监视非预期输入可能产生的异常结果来发现软件问题。其核心思想是自动或半自动地生成随机数据并将其输入一个程序中，监视程序异常(如崩溃)，以发现可能的程序错误，比如内存泄漏等。

模糊测试是一项简单的技术，但却能揭示出软件中的重要 Bug。模糊测试的技巧在于它是不符合逻辑的：自动模糊测试不去猜测哪个数据会导致破坏(就像人工测试员那样)，而是将尽可能多的、杂乱的数据输入软件中。由模糊测试验证出的 Bug 通常对程序员来说是个彻底的震撼，因为任何人按正常逻辑思考都不会想到这种输入。

12.7.3 渗透测试

渗透测试(penetration test)指从一个攻击者的角度来检查和审核一个网络或软件安全性的过程。通常由安全工程师尽可能完整地模拟黑客使用的漏洞发现技术和攻击手段，对目标网络/系统/主机/软件的安全性做深入的探测，以期发现和挖掘系统最脆弱的环节和存在的漏洞，然后输出渗透测试报告，并提交给软件或网络所有者。软件或网络所有者根据渗透测试人员提供的渗透测试报告，可以清晰地知晓系统中存在的安全隐患和问题。

在渗透测试中，渗透测试人员的能力和经验是渗透测试效果的决定性因素。

习　题

1. 软件测试的概念和目的是什么？

2. 测试文档有哪些？

3. 软件测试的原则是什么？

4. 非渐增式测试与渐增式测试有什么区别？渐增式测试如何组装模块？

5. 一般驱动模块比桩模块容易设计，为什么？

6. 简述白盒测试的概念及相关技术。

7. 一个程序流程图如图 12-9 所示，请分别根据语句覆盖、判定覆盖、条件覆盖、判定/条件覆盖、条件组合覆盖、路径覆盖设计测试用例。

8. 简述黑盒测试的概念及相关技术。

9. 在某一 PASCAL 语言版本中规定“标识符是由字母开头的，后跟字母或数字的任意组合；有效字符数为 8 个，最大字符数为 80 个”，请写出测试数据等价类。

10. 简述灰盒测试的概念及优缺点。

11. 软件测试阶段如何划分？

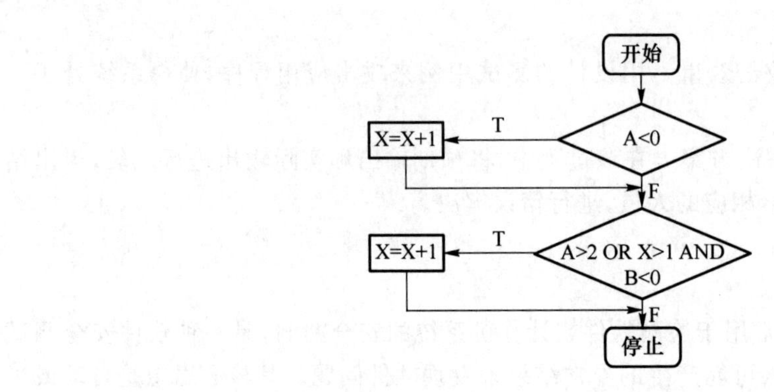

图 12-9 一个程序流程图

12. 测试停止的依据是什么？

13. 模糊测试和渗透测试有什么区别？

第 13 章 软件维护

13.1 软件维护概述

13.1.1 软件维护的重要性

软件维护是指软件交付使用以后，为了改正错误或满足新的需求而修改软件的过程。软件维护工作处于软件生命周期的最后阶段，维护阶段是软件生命周期中最长的一个阶段，投入的人力、物力最多，其花费高达整个软件生命周期花费的 2/3。因此，应该充分认识到维护工作的重要性，提高软件的可维护性，减少维护的工作量和费用，延长已开发软件的使用时间。

要求修改代码的原因多种多样，归结起来有几种类型。

① 改正在运行中发现的在测试阶段未能发现的软件错误和设计缺陷。

② 软件使用过程中数据环境或处理环境发生变化，需要修改软件以适应这种变化。

③ 用户在使用时提出改进现有功能，增加新的功能，以及改善总体性能的要求，为满足这些要求，就需要修改软件。

④ 使开发的软件与其他相关的程序有良好的接口，以利于协同工作。

⑤ 进一步扩大所开发软件的应用范围。

软件通过验收后，通常长期的维护工作并不是由软件开发人员来完成的。当需要维护软件时，维护人员首先要对软件各阶段的文档和代码进行学习、理解，然后才能发现问题和改正问题。因此，软件开发过程对软件维护有非常大的影响，如果一个软件没有采用软件工程方法进行开发，也没有或很少写文档，仅有源程序，这样的软件维护起来将非常困难，尤其是对大型、复杂系统的维护，将会更加困难和复杂，甚至是不可能的。

软件维护困难主要是由软件开发过程不规范造成的，这种困难表现为：

① 因为缺乏设计文档和程序注释，读懂别人编写的程序困难；

② 文档和源程序不一致，对维护人员理解源程序造成了干扰；

③ 软件已经运行了一段时间，需要维护时，该软件的开发人员已经离职，维护人员无法与其进行交流；

④ 软件维护工作难出成果，因此能力高的研发人员不愿意做维护岗位。

下面介绍结构化维护与非结构化维护。

如果软件开发采用规范的软件工程方法，有完善的文档，那么维护这样的软件相对要容易,这类维护称为结构化维护。进行维护时,从需求文档弄清系统功能、性能的要求,从设计文档了解软件结构和算法,根据设计改动源代码,并用测试文档的测试用例进行回归测试。这对于减少维护花费的精力和时间,提高软件维护效率有很大帮助。

如果只有源程序,缺乏必要的软件文档,则难以确定数据结构、系统接口等特性,这类维护称为非结构化维护。这类维护只能从阅读、理解、分析程序源代码开始来理解系统的功能、结构、数据、接口、设计约束等。这样做必然要花费大量的时间和精力,而且不能保证理解得正确,修改代码很容易出错,维护工作令人生畏,效率极低。

13.1.2 软件维护的特点

软件维护是一个不可避免的过程。软件维护工作有以下特点。

① 软件维护是软件生命周期中持续时间最长、工作量最大的活动。大中型软件产品的开发期一般为1～3年,运行期可达5～10年。在这么长的软件运行过程中,需要不断改正软件中残留的错误,或适应新的环境和用户新的要求。据统计,软件维护所花费的工作量通常占整个软件生命周期工作量的2/3,甚至一些特大型软件的维护费用会高达开发费用的40～50倍。所以,软件维护是使软件成本大幅度上升的重要因素。

② 软件维护不仅工作量大、任务重,而且如果维护得不正确,还会产生一些意想不到的副作用,甚至引入新的错误。因此,软件维护直接影响软件的质量和使用寿命,对软件维护必须高度重视。

③ 软件维护实际上是一个修改和简化了的软件开发过程。软件维护同样需要经历开发的所有环节,例如需求分析、软件设计、实现和测试等。

④ 为了提高软件维护的质量和效率,软件维护同样需要按照软件工程的原理和方法来实施。

13.1.3 软件维护的副作用

所谓软件维护的副作用是指修改软件而造成的错误或引起的其他不希望发生的情况。一般来说,有3种副作用。

① 修改代码的副作用。在修改源代码时可能引入错误。例如,当删除或修改一个子程序,删除或修改一个标号,删除或修改一个标识符,改变程序代码的时序关系,改变占用存储的大小,改变逻辑运算符,修改文件的打开或关闭,改进程序的执行效率,以及把设计上的改变翻译成代码的改变,为边界条件的逻辑测试做出改变时,都容易引入程序错误。

② 修改数据的副作用。修改数据的副作用就是修改软件数据结构导致的副作用,有可能造成软件设计与数据结构不匹配,因而导致软件出错。例如,在重新定义局部或全局的常量,重新定义记录或文件的格式,增大或减小一个数组或高层数据结构,修改全局或公共数据,重新初始化控制标志或指针,重新排列输入/输出或子程序的参数时,容易导致设计与数据不相容的错误。修改数据的副作用可以通过详细的设计文档加以控制。在此文档中描述了交叉引用,把数据元素、记录、文件和其他结构联系起来。

③ 文档的副作用。对数据流、软件结构、模块逻辑或任何其他有关特性进行修改时,必须对相关技术文档进行相应修改,否则会导致文档与程序功能不匹配,缺省条件改变,新错误信息不正确等错误,使得软件文档不能反映软件的当前状态。对于用户来说,软件事实上就是文

档。如果对可执行软件的修改不反映在文档里，就会产生文档的副作用。例如，对交互输入的顺序或格式进行修改，如果没有正确地记入文档中，就可能引起重大的问题。过时的文档内容、索引和文本可能造成冲突，引起用户体验下降，甚至是用户的不满。因此，必须在软件交付之前对整个软件配置进行评审，以减少文档的副作用。

为了控制因修改数据而引起的副作用，要做到：

① 按模块把修改分组；

② 自顶向下地安排被修改模块的顺序；

③ 每次修改一个模块，从而在出现问题时快速查找原因；

④ 对于每个修改了的模块，在安排修改下一个模块之前，要确定这个修改的副作用，可以使用交叉引用表、存储映象表、执行流程跟踪等。

13.2 软件维护的类型

按照不同的维护目的，软件维护工作可分成4类。

(1) 改正性维护

改正性维护也称为纠错性维护，是指在软件交付使用后，由于开发时测试的不彻底或不完全，在运行阶段暴露出一些开发时未能测试出来的错误，为了识别和纠正软件错误，改正软件功能上的缺陷，避免实施中的错误使用，进行诊断和改正错误的过程。例如，解决原来程序中遗漏的处理文件中最后一个记录的问题。有数据表明，改正性维护约占整个维护工作量的20%。

(2) 适应性维护

随着计算机技术的飞速发展和更新换代，软件系统所需的外部环境或数据环境可能会更新和升级，如操作系统或数据库系统的更换等。为了使软件系统适应这种变化，需要对软件进行相应的修改，这种维护活动称为适应性维护。例如，修改程序使其适用于其他终端设备。适应性维护约占整个维护工作量的25%。

(3) 完善性维护

在软件使用过程中，用户往往会对软件提出新的功能与性能要求。为了满足这些要求，需要修改或再开发软件，以扩充软件功能，增强软件性能，改进加工效率，提高软件的可维护性，在这种情况下进行的维护活动叫作完善性维护。例如：修改一个计算工资的程序，使其增加新的扣费项目；缩短系统的应答时间，使其达到更高的要求；为原有软件增加运行监控功能。

完善性维护不一定是救火式的紧急维修，因为完善性维护的目标是使软件产品具有更高的效率或可用性。可以认为完善性维护是一种有计划的软件“再开发”活动，这种维护活动不仅过程复杂，而且还可能引入新的错误，必须格外慎重。在所有维护活动中，完善性维护大约占整个维护工作量的50%。

(4) 预防性维护

预防性维护是为了提高软件的可维护性、可靠性等，是为今后进一步改进软件打下良好基础的维护活动。预防性维护主要是采用先进的软件工程方法对已经过时的、很可能需要维护的软件系统或者软件系统中的某一部分重新进行设计、编码和测试，以期达到结构上的更新。

例如，对于早期开发的软件系统，我们会发现其结构上的缺陷，或者是随着不断维护，软件系统的结构性在衰退。预防性维护占整个维护工作量的比重较小，约为5%。

4类软件维护工作量占比如图13-1所示。

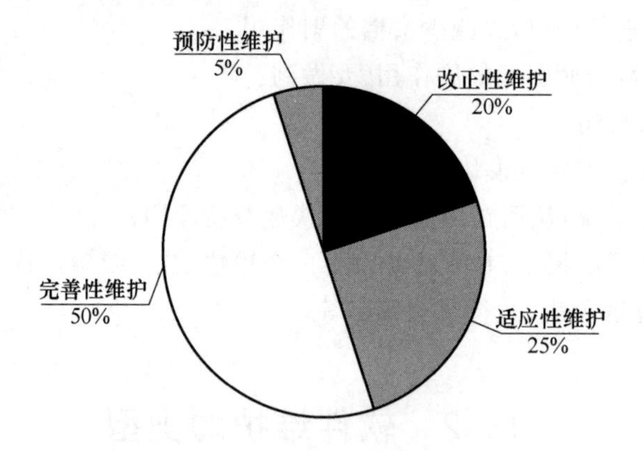

图13-1　4类软件维护工作量占比

13.3　软件维护过程

13.3.1　软件维护的基本流程

软件维护的基本流程如图13-2所示。

图13-2　软件维护的基本流程

第一步，维护人员首先应该判断维护的类型，并评价维护活动所带来的质量影响和成本开销，评审决定是否接受该维护请求，并确定维护的优先级。

第二步，根据所有被接受维护的优先级，统一规划软件的版本，决定哪些变更在下一个版本完成，哪些变更在更晚推出的版本完成。

第三步，维护人员实施维护任务，发布新的版本。

13.3.2　软件维护的管理流程

软件维护工作不仅是技术性的，它还需要大量的管理工作与之相配合，才能保证维护工作的质量。管理部门应对提交的修改方案进行分析和审查，并对修改带来的影响作充分的估计，对于不妥的修改予以撤销。需要修改主文档时，管理部门更应仔细审查。

软件维护的管理流程如图13-3所示。在开展软件维护时，软件维护的基本流程和软件维护的管理流程是相结合的，软件维护管理流程强调管理部门审查和维护文档的一致性。

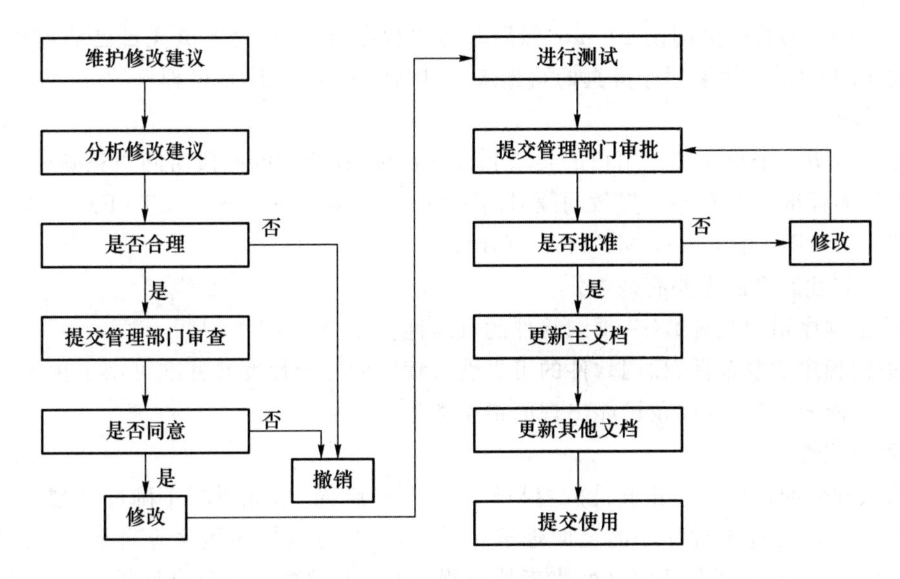

图 13-3 软件维护的管理流程

13.4 软件可维护性

13.4.1 软件可维护性概述

所谓软件可维护性，是指纠正软件系统出现的错误和缺陷，以及为满足新的要求进行修改、扩充或压缩的容易程度。可维护性、可使用性、可靠性是衡量软件质量的几个主要特性，也是用户十分关心的几个方面。虽然目前尚没有对影响软件质量的这些重要因素进行定量度量的普遍适用方法，但是它们的概念和内涵是很明确的。

软件的可维护性是软件开发阶段各个时期的关键目标之一。人们一直期望对软件的可维护性做出定量度量，但要做到这一点并不容易。许多研究工作集中在这个方面，形成了一个引人注目的学科——软件度量学。

目前广泛使用以下 7 个特性来衡量软件的可维护性。

1. 可理解性

可理解性表明人们通过阅读源代码和相关文档了解程序功能及其工作机制的难易程度。一个可理解的程序应具备以下一些特性。

- 模块化、结构化。模块结构良好，功能完整、简明。
- 风格一致性。代码风格及设计风格的一致性。
- 不使用令人捉摸不定或含糊不清的代码。
- 使用有意义的数据名和过程名。
- 完整性。功能有相应的需求说明、设计文档、测试文档等。

用于可理解性度量的检查内容有：程序是否模块化；结构是否良好；每个模块是否有注释块说明程序的功能；主要变量的用途及取值；所有调用它的模块以及它调用的所有模块，等等。

对于可理解性，可以使用一种叫作“90-10 测试”的方法来衡量。把一份被测试的源程序拿给一位有经验的程序员阅读 10 min，然后拿走源程序，让这位程序员凭自己的理解和记忆，写出该程序的 90%。如果程序员真的写出来了，则认为这个程序是可理解的。

2. 可靠性

可靠性表明一个程序按照用户的要求和设计目标，在给定的一段时间内正确运行的概率。可靠性度量的标准主要有平均失效间隔时间（Mean Time to Failure，MTTF）、平均修复时间（Mean Time to Repair error，MTTR）、有效性。

度量可靠性的方法主要有两类。

- 根据程序错误统计数字，预测软件的可靠性。
- 根据程序的复杂性，预测软件的可靠性。程序的复杂性度量标准可用于预测哪些模块最可能发生错误，以及可能出现的错误类型。

3. 可测试性

可测试性表明证明程序正确性的容易程度。程序越简单，证明其正确性就越容易。设计合格的测试用例需基于对程序的全面理解。因此，一个可测试的程序应当是可理解的、可靠的。对于程序模块，可用程序复杂性来度量可测试性。程序的环路复杂性越大，程序的路径就越多，全面测试程序的难度就越大。

4. 可修改性

可修改性表明程序容易修改的程度。一个可修改的程序应当是可理解的、通用的、灵活的、简单的。其中，通用性是指程序与硬件平台无关，灵活性是指修改后的程序可以被再次编译并加载运行。

测试可修改性的一种方法是修改练习，其基本思想是通过做几个简单的修改，来评价修改代码的难度。

5. 可移植性

可移植性表明程序转移到一个新的计算环境可能性的大小，或者是程序可以有效地在各种计算环境中运行的容易程度。一个可移植的程序应具有不依赖某一具体计算机或操作系统的特点。

6. 效率

效率表明一个程序执行预定功能而消耗的机器资源程度。这些机器资源包括内存、硬盘、通道容量和 CPU 执行时间。

7. 可使用性

可使用性是指从用户观点出发，描述软件易于使用的程度。一个可使用性高的软件应是易于操作的、允许用户使用中出错的、提供帮助尽可能使用户不陷入混乱状态的软件。

由于许多质量特性是相互抵触的，所以要考虑几种不同的度量标准，相应地去度量不同的质量特性。对于不同类型的维护，这 7 种特性的侧重点不相同。表 13-1 显示了在不同类型维护中的侧重点。

表 13-1　不同类型维护中的侧重点

可维护性特性	改正性维护	适应性维护	完善性维护
可理解性	√		
可测试性	√		
可修改性	√	√	

续表

可维护性特性	改正性维护	适应性维护	完善性维护
可靠性	√		
可移植性		√	
可使用性		√	√
效率			√

13.4.2　提高软件的可维护性

典型的软件维护与开发费用的比例是 2∶1,非结构维护中维护费用所占比例更高。软件可维护性的特性通常体现在软件产品的许多方面,为使每一个质量特性都达到预定的要求,需要在软件开发的各个阶段采取相应的措施加以保证。因此,软件的可维护性是软件开发各阶段面向可维护性 7 种质量特性进行开发的最终结果。所以,开发软件时采取提高软件可维护性措施,可以降低后期的软件维护费用。

提高软件可维护性的措施如下。

(1) 建立明确的软件质量目标

如果要让软件完全满足可维护性的 7 种质量特性,肯定是很难实现的。实际上,某些质量特性是相互抵触的,例如效率和可移植性、效率和可修改性。实验证明强调效率的软件包含的错误比强调简单清晰的软件所包含的错误高 10 倍。显然,在提出目标的同时,还必须规定它们的优先级,这样有助于提高软件的质量。

(2) 使用先进的软件开发技术和工具

先进的软件开发技术和工具可以直接提高软件产品的可维护性。例如,采用面向对象的软件开发方法,基于构件的软件复用技术,模块化、结构化程序设计都能提高软件的可维护性。要使用具有高安全性和健壮性的高级程序设计语言以及一些自动化的软件开发工具等。设计文档中使用标准的表达工具来描述算法、数据结构、接口等,能帮助维护人员更好地理解软件。

(3) 进行明确的质量保证审查

在软件开发每个阶段结束前的技术审查和管理复审中,应该着重对可维护性进行审查。在需求分析阶段的审查中,应该对将来要改进的部分和可能会修改的部分加以注意并指明;在设计阶段的审查中,应从容易修改、模块化和功能独立的目标出发来评价软件结构和过程;在代码审查中,应强调编码风格和注释说明对软件可维护性的影响;在测试阶段的审查中,应重视对软件配置和测试配置的复审。

(4) 选择可维护的程序设计语言

程序设计语言的选择对软件维护的影响比较大。低级语言一般很难理解、掌握,因而很难维护。一般来说,高级语言比低级语言更容易理解。在高级语言中,一些语言可能比另一些语言更容易理解,也应注意选择。

(5) 改进程序文档

文档是影响软件可维护性的重要因素,文档有时比程序代码更重要。软件文档是对软件总目标、各组成部分之间的关系、程序设计策略、程序实现过程等历史数据的说明和补充。软件文档对提高软件的可理解性有着重要作用。没有完整、准确的需求文档,就很难对软件的功能、性能需求有正确的理解;没有详细的设计文档,就很难理解程序员的设计意图;没有完整且有意义的注释和标识符名称，就很难理解源代码。所以，要提高软件的可维护性，就要提高软件的可理解性，而完整、准确的文档有助于维护人员对软件的理解。

习　　题

1. 软件为什么需要维护？
2. 软件维护为什么比较困难？
3. 什么是软件维护的副作用，如何防止维护的副作用？
4. 软件维护有哪几种类型？
5. 说明软件维护的基本流程和管理流程如何结合？
6. 软件可维护性的衡量特性有哪些？
7. 提高软件可维护性的方法有哪些？

参 考 文 献

[1] 许家珆,白忠建,吴磊. 软件工程——理论与实践. 3版. 北京:高等教育出版社,2017.

[2] 窦万峰. 软件工程方法与实践. 北京:机械工业出版社,2009.

[3] 邹欣. 构建之法——现代软件工程. 北京:人民邮电出版社,2014.

[4] 金尊和. 软件工程实践导论——有关方法、设计、实现、管理之三十六计. 北京:清华大学出版社,2005.

[5] 巩超. 软件界面交互设计基础. 北京:北京理工大学出版社,2020.

[6] 任伟. 软件安全. 北京:国防工业出版社,2010.

[7] Viega J, McGraw G. 安全软件开发之道——构筑软件安全的本质方法. 殷丽华,郭云川,颜子夜,译. 北京:机械工业出版社,2014.

[8] 吴世忠,李斌,张晓菲,等. 软件安全开发. 北京:机械工业出版社,2015.